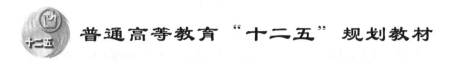

普通高等教育"十二五"规划教材

土力学与基础工程

冯志焱　刘丽萍　主编

北　京

冶 金 工 业 出 版 社

2021

内 容 提 要

本书为高等学校非土木类专业的教材，内容包括绪论，土的物理性质与工程分类，土中应力和地基沉降，土的抗剪强度，土压力、地基承载力和土坡稳定，岩土工程勘察，天然地基上的浅基础，桩基础，特殊土地基与地基处理。

本书着重阐明土的物理与力学性质的基本概念和基本理论，对土木工程中所遇到的主要岩土工程问题的分析方法、设计计算和工程应用的基本要求等有较为充分的论述，侧重于学生对相关学科和工程问题的整体把握，有利于对学生创新能力的培养，并对以后工作和学习打下基础。本书每章均附有小结和习题。

本书也可作为高职院校建筑工程技术、工程造价、工程监理及相关专业的教学用书，以及相关专业设计、施工和科研人员的参考用书。

图书在版编目(CIP)数据

土力学与基础工程/冯志焱，刘丽萍主编. —北京：冶金工业
出版社，2012.2（2021.8 重印）
普通高等教育"十二五"规划教材
ISBN 978-7-5024-5822-5

Ⅰ.①土… Ⅱ.①冯… ②刘… Ⅲ.①土力学—高等学校
—教材 ②基础（工程）—高等学校—教材 Ⅳ.①TU4

中国版本图书馆 CIP 数据核字(2012)第 015103 号

出 版 人 苏长永
地 址 北京市东城区嵩祝院北巷 39 号 邮编 100009 电话 (010)64027926
网 址 www.cnmip.com.cn 电子信箱 yjcbs@cnmip.com.cn
责任编辑 杨 敏 俞跃春 美术编辑 彭子赫 版式设计 孙跃红
责任校对 卿文春 责任印制 禹 蕊
ISBN 978-7-5024-5822-5
冶金工业出版社出版发行；各地新华书店经销；北京虎彩文化传播有限公司印刷
2012 年 2 月第 1 版，2021 年 8 月第 5 次印刷
787mm×1092mm 1/16；13 印张；314 千字；197 页
32.00 元

冶金工业出版社 投稿电话 (010)64027932 投稿信箱 tougao@cnmip.com.cn
冶金工业出版社营销中心 电话 (010)64044283 传真 (010)64027893
冶金工业出版社天猫旗舰店 yjgycbs.tmall.com
（本书如有印装质量问题，本社营销中心负责退换）

前　言

"土力学与基础工程"是土木工程专业的主要专业课程，也是工程管理等非结构类专业的一门学习课程。工程管理等非结构类专业由于缺乏合适的教材，常采用土木工程专业的教材，但土木工程专业的教材内容多且深，难以满足教学要求。

为适应教学需要，编者根据非土木类专业学生学习"土力学及基础工程"课程的培养目标和教学要求，结合学生的数学和力学基础以及我国《建筑地基基础设计规范》等内容，对有关内容进行了调整，使学生能学到该课程的主要内容。全书共8章，包括土的物理性质与工程分类，土中应力与地基沉降，土的抗剪强度，土压力、地基承载力和土坡稳定，岩土工程勘察，天然地基上的浅基础，桩基础，特殊土地基与地基处理。在土力学部分侧重于土力学的基本概念、基本理论，在地基基础中则侧重培养学生的工程意识。

本书着重于基本概念及有关规范的理解和应用，同时也注意到学生从数学、力学等基础课程到学习专业课程的认识规律，力求对基本概念论述清楚，使学生能较容易地理解土的物理与力学性质，地基基础设计计算与施工的基本内容、步骤与具体应用。各章均有小结和一定数量的计算例题、习题，以利于学生理解各章内容并巩固所学知识。

本书由西安建筑科技大学的冯志焱、上海应用技术学院的刘丽萍担任主编。编写分工为：冯志焱编写绪论、第2章～第4章，刘丽萍编写第5章、第6章，刘丽萍、冯世进（同济大学）编写第7章，刘丽萍、冯志焱、冯世进编写第8章，西安建筑科技大学的李瑞娥编写第1章。

在编写过程中，参考了有关文献，在此向文献作者表示衷心的感谢。

由于编者水平有限，书中不足之处，敬请读者批评指正。

编　者
2011年9月

目 录

绪　论

A　概述

人类所建造建（构）筑物都是建造在地球表层的岩土体之上，这些岩土体直接承受建筑物荷载，是建筑物赖以安全的基础。在土木工程中，承受建筑物荷载的那一部分岩土体称为地基，设置于建筑物底部承受并将上部结构荷载传递到地基土层的结构称为基础。地基、基础和上部结构构成了建筑物整体，如图 0-1 所示。

在进行建筑物设计之前，必须对拟建建筑物场地进行岩土工程勘察，充分了解、研究地基土层成因、构造、物理力学性质、地下水的分布以及可能的影响场地稳定性的不良地质现象等，对场地工程地质条件做出评价。岩土体是自然界的产物，由于形成环境与历史、物质组成等复杂性，种类繁多、构造复杂、工程特性差异大，比如有各种坚硬的岩石，有按照不同地质构造组成的各种岩体，有颗粒粗细不同、成因不同的松散沉积土层（砾石、砂、粉土、黏性土等），还有各种环境下形成的软弱土（淤泥、淤泥质土等）以及区域性特殊土（膨胀土、

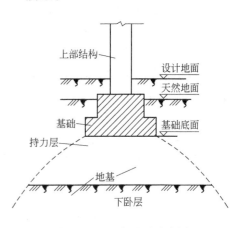

图 0-1　地基与基础示意图

湿陷性黄土、红黏土等）。这些都形成了进行工程建设的极为复杂的工程地质条件和地质环境。对岩土体性质的了解是做好建筑物地基基础设计和施工的先决条件，它涉及工程地质学和土力学的基本知识内容。

建造建筑物会使地基中原有应力状态发生变化，可能会引起地基的强度失稳和变形（沉降）问题。因此，地基与基础设计必须满足两个基本条件：

（1）要求作用于地基的荷载不超过地基的承载能力，保证地基具有足够的防止整体破坏的安全储备；

（2）控制基础沉降使之不超过地基的变形容许值，保证建筑物不因地基变形而损坏或影响其正常使用。研究土中应力、变形、强度和稳定性等的规律是土力学的主要任务，是本书的基础。

就地基而言，未经人工处理就可以满足设计要求的地基称为天然地基。如果地基软弱，其承载力或变形不能满足设计要求时，则需对地基进行加固处理（例如采用换土垫层、深层密实、排水固结等方法进行处理），称为人工地基。

建筑物基础结构形式很多。设计时应该选择能适应上部结构和场地工程地质条件、符合使用要求、满足地基基础设计两个基本要求，以及技术上合理的基础结构方案。一般应

埋入地下一定的深度，进入较好的地层。根据基础的埋置深度不同可分为浅基础和深基础，最经济、方便的是天然地基上浅基础。通常把埋置深度不大、只需经过挖槽、排水等普通施工方法就可以建造起来的基础称为浅基础；反之，若浅层土质不良，须把基础埋置于深处的好地层时，就得借助于特殊的施工方法，建造各种类型的深基础（如桩基、墩基、沉井和地下连续墙等）。

地基与基础为建筑物的隐蔽工程，一旦失事，不仅损失巨大，且补救十分困难，因此在土木工程中具有十分重要的作用。因此，勘察、设计和施工都直接关系着建筑物的安危、经济和正常使用。勘察与设计阶段工作仔细、认真会为后期工作带来很大方便，其较小的投入对工程带来很大的效益，反之，可能会因为前期没有在勘察阶段进行必要的投入，造成后期很大的浪费，或给工程留下隐患。

随着土力学及地基基础学科的发展，由于认识不足所造成的工程事故现在已很少，但由于不按照程序、规范进行勘察、设计和施工，由地基基础方面失误引起的建筑物事故仍时有发生。但就具体情况而言，以下实例仍可以借鉴。

941 年建造的加拿大特朗斯康谷仓，如图 0-2 所示，23m 宽，由 65 个圆柱形筒仓组成，高 31m，其下为筏板基础，由于事前不了解基础下埋藏有厚达 16m 的软黏土层，建成后初次储存谷物时，基底平均压力（320kPa）超过了地基极限承载力，致使谷仓西侧突然陷入土中 8.8m，东侧则抬高 1.5m，仓身整体倾斜近 27°。这是地基发生整体滑动、建筑物丧失稳定性的典型范例。由于该谷仓整体性很强，筒仓完好无损。事后在筒仓下增设 70 多个支承于基岩上的混凝土墩，使用 388 个 50t 千斤顶，才将筒仓纠正过来，但其标高比原来降低了 4m。

图 0-2　加拿大特朗斯康谷仓的地基事故

北京饭店扩建工程主楼原设计 23 层，后改为 17 层，地下室 3 层，框架剪力墙结构，箱型基础，基础埋深 11.3m。建筑物基础平均宽度 22m，基底压力 550kPa。场地主要持力土层为平均厚度约 5.5m（自基础底面下）的洪积砂砾石层，承载力特征值 500kPa；其下为平均厚 4.5m 的粉质黏土层，承载力特征值 230kPa；再下为厚约 17m 的砂卵石层。显然，地基承载力受下卧粉质黏土层控制，而且粉质黏土层深度仅为基础宽度的 1/4，基底压力几乎直接传递到下卧层。设计时，反复核实地基土层厚度与分布及各土层物理力学性质，运用土力学原理对基础宽度、下卧层深度进行了修正，考虑到地下水升降的影响，通过仔细分析计算，确定地基承载力为 686.6kPa，满足设计要求。该建筑物使用几十年，证明安全稳定。这是根据建筑物基础结构类型、尺寸、埋深及荷载大小和地基土层情况，运用土力学原理，综合分析地基承载力，做出合理设计的实例。

　　土木工程建设的各种制约因素非常复杂，千变万化，要根据具体情况，运用土力学及其他基本概念、基本理论科学分析，灵活采取措施，以避免不利情况的发生。2009 年 6 月 27 日清晨 5 时 30 分左右，上海闵行区莲花南路、罗阳路口西侧莲花河畔景苑小区一栋在建的 13 层住宅楼全部倒塌，楼房底部原本应深入地下的数十根混凝土管桩被"整齐"地折断后裸露在外，如图 0-3 所示。"简直不敢相信，13 层的楼房连根拔起，整体倒塌，却没有散架。从 1956 年开始研究房屋结构到现在，还没有见过房子这么倒下的"，有专家这么说。不管倒塌原因是什么，其教训是十分沉重的。

图 0-3　上海莲花河畔景苑小区倒塌建筑

B　本书特点及学习要求

　　本书涉及工程地质、土力学和基础工程以及结构设计与施工的知识，内容广泛、综合性强，学习时要突出重点、兼顾全面。从土木工程建筑对地基基础的要求出发，重视工程地质基本知识，培养阅读和使用工程勘察资料的能力；掌握土的应力、变形、强度和地基计算等土力学基本原理，并运用这些基本概念和原理，结合建筑结构理论和施工知识，分析和解决地基基础问题。

　　本书主要介绍土的物理性质（包括土的成因、物质组成、颗粒级配、三相物理指标、土的状态描述和分类等），土的力学性质（包括土中应力、土的变形、强度），以及作为建筑物地基基础设计与施工的基本概念和方法（包括勘察、浅基础、桩基础、地基处理等）。

　　本书自始至终抓住土的变形、强度和稳定性问题这一重要线索，并特别注意认识土的多样性、易变性和实践性强的特点。概括地讲，土力学学科工作特点是以勘察、试验结果为依据，以土的工程性状及理论分析为核心，以工程应用为灵魂，以确保工程稳定为目的。学习的目的是为了解决工程问题，在掌握基本概念和理论的基础上，尽量增加实践机会，多接触实际工程问题，使二者有机结合，在实践与学习中思考、提高。

1 土的物理性质与工程分类

1.1 概　述

在漫长的地质岁月中，经内、外力地质综合作用形成了各种类型的岩石和土。岩石历经风化、剥蚀、搬运、沉积生成土，而土历经压密固结、结晶硬化即成岩作用又形成岩石。作为建筑物地基的土，是土力学研究的主要对象。土是第四纪以来由组成地壳岩石圈的坚硬岩石，在表生作用带（指地表及地表以下不太深的环境条件）经风化、剥蚀、搬运、沉积作用所形成的且广泛分布的松散沉积物，故亦称第四纪沉积物。其厚度通常为数米、数十米至数百米。

建筑场地的地形、地貌、岩土的成分、分布、厚度等均取决于地质作用。常见的地质作用包括内力地质作用和外力地质作用。内力地质作用是由地球旋转能、重力能、放射性元素蜕变的热能等所引起，主要是在地壳或地幔中进行，包括地壳运动、岩浆作用、变质作用、地震等。外力地质作用是由太阳辐射能、地球重力位能以及日月引力能等所引起的地质作用，包括风化作用、剥蚀作用、搬运作用、沉积作用和成岩作用等。内力地质作用与外力地质作用彼此独立而又相互依存。

在地壳上部广泛分布着层状岩石，包括岩浆岩、沉积岩和变质岩。这些岩层是经历漫长的多个地质年代发展逐渐形成的。由于复杂地质作用，地壳不断运动、发展的地质时代被分为若干时期，每一地质发展时期都有各自地质发展的环境，形成其独特的岩层，常被称为地层，并冠以某一地质年代的地层。地壳表层由各个地质时期形成的各种地层所组成。

在工程界，一般采用相对地质年代表示地层相对新老关系，反映岩层形成的自然阶段和历史过程，其划分的主要依据是地壳形成和发展过程中各阶段地壳运动、生物演变、地质构造和地质环境等及地层特点。人们把地壳形成迄今漫长地质历史年代中曾经发生过的五次地壳大变动划分为五个大地质时段，称为"代"；每一"代"发展时期内又分为若干次一级时段，称为"纪"；在每一个"纪"之内，因生物的发展和地质情况不同，又进一步细分为若干"世"及"期"等。每一地质年代都有相对应的地层，采用"界"、"系"、"统"、"带"、"阶"等名称。

第四纪是距今最近的地质年代，至今约二三百万年。在这一地质年代形成了第四纪独特的自然地理环境和沉积环境，发育了近代地表形态和沉积物。由于第四纪时期沉积历史相对较短，覆盖地壳表面的第四纪沉积物一般都未能固结硬化成岩，常常是松散、软弱、多孔的，与第四纪之前形成的岩石有显著差别，常把它称为土。

土的工程特性包括土的物理性质、物理状态及力学性质，它直接决定了建筑物地基的工程特性乃至建筑物的稳定与安全。而土的成因及其成因类型、土的组成与级配、土中水与气体、土的结构与构造等一系列土质学的内容又是研究土的工程特性的基础。

1.2 岩石和土的成因类型

1.2.1 岩石的成因类型

岩石是地壳的基本组成物质，大量出露于地表，是人类工程活动的基本载体和环境。岩石是在地质作用下形成的矿物集合体。按成因可以分为岩浆岩、沉积岩和变质岩。不同类型岩石的物理力学性质有很大差异。

1.2.1.1 岩浆岩

岩浆岩是由地球内部的岩浆侵入地壳或喷出地表冷凝而成。

（1）产状。岩浆岩的产状是指岩体的大小、形态与围岩的接触关系。岩浆岩形成的方式有两种：一种是岩浆的侵入形成侵入岩；另一种是火山的喷出形成喷出岩。侵入岩的产状为岩基、岩株、岩盘、岩床等，如图 1-1（a）所示；喷出岩的产状为火山锥、熔岩流、岩被等，如图 1-1（b）所示。

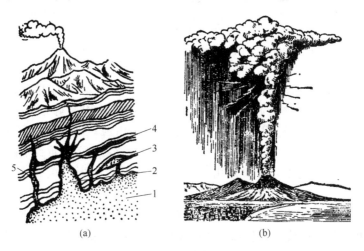

图 1-1　岩浆岩产状
（a）岩浆侵入体的各种产状；（b）火山喷发景象
1—岩基；2—岩株；3—岩盘；4—岩床；5—岩墙

（2）结构。它指岩石中矿物颗粒的结晶程度、大小和形状，以及彼此间的组合方式等，是岩浆成分和岩浆冷凝时的物理环境综合反映。岩浆岩按照矿物结晶程度可以分为全晶质结构、半晶质结构和非晶质结构，例如花岗岩具有典型的全晶质结构，流纹岩具有半晶质结构。按照岩石中矿物颗粒的绝对大小可分为显晶质结构、隐晶质结构和玻璃质结构。例如玄武岩具有玻璃质结构。

（3）构造。构造是指矿物在岩石中排列的顺序和填充的方式所反映出来的岩石的外貌特征，常见的岩浆岩构造有：块状构造、流纹构造、气孔构造、杏仁构造等。例如花岗岩具有块状构造、玄武岩具有气孔杏仁构造。

（4）物质成分。岩浆岩的主要成分有二氧化硅、各种金属氧化物、少量的金属元素和稀有元素、挥发性物质。其中二氧化硅和各种金属氧化物约占95%，并相互化合、形成复杂的硅酸盐类矿物。

（5）分类。岩浆岩按物质成分可被划分为酸性岩（SiO_2含量大于65%）、中性岩（SiO_2含量为52%～65%）、基性岩（SiO_2含量为45%～52%）和超基性岩（SiO_2含量小于45%）等。常见的花岗岩、流纹岩等都是酸性岩，闪长岩、安山岩等都是中性岩，玄武岩、辉长岩等为基性岩，灰岩、橄榄岩为超基性岩。

1.2.1.2　沉积岩

岩石经风化、剥蚀成碎屑，经流水、风或冰川等搬运至适宜的地方沉积，再经过挤压脱水后胶结而形成的岩石被称为沉积岩。沉积岩分布很广，约占地表面积的75%。

（1）产状。沉积岩的产状多呈平行层状，常见的有互层状、夹层状、交错层状和透镜体状等，如图1-2所示。

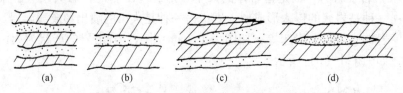

图1-2　层状沉积岩的常见产状
（a）互层状；（b）夹层状；（c）交错层状；（d）透镜体状

（2）结构。沉积岩按组成物质、颗粒大小及形状等方面的特点，一般可分为碎屑结构、泥质结构、化学结构和生物结构四种。碎屑结构是碎屑物质被胶结物胶结形成的结构，如砾岩、砂岩和粉砂岩等。泥质结构由粒径小于0.005mm的黏土矿物颗粒组成，如泥岩、页岩等。化学结构是由化学沉淀或胶体重结晶所形成的结构，如石灰岩、白云岩等。生物结构是由生物遗体或碎片所形成的结构，如珊瑚结构、贝壳结构等。

（3）构造。沉积岩最主要的构造是层理构造、层面构造。层理构造是沉积岩在形成过程中由于沉积环境的改变，使先后沉积的物质在颗粒大小、形状、颜色和成分上发生变化而显示出来的成层现象。常见的层理有水平层理、单斜层理、交错层理等。层面构造是岩层层面上由于流水、风、生物活动、阳光暴晒等作用留下的痕迹，如波痕、泥裂、雨痕等。

（4）物质成分。沉积岩的物质成分可分为两大类，一类是颗粒成分；另一类是胶结物质。沉积岩中的颗粒成分在沉积物硬结成岩以前是一些松散的沉积颗粒状物质，如块石、碎石或卵石、砂砾、黏土块等；沉积岩中的胶体化合物主要有Al_2O_3、Fe_2O_3、SiO_2、MnO_2、黏土矿物和磷酸盐矿物等。

（5）分类。根据沉积岩的物质成分和结构特征，可将其分为碎屑岩、黏土岩、化学岩和生物化学岩类。常见的碎屑岩包括沉积碎屑岩（砾岩、角砾岩、砂岩、粉砂岩等）和火山碎屑岩（火山角砾岩、火山凝灰岩等）。黏土岩是指由黏土矿物组成的岩石，如页岩和泥岩等。化学沉积岩是岩石风化产物中溶解物质经过化学作用沉积而成的岩石，如石灰岩、白云岩、泥灰岩等。生物化学岩是岩石风化产物中的溶解物质经过生物化学作用或由生物活动使某种物质聚集而成的岩石，如硅藻土、介壳石灰岩等。

1.2.1.3 变质岩

原岩由于地壳运动或岩浆活动，受高温、高压和化学成分加入的影响，在固体状态下发生矿物成分和结构构造变化后形成的新的岩石，称为变质岩。

（1）产状。变质作用基本上是原岩在保持固体状态下在原位置处进行的，由岩浆岩形成的变质岩保留原岩浆岩产状，由沉积岩形成的变质岩保留原沉积岩的产状。

（2）结构。变质岩的结构多为变余结构、变晶结构和碎裂结构。变余结构是由于原岩矿物成分重结晶作用不完全，使变质岩仍残留原岩的结构。变晶结构是变质作用过程中原岩在固态条件下经重结晶作用而形成的新的结晶质结构。碎裂结构是在不同应力作用下岩石的矿物颗粒被破碎而成不规则的、带棱角的碎屑甚至被压碎成极小的矿物碎屑和粉末后又被胶结形成的一种新的结构。

（3）构造。变质岩的常见构造形式有块状、板状、片状、片麻状和千枚状等。块状构造指岩石中的矿物颗粒致密、坚硬，无定向排列的构造，如石英岩、大理岩等；片状构造是岩石中的矿物呈片状或柱状且平行排列时的构造，如片岩；片麻状构造的岩石中深色矿物和浅色矿物相间平行排列呈条带状，具有这样构造的岩石被称为片麻岩；板状构造的岩石可沿一定的方向开裂成为平整的板状体，如板岩；千枚构造是比较破碎的薄片状构造，薄片状的片理面上有丝绢光泽，具有这种构造的岩石称为千枚岩。

（4）物质成分。变质岩的矿物包含两类矿物：一类是未变质的原生矿物；另一类是原先的岩浆岩、沉积岩矿物在地下深处经过变质作用后而形成的变质矿物，常见的变质矿物有石榴石、硅灰石、红柱石、滑石、石墨等。这些矿物也是变质岩中仅有的矿物，是用来识别变质岩的重要依据。

（5）分类。变质岩的种类繁多，命名较复杂，一般根据变质岩特有的构造对变质岩进行分类，如片麻状构造的称为片麻岩、具有片状构造的片岩、具有千枚状构造和板状构造的千枚岩和板岩等。

1.2.2 土的成因类型

地表岩石经物理化学风化、剥蚀成岩屑、黏土矿物及化学溶解物质，再经过搬运、沉积而成的沉积物，至今其沉积历史不长，所以只能形成未经胶结硬化的松散堆积的沉积层，称为"第四纪沉积物"或"土"。根据岩屑搬运和沉积的情况不同，第四纪沉积物可以分为残积物、坡积物、洪积物、冲积物、风积物等。

1.2.2.1 残积物（土）

残积物（土）是指原岩经风化、剥蚀未被搬运，残留在原地的岩石碎屑。残积物一般分布在基岩曾经出露地表面而又受到强烈风化作用的山区、丘陵及斜坡地的基岩顶部，如图1-3所示。

残积物由黏性土或砂类土以及具有棱角状的碎石所组成，有较高的孔隙度，没有经过搬运、分选，无层理，厚度变化大，一般山坡上较薄，在坡脚或低洼处较厚。如以残积层作为建筑物地基，应当注意不均匀沉降和土坡稳定性问题。在我国南方地区某些残积土有其特殊工程性质。如由石灰岩风化而成的残积红黏土，虽然其孔隙比较大，含水量高，但因其结构性强因而承载力高；由花岗岩风化而成的残积土，虽室内测定压缩模量较低，孔隙比也较大，但其承载力并不低。

1.2.2.2　坡积物（土）

坡积物（土）是指山坡上方的岩石风化产物在重力作用下被缓慢流动的雨、雪水流向下逐渐搬运，沉积在较平缓山坡上而形成的堆积物，如图1-4所示。

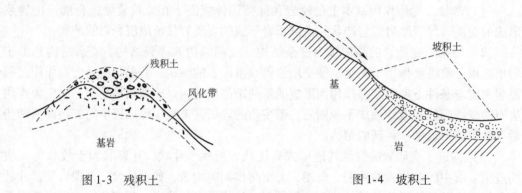

图1-3　残积土　　　　　　　　　　　图1-4　坡积土

坡积物的上部常与残积物相接，堆积的厚度也不均匀，一般上薄下厚。坡积物底面的倾斜度取决于基岩，颗粒自上而下呈现由粗到细的分选现象，其矿物成分与其下的基岩无关。作为地基时，由于坡积物的孔隙大，压缩性高，应注意不均匀沉降和地基稳定性。

由于坡积土形成于山坡，故较易沿下卧基岩倾斜层面发生滑动。在坡积土上进行工程建设时，除应注意不均匀沉降外，还应考虑坡积土本身滑坡的发生及施工开挖后边坡的稳定性问题。

1.2.2.3　洪积物（土）

洪积物是山区集中的洪水携带大量固体物质流出沟口后，由于流速降低，水流分散，集中在山口堆积而成的沉积物。在地貌学上称为山麓洪积扇，如图1-5所示。

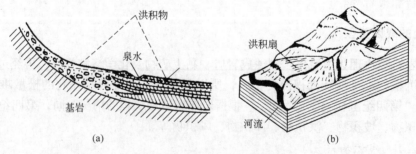

图1-5　洪积土与洪积扇

（a）洪积土；（b）洪积扇

洪积物的分选作用较明显，离冲沟出口愈远，颗粒愈细。洪积物常呈现不规则的交互层理构造，有尖灭、夹层等产状。洪积扇的顶部（近山区）颗粒粗大、磨圆性差，透水性好，地下水位深，地层厚，常是优良的地基地层。洪积扇的前沿（远山区）沉积的主要是粉细砂、粉土、黏性土等细粒土。当该处地下水位浅、地势低洼时，在排水不畅处很容易形成盐碱地或沼泽地，其承载力低、压缩性高，属不良地基地层。但当泉水发育在洪积扇的中部时（地下含水层也常在泉水发育处尖灭），受形成过程中周期性干旱的影响，在临坡面大的远山区细颗粒土中，细小的黏土颗粒发生胶结作用，同时析出的部分可溶性盐类也发生胶结，使土体具有了较高的结构强度。这种情况下的远山区洪积物也属较好的地基地层。但布置在该处的工程项目在建设中一定要做好地面的排水设施，以免地表水渗入地下影响地基承载能力，或在地表汇流造成地表边坡的冲刷、破坏。洪积扇的中部扇形展开得很宽阔，沉积的砾石、砂粒、粉粒和黏土颗粒都有，地层呈交互层理构造，一般属于较好的地基地层；但当有泉水发育时，往往形成宽广的沼泽地带，属不良地基地层。

1.2.2.4　冲积物（土）

冲积物（土）即河流冲积物，是被河流流水搬运，沉积于山间宽广的山谷地带和地壳相对下降的平原地区的堆积物。可细分为山区河谷冲积物和平原河谷冲积物。冲积土的特点是具有明显的层理构造。经过搬运作用，颗粒磨圆度较好。随着从上游到下游的流速逐渐减小，冲积土具有明显的分选现象。上游沉积物多为粗大颗粒，中下游大多由砂粒逐渐过渡到粉粒和黏粒。

在山区河谷，河谷两岸陡峭，大多仅有河谷阶地存在，很少见有河漫滩出现。山区河谷冲积物多由含纯砂的卵石、砾石等组成，其分选性也较平原河谷冲积物差，如图1-6所示。山区河谷冲积物的透水性很大，抗剪强度高，几乎不可压缩，是良好的地基地层。在高阶地往往是岩石或坚硬土层，作为地基，其条件很好。但在山区河谷地带进行工程建设时，必须考虑山洪和滑坡、崩塌等不良地质现象的发生。

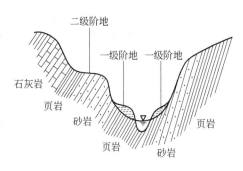

图1-6　山区河谷横断面示例

平原河谷冲积物包括平原河床冲积物、河漫滩冲积物、河流阶地冲积土、牛轭湖沉积物和三角洲沉积物等。沉积历史、沉积环境、沉积物质不同的平原河谷冲积物其工程性质差异巨大。河床冲积物大多为中密砂粒，作为建筑物地基的承载力高，但需注意河流冲积作用可能导致地基毁坏以及凹岸边坡稳定问题。河漫滩冲积物其下层为砂粒、卵石等粗粒物质，上部为淤泥和泥炭土时，其压缩性高，强度低，作为建筑物地基时应认真对待，尤其是在淤塞的古河道地区，更应慎重处理；如冲积物为砂土，则承载力可能较高，但开挖基坑时要注意可能的流砂现象。河流阶地冲积物（见图1-7）是由河床沉积土和河漫滩沉积土演变而来，形成时间较长，强度较高可作为建筑物良好地基。

1.2.2.5　风积物（土）

风积物（土）是指在干旱条件下，岩石的风化碎屑物被风吹扬，搬运一段距离后，在有利的条件下堆积起来的一类土。最常见的是风成砂及风成黄土。

1.2.2.6　其他沉积物（土）

外力地质作用的其他营力还会形成其他类型的松散堆积层，如湖泊地质作用形成的湖积层（土）、海洋地质作用形成的海积层（土）、冰川地质作用形成的冰积层（土）等。

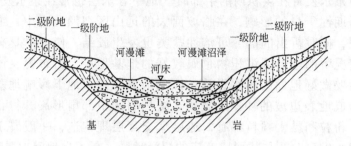

图 1-7　平原河谷横断面示例

1—砂卵石；2—中粗砂；3—粉细砂；4—粉质黏土；5—粉土；6—黄土；7—淤泥

1.3　土 的 组 成

土是地表岩石经过漫长的历史年代，在物理风化、化学风化和生物风化作用下，逐渐形成大小不一的碎块，再经过各种自然力量的搬运、沉积，形成的固体矿物颗粒、水和气体的碎散集合体。在天然状态下，土为三相物质，即由固体颗粒、水和空气三相所组成。固体颗粒主要是土粒，有时还有粒间的胶结物和有机质，它们构成土的骨架；液相部分为水及其溶解物；气相部分为空气和其他微量气体。

当土骨架之间的孔隙被水充满时，称其为饱和土或完全饱和土；当土骨架间的孔隙不含水时，称其为干土；而当土的孔隙中既含有水，又有一定量的气体存在时，称其为非饱和土或湿土。

1.3.1　土的固体颗粒

在土的三相组成中，固体颗粒形成土的骨架，是决定土的工程性质的主要成分。对土中固体颗粒主要从其矿物成分、颗粒的大小以及分布来描述。

1.3.1.1　土颗粒的矿物成分

由于土是岩石风化的产物，所以土颗粒的矿物组成取决于成土母岩的矿物组成及其后的风化作用。土中矿物成分可以分为原生矿物和次生矿物。原生矿物是岩石经过物理风化生成的，其矿物成分与母岩相同，例如石英、长石、云母等。次生矿物是原生矿物经化学风化或生物化学风化后所生成的新矿物，其矿物成分与母岩不同。次生矿物有很多种，难溶性盐类如 $CaCO_3$ 和 $MgCO_3$ 等、可溶性盐类如 $CaSO_4$ 和 $NaCl$ 等，还包括各种黏土矿物如高岭石、伊利石和蒙脱石等。由于黏土矿物亲水性不同，当其含量不同时土的工程性质就各异。

黏土矿物是指具有片状或链状结晶格架的铝硅酸盐，它是由原生矿物中的长石及云母等矿物风化形成。黏土矿物具有与原生矿物很不相同的特性，它对黏性土的性质影响很大。

黏土矿物主要有蒙脱石、高岭石和伊利石三种类型。

（1）蒙脱石。晶层结构是由两个硅氧晶片中间夹一个铝氢氧晶片构成。由于连接力弱，水分子很容易进入晶层之间，其矿物晶格结构很不稳定，正离子交换能力极强，活动性强，吸附水的能力强，具有强烈的吸水膨胀和失水收缩特性，是黏土矿物中亲水性最强的一类矿物，工程中如果遇见富含此类矿物的黏性土体时，一定要分析其膨胀性的大小，并对其膨胀性对工程的危害加以防范。

（2）伊利石。它是云母在碱性介质中风化的产物。晶层结构是由两个硅氧晶片中间夹一个铝氢氧晶片构成，晶层间有钾离子连接。其晶格结构的稳定性、正离子交换能力、活动性和吸附水的能力等均介于蒙脱石和高岭石之间。

（3）高岭石。由长石、云母风化而成，晶层结构是由一个硅氧晶片中间夹一个铝氢氧晶片构成，晶层间通过氢键连接。由于氢键连接力较强，高岭石类矿物晶格结构较稳定，所以不容易吸水膨胀，失水收缩，或者说亲水能力差。

由于黏土矿物颗粒细小且扁平，且表面带有负电荷，所以极容易和极化的水分子相吸引。土颗粒的表面积越大，这种吸引力越强，黏土矿物表面积的相对大小可以用单位体积（或质量）的颗粒的总表面积来表示，称为土的比表面积。土颗粒越细，比表面积越大，则吸水能力越强。

另外在风化过程中，在微生物作用下，土中产生复杂的腐殖质。土中胶态的腐殖质颗粒细小，能吸附大量的水分子，由于这种极细颗粒的存在，使得土具有高塑性、膨胀性和高压缩性，所以对工程建设是极不利的，故对于有机质含量大于3%的土，应加注明，此种土不适宜作为填筑材料。

1.3.1.2 土的粒度成分

土颗粒大小不同，其性质也不同。例如粗颗粒的砾石，具有很大的透水性，完全没有黏性和可塑性。而细颗粒的黏土透水性很小，黏性和可塑性较大。颗粒大小通常以粒径表示。如果将工程性质相似、颗粒大小相近的土粒归并成组，称为粒组。

A 土的粒组划分

目前土的粒组划分方法并不完全一致，各个国家、甚至一个国家的各个部门或行业都有一些不完全相同的土颗粒划分规定。表1-1为常用土粒粒组划分方法，即将土粒划分为六大粒组：漂石或块石，卵石或碎石，圆砾或角砾，砂粒，粉粒及黏粒；各粒组界限粒径分别为：200mm，20mm，2mm，0.075mm 和 0.005mm。

表1-1 土粒粒组划分

粒组名称	粒径范围/mm	一　般　特　性
漂石或块石粒组	>200	透水性大，无黏性，无毛细水
卵石或碎石粒组	20~200	透水性大，无黏性，无毛细水
圆砾或角砾粒组	2~20	透水性大，无黏性，毛细水上升高度不超过粒径大小
砂粒粒组	0.075~2	易透水，当混入云母等杂物时透水性减小，而压缩性增加；无黏性，遇水不膨胀，干燥时松散；毛细水上升高度不大，随粒径变小而增大
粉粒粒组	0.005~0.075	透水性小；湿时稍有黏性，遇水膨胀小，干时稍有收缩；毛细水上升高度较大较快，极易出现冻胀现象
黏粒粒组	<0.005	透水性很小；湿时有黏性、可塑性，遇水膨胀大，干时收缩显著；毛细水上升高度大，且速度较慢

B　土的粒度成分

土的粒度成分，是指土中各种不同粒组的相对含量（以干土质量的百分比表示），它可以描述土中不同粒径土粒的分布特征，也称颗粒级配或粒径级配，它可通过颗粒分析试验得到。工程中颗粒分析常用两种方法：对于粒径大于 0.075mm 的粗粒土采用筛分法，而小于 0.075mm 的细粒土采用沉降分析法。

筛分法是用一套孔径分别为 20mm、10mm、5mm、2mm、1mm、0.5mm、0.25mm、0.075mm 的筛子，将事先称过质量的烘干土样过筛，称量留在筛子上的土样质量，然后计算相应的百分数。沉降分析法是根据土粒在悬液中沉降的速度与粒径平方成正比的斯托克斯公式来确定各粒组相对含量的方法，基于这一原理实验室常用密度计法、移液管法来测定。

颗粒分析试验成果可用表或曲线表示。用表表示的常见于土工试验成果表中。用粒径级配曲线表示试样颗粒组成是一种较完善的方法，其纵坐标表示粒径小于某一粒径的土占总质量的百分数，横坐标表示土的粒径（因为土粒粒径相差数百、数千倍以上，小颗粒土的含量又对土的性质影响较大，所以横坐标用粒径的对数值表示）所得曲线称为颗粒级配曲线或颗粒级配累积曲线，如图 1-8 所示，曲线 a、b 表示两个试样颗粒级配情况，由曲线坡度陡缓可大致判断土的均匀程度。如果曲线陡峻，表示土粒大小均匀，级配不好；反之则表示土粒不均匀但级配良好。

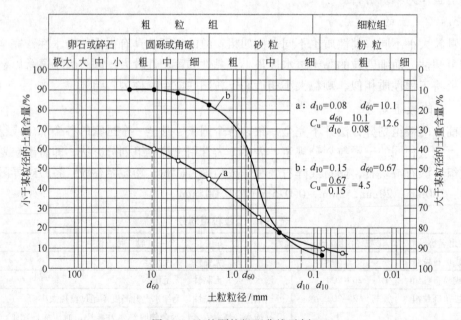

图 1-8　土的颗粒级配曲线示例

工程上常用土粒的不均匀系数和曲率系数来定量判断土的级配好坏。

不均匀系数

$$C_{u} = \frac{d_{60}}{d_{10}} \tag{1-1}$$

曲率系数

$$C_c = \frac{d_{30}^2}{d_{60} \times d_{10}} \qquad (1-2)$$

式中　　d_{10}，d_{30}，d_{60}——相当于累计百分含量为 10%、30% 和 60% 的粒径;

　　　　　　d_{60}——限定粒径;

　　　　　　d_{10}——有效粒径。

不均匀系数 C_u 反映大小不同粒组的分布情况，$C_u < 5$ 的土为均粒土，如图 1-8 中曲线 b 代表的土样（$C_u = 4.5$），属级配不良; $C_u > 10$ 的土（如图 1-8 中曲线 a 代表的土样）为级配良好的土; $C_u = 5 \sim 10$ 的为级配一般的土。工程中也有以两个指标来判断土级配的情况，例如《岩土工程基本术语标准》（GB/T 50279—1998）规定，当 $C_u \geqslant 5$，且 $C_c = 1 \sim 3$ 时，为级配良好土。

1.3.2　土中水和气

1.3.2.1　土中水

在自然状态下，绝大多数环境中的土总是含水的，土中水可以是液态，也可以是固态或气态。研究土中水时必须考虑其存在状态及其与土粒之间的相互作用。存在于土粒矿物晶格以内的水称为结晶水。土中的结晶水只能在较高的温度（80 ~ 680℃，随土粒矿物成分的不同而异）下才能化为水汽而与土粒分离，因此在一般工程中，结晶水被视为矿物固体颗粒的一部分。由于一般情况下水汽和结晶水对土的工程性质影响不大，所以通常所说的水是指常温状态下的液态水。

按土中水是否受土粒电场力作用可以将土中水分为两类，一类称为结合水，另一类称为自由水。

　A　结合水

一般情况下，土粒的表面带有负电荷，在土粒周围形成电场，吸引水中的氢原子一端使其定向排列，形成围绕土颗粒的结合水膜，如图 1-9 所示。将受土颗粒电场力作用而吸附于土粒周围的土中水称为结合水。通常将结合水分为强结合水和弱结合水两种。受颗粒电场力吸引，紧紧吸附于颗粒周围的结合水称为强结合水。强结合水的特征是：没有溶解能力，不能传递静水压力，受外力作用时与土颗粒一起移动，性质近于固体，具有很大的黏滞性、弹性和抗剪强度。

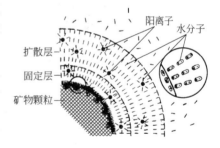

图 1-9　结合水分子定向排列简图

弱结合水是指紧靠于强结合水外围的一层水膜，故又称薄膜水。它仍不能传递静水压力，但水膜较厚的弱结合水能向较薄的水膜缓慢转移，直到平衡。弱结合水的存在，使土具有可塑性。由于黏性土比表面积较大，含薄膜水多，故其可塑性范围大; 而砂土比表面积较小，含薄膜水极少，故几乎不具有可塑性。

　B　自由水

自由水是指土粒电场力影响范围以外的土中孔隙水。自由水的性质和普通水一样，冰点为 0℃，有溶解能力，能传递静水压力。土中的自由水包括重力水和毛细水两种。

重力水是存在于地下水位以下含水层中的土中自由水，也称地下水。重力水在自身重力作用下能在土体中产生渗流，重力水对土中应力状态和开挖基槽、基坑以及修筑地下构筑物时所采取的排水、防水措施有重要影响。对土粒及置于其中的结构物都由浮力作用。毛细水是受到水与空气交界面处表面张力作用的自由水。毛细水存在于地下水位以上的透水层中。

1.3.2.2　土中气体

土中的气相是指充填在土的孔隙中的气体，包括与大气连通的和不连通的两类。与大气连通的气体对土的工程性质没有多大影响，它的成分与空气相似，当土受到外力作用时，这种气体很快从土孔隙中逸出；但是密闭的气体对土的工程性质有很大影响，密闭气体成分可能是空气、水汽、天然气或其他气体等，在压力作用下可被压缩或溶于水中，压力减小时又能复原，对土体的性质有一定的影响，它的存在可使土体的渗透性减小、弹性增大，延缓土体的变形随时间的发展过程。

1.3.3　土的结构与构造

1.3.3.1　土的结构

土粒的结构是指由土粒的大小、形状、相互排列及其联结关系等形成的综合特征。它是在成土过程中逐渐形成的，与土的矿物成分、颗粒形状和沉积条件等有关，对土的工程性质有重要影响。土的结构一般分为单粒结构、蜂窝结构和絮状结构三种基本类型，如图1-10所示。

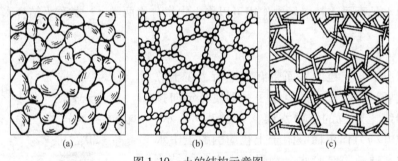

图 1-10　土的结构示意图
(a) 单粒结构；(b) 蜂窝结构；(c) 絮状结构

A　单粒结构

土在沉积过程中，较粗的岩屑和矿物颗粒在自重作用下沉落，每个土粒都为已经下沉稳定的颗粒所支承，各土粒相互依靠重叠，构成单粒结构。其特点是土粒间为点接触，或较密实，或疏松。疏松状态的单粒结构土在外荷载作用下，特别是在振动荷载作用下会使土粒移向更稳定的位置而变得比较密实。密实状态的单粒结构土压缩性小、强度大，是良好的地基地层。

B　蜂窝结构

蜂窝结构主要是由粉粒 (0.005~0.075mm) 所组成的土的典型结构形式。较细的土粒在自重作用下沉落时，碰到别的正在下沉或已经下沉的土粒，由于土粒细而轻，粒间接触点处的引力阻止了土粒的继续下沉，土粒被吸引着不再改变其相对位置，逐渐形成了链环状单元；很多这样的单元联结起来，就形成了孔隙较大的蜂窝状结构。蜂窝结构的土中，单个孔隙的体积一般远大于土粒本身的尺寸，孔隙的总体积也较大，沉积后如果未曾受到较大的上覆土压力作用，作为地基时可能产生较大的沉降。

C 絮状结构

微小的黏粒主要由针状或片状的黏土矿物颗粒所组成，土粒的尺寸极小，重量也极轻，靠自身重量在水中下沉时，沉降速度极为缓慢，且有些更细小的颗粒已具备了胶粒特性，悬浮于水中作分子热运动；当悬浮液发生电解时（例如河流入海时，水离子浓度的增大），土粒表面的弱结合水厚度减薄，运动着的黏粒相互聚合（两个土颗粒在界面上共用部分结合水），以面对边或面对角接触，并凝聚成絮状物下沉，形成絮状结构。在河流下游的静水环境中，细菌作用时形成的菌胶团也可使水中的悬浮颗粒发生絮凝而沉淀。因此，絮状结构又被称为絮凝结构。絮状结构的土中有很大的孔隙，总孔隙体积比蜂窝结构的更大，土体一般十分松软。

1.3.3.2 土的构造

土的构造是指土体中物质成分、颗粒大小、结构形式等都相近的各部分土的集合体之间的相互关系特征。一般可分为层理构造、裂隙构造和分散构造。土的最重要的构造特征是层理构造，即成层性。这是由于不同阶段沉积物的物质成分、颗粒大小及颜色等都不相同，而使竖向呈现成层的性状。常见的有水平层理和交错层理，并常带有夹层、尖灭及

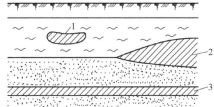

图 1-11 土的层理构造
1—淤泥夹黏土透镜体；2—黏土尖灭层；
3—砂土夹黏土层

透镜体等，如图 1-11 所示。各种构造特征都造成了土的不均匀性。裂隙构造是土体因各成因形成的不连续的裂隙切割而形成。裂隙中常充填各种盐类沉积物。裂隙的存在大大降低了土体的强度和稳定性，增大了透水性，对工程不利。此外，土中包裹物（如腐殖质、贝壳、结核等）以及洞穴的存在也会造成土的不均匀。

1.4 土的三相比例指标

土的三相物质在体积和质量（重量）上的比例关系称为三相比例指标。三相比例指标反映土的干燥与潮湿、疏松与密实等许多基本物理性质，而且在一定程度上间接反映了土的力学性质。

土中的三相物质本来是交错分布的，为了便于标记和阐述，将其三相物质抽象地分别集合在一起，构成一种理想的三相图，如图 1-12 所示。

土的三相比例指标可分为两种：一种是实测指标，也称基本指标，它们均由实验室实验测试得到，包括土的密度、土粒相对密度和土的含水量；另一种是换算指标，这些可由实测指标换算得到，包括反映土的松密程度的孔隙比和孔隙率、反映土中含水程度的饱和度，以及各种密度（重度）指标等。

1.4.1 土的密度与重度

土单位体积的质量称为土的密度，单位为 g/cm^3，其表达式为：

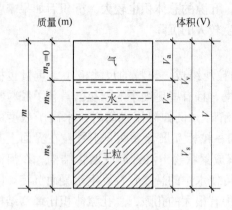

图 1-12   土的三相组成示意图

m_s——土粒质量；

m_w——土中水的质量；

m_a——空气的质量，假定为零；

m——土的总质量，$m = m_s + m_w$；

V_s——土粒体积；

V_w——土中水的体积；

V_a——土中气体体积；

V_v——土中孔隙的体积，$V_v = V_w + V_a$；

V——土的总体积，$V = V_v + V_s$。

$$\rho = \frac{m}{V} \tag{1-3}$$

天然状态下，土的密度变化范围较大，一般情况下，土密度的变化范围为 1.6～2.2g/cm³，腐殖土的密度较小，常为 1.5～1.7g/cm³ 甚至更小。土的密度常用环刀法测定。

单位体积土所受重力为土的重度，用 γ 表示：

$$\gamma = \frac{G}{V} = \frac{m}{V}g = \rho g \tag{1-4}$$

式中 g——重力加速度，通常取 $g = 10\text{m/s}^2$。

土的重度单位为 kN/m³，因此，通常砂土：$\gamma = 16～20\text{kN/m}^3$，粉土和黏性土 $\gamma = 18～20\ \text{kN/m}^3$。

1.4.2   土粒相对密度

土粒质量与一个标准大气压下同体积4℃时纯水质量之比，称为土粒相对密度，用 d_s 表示，即：

$$d_s = \frac{m_s}{V_s} \cdot \frac{1}{\rho_{w1}} = \frac{\rho_s}{\rho_{w1}} \tag{1-5}$$

式中 ρ_s——土粒密度；

ρ_{w1}——纯水在4℃时的密度，等于 1g/cm³ 或 1t/m³。

土粒相对密度主要取决于土的矿物成分，也与土的颗粒大小有一定关系。它的数值一般为 2.6～2.8；土中有机质含量增大时相对密度明显减小。土粒相对密度可用比重瓶法测定，由于同类土的土粒相对密度变化幅度很小，加之土粒相对密度的测试方法要求严，容易出现测试误差，所以工程中常按地区经验来选取土粒相对密度，表 1-2 可供参考。

表 1-2   土粒相对密度参考值

土的名称	砂 土	粉 土	黏 性 土	
			粉质黏土	黏 土
土粒相对密度	2.65～2.69	2.70～2.71	2.72～2.73	2.74～2.76

1.4.3 土的含水量

土体中水的质量与土粒质量之比，称为土的含水量，以百分数计，即：

$$w = \frac{m_w}{m_s} \times 100\% \tag{1-6}$$

含水量通常由烘干法测定。含水量是反映土的干湿程度的重要指标，天然土体的含水量变化范围很大，沙漠表面的干砂含水量为零，而沿海软黏土地层中，土体含水量可高达 60% ~ 70%，云南某地的淤泥和泥炭土含水量更是高达 270% ~ 299%。含水量对黏性土等细粒土的力学性质有很大影响，一般说来，同一类土（细粒土）的含水量越大，土越湿越软，作为地基时的承载能力越低。

1.4.4 土的孔隙比与孔隙率

土中孔隙体积与土粒体积之比称为孔隙比，即

$$e = \frac{V_v}{V_s} \tag{1-7}$$

孔隙比用小数表示，是评价土的密实程度重要指标，一般 $e < 0.6$ 的土是密实的低压缩性土；$e > 1.0$ 的土是疏松的高压缩性土。

土中孔隙体积与土的总体积之比称为孔隙率，以百分数表示，即

$$n = \frac{V_v}{V} \times 100\% \tag{1-8}$$

1.4.5 土的饱和度

土中被水所充填的孔隙体积与孔隙总体积的百分比，称为饱和度，即

$$s_r = \frac{V_w}{V_v} \times 100\% \tag{1-9}$$

砂性土根据饱和度大小分为稍湿（$s_r \leqslant 50\%$）、很湿（$50\% < s_r \leqslant 80\%$）与饱和（$s_r > 80\%$）三种湿度状态。

1.4.6 干密度与干重度

干密度是指单位体积土体中固体颗粒部分的质量，也可将其理解为单位体积的干土质量，即：

$$\rho_d = \frac{m_s}{V} \tag{1-10}$$

干重度是指单位体积土体中固体颗粒部分所受的重力，即

$$\gamma_d = \rho_d \cdot g \tag{1-11}$$

土的干密度通常反映填方工程（包括土坝、路基和人工压实地基）中填土的松密，以控制填土的压实质量。干密度越大，表明土体压实越密实，亦即工程质量越好。

1.4.7 土的饱和密度与饱和重度

饱和密度是指孔隙中全部充满水时，单位体积土体的质量，即

$$\rho_{sat} = \frac{m_s + V_v \cdot \rho_w}{V} \qquad (1\text{-}12)$$

饱和重度是指孔隙中全部充满水时，单位体积土体所受的重力，即

$$\gamma_{sat} = \rho_{sat} \cdot g \qquad (1\text{-}13)$$

1.4.8 土的有效密度与有效重度

有效密度指地下水位以下，单位土体体积中土粒的质量扣除同体积水的质量，也称为浮密度，即

$$\rho' = \frac{m_s - V_s \cdot \rho_w}{V} \qquad (1\text{-}14a)$$

或

$$\rho' = \rho_{sat} - \rho_w \qquad (1\text{-}14b)$$

有效重度是指地下水位以下，土体单位体积所受重力再扣除浮力，即

$$\gamma' = \rho' \cdot g \qquad (1\text{-}15)$$

对于同一种土，在体积不变的条件下各密度指标有如下关系

$$\rho' < \rho_d \leqslant \rho \leqslant \rho_{sat}$$

土的三相比例指标之间可以互相换算，根据上述三个实测指标，可以用换算公式求得全部计算指标，也可以用某几个指标换算其他的指标。这种换算关系见表1-3。

表1-3 土的三相比例指标换算公式

名称	符号	三相比例表达式	常用换算公式	单位	常见的数值范围
土粒相对密度	d_s	$d_s = \dfrac{m_s}{V_s \rho_{w1}}$	$d_s = \dfrac{S_r e}{w}$		黏性土：2.72~2.75 粉 土：2.70~2.71 砂类土：2.65~2.69
含水量	w	$w = \dfrac{m_w}{m_s} \times 100\%$	$w = \dfrac{S_r e}{d_s}$，$w = \dfrac{\rho}{\rho_d} - 1$		20~60
密度	ρ	$\rho = \dfrac{m}{V}$	$\rho = \rho_d(1+w)$，$\rho = \dfrac{d_s(1+w)}{1+e}\rho_w$	g/cm^3	1.6~2.0
干密度	ρ_d	$\rho_d = \dfrac{m_s}{V}$	$\rho_d = \dfrac{\rho}{1+\omega}$，$\rho_d = \dfrac{d_s}{1+e}\rho_w$	g/cm^3	1.3~1.8
饱和密度	ρ_{sat}	$\rho_{sat} = \dfrac{m_s + V_v\rho_w}{V}$	$\rho_{sat} = \dfrac{d_s + e}{1+e}\rho_w$	g/cm^3	1.8~2.3
有效密度	ρ'	$\rho' = \dfrac{m_s - V_s\rho_w}{V}$	$\rho' = \rho_{sat} - \rho_w$ $\rho' = \dfrac{d_s - 1}{1+e}\rho_w$	g/cm^3	0.8~1.3
重度	γ	$\gamma = \dfrac{m}{V} \cdot g = \rho \cdot g$	$\gamma = \dfrac{d_s(1+w)}{1+e}\gamma_w$	kN/m^3	16~20
干重度	γ_d	$\gamma_d = \dfrac{m_s}{V} \cdot g = \rho_d \cdot g$	$\gamma_d = \dfrac{d_s}{1+e}\gamma_w$	kN/m^3	13~18
饱和重度	γ_{sat}	$\gamma_{sat} = \dfrac{m_s + V_v\rho_w}{V}g = \rho_{sat} \cdot g$	$\gamma_{sat} = \dfrac{d_s + e}{1+e}\gamma_w$	kN/m^3	18~23
有效重度	γ'	$\gamma' = \dfrac{m_s - V_s\rho_w}{V}g = \rho' \cdot g$	$\gamma' = \dfrac{d_s - 1}{1+e}\gamma_w$	kN/m^3	8~13
孔隙比	e	$e = \dfrac{V_v}{V_s}$	$e = \dfrac{d_s\rho_w}{\rho_d} - 1$，$e = \dfrac{d_s(1+w)\rho_w}{\rho} - 1$		黏性土和粉土：0.40~1.20 砂类土：0.30~0.90

名称	符号	三相比例表达式	常用换算公式	单位	常见的数值范围
孔隙率	n	$n = \dfrac{V_v}{V} \times 100\%$	$n = \dfrac{e}{1+e}, n = 1 - \dfrac{\rho_d}{d_s \rho_w}$	%	黏性土和粉土:30 ~ 60 砂类土:25 ~ 45
饱和度	S_r	$S_r = \dfrac{V_w}{V_v} \times 100\%$	$S_r = \dfrac{wd_s}{e}, S_r = \dfrac{wd_s}{n\rho_w}$	%	0 ~ 100

注:水的重度 $\gamma_w = \rho_w \cdot g = 1 t/m^3 \times 9.807 m/s^2 = 9.807 \times 10^3 (kg \cdot m/s^2)/m^3 \approx 10 kN/m^3$。

【例题 1-1】 在天然状态下土的体积为 $200 cm^3$,质量为 334g,烘干后的质量为 290g,土颗粒的相对密度为 2.66,计算该土的密度、含水量、干密度、孔隙比、孔隙率和饱和度。

【解】 已知 $V = 200 cm^3$,$m = 334g$,$m_s = 290g$,$d_s = 2.66$

(1)根据定义,该土的密度为

$$\rho = \frac{m}{V} = \frac{334}{200} = 1.67 g/cm^3$$

(2)由已知条件求得土样中水的质量为

$$m_w = m - m_s = 334 - 290 = 44g$$

含水量为

$$w = \frac{m_w}{m_s} \times 100\% = \frac{44}{290} \times 100\% = 15.17\%$$

利用表 1-3 换算公式计算下列物理性质指标

(3)干密度

$$\rho_d = \frac{\rho}{1+w} = \frac{1.67}{1+0.152} = 1.45 g/cm^3$$

(4)孔隙比

$$e = \frac{d_s \rho_w}{\rho_d} - 1 = \frac{2.66}{1.45} - 1 = 1.834 - 1 = 0.834$$

(5)孔隙率

$$n = \frac{e}{1+e} = \frac{0.834}{1+0.834} = 45.5\%$$

(6)饱和度

$$S_r = \frac{wd_s}{e} = \frac{0.152 \times 2.66}{0.834} = 48.5\%$$

【例题 1-2】 某干砂试样 $\rho_d = 1.69 g/cm^3$,$d_s = 2.70$,经细雨后,体积未变,饱和度达到 $S_r = 40\%$,试问细雨后砂样的密度、重度和含水量各是多少?

【解】 对于干砂试样,其密度应为 $\rho = 1.69 g/cm^3$

孔隙比 $e = \dfrac{d_s \rho_w}{\rho_d} - 1 = \dfrac{2.70}{1.69} - 1 = 0.60$

雨后含水量 $w = \dfrac{S_r e}{d_s} = \dfrac{40\% \times 0.6}{2.70} = 9.0\%$

雨后砂样密度 $\rho = \dfrac{d_s \ (1+w)}{1+e}\rho_w = \dfrac{2.70 \ (1+9.0\%)}{1+0.60} = 1.84\text{g/cm}^3$

雨后砂样重度 $\gamma = \rho \cdot g = 1.84 \times 10 = 18.4\text{kN/m}^3$

1.5　无黏性土的密实度

无黏性土包括碎石、砾石和砂类土等单粒结构的土。无黏性土的密实程度与其工程性质有着密切的关系，呈密实状态时其强度较大，可以作为良好的天然地基；而处于松散状态时由于其承载能力小、受荷载作用压缩变形大，是不良的地基。

在对无黏性土进行评价时，必须说明其所处的密实程度。无黏性土最重要的物理状态指标是密实度，其对工程特性有重要的影响。

评价无黏性土的密实度的方法有三种。

1.5.1　采用天然孔隙比 e 判别

采用天然孔隙比 e 判别，这是一种实用简捷的方法，且应用方便。但在实践中发现，仅用该指标无法真实反映土的颗粒级配及土颗粒形状对土密实程度的影响。例如有时较疏松的级配良好的砂土的孔隙比，会比较密实的颗粒均匀的砂土的孔隙比还小。此外，现场采取原状不扰动砂样比较困难，尤其是位于地下水位以下或较深的砂层更是如此。

1.5.2　依据相对密实度 D_r 判别

当无黏性土处于最紧密状态时所具有的孔隙比称为最小孔隙比 e_{min}，用振密法测定；无黏性土处于最松散状态时其所具有的孔隙比称为最大孔隙比 e_{max}，用松砂器法测定。

用天然孔隙比 e 与同一种无黏性土的最大孔隙比 e_{max} 和最小孔隙比 e_{min} 进行对比，看 e 靠近 e_{max} 还是 e_{min}，以此来判别其相对密实度。相对密实度可按下式计算

$$D_r = \frac{e_{max} - e}{e_{max} - e_{min}} \tag{1-16}$$

从式(1-16)可以看出，当无黏性土的天然孔隙比接近于最小孔隙比 e_{min}，相对密实度 D_r 接近于 1，表明无黏性土接近于最密实的状态；而当无黏性土的天然孔隙比接近于最大孔隙比 e_{max}，相对密实度 D_r 接近于 0，表明无黏性土接近于最松散的状态；根据 D_r 值可把无黏性土密实度状态划分为三种：

$$0.67 < D_r \leqslant 1 \qquad\qquad 密实的$$
$$0.33 < D_r \leqslant 0.67 \qquad\qquad 中密的$$
$$0 < D_r \leqslant 0.33 \qquad\qquad 松散的$$

如前所述，由于现场采取原状不扰动砂样比较困难，因此，这一方法主要用于填方工程的质量控制。

1.5.3　依据现场标准贯入击数判别

在工程实践中常用标准贯入试验、静力触探等原位测试方法来评价无黏性土的密实度。

标准贯入试验是用规定的锤重（63.5kg）和落距（76cm）把标准贯入器打入土中，记录贯入一定深度（30cm）所需的锤击数 N 值的原位测试方法。标准贯入试验的锤击数反映了土层的松密和软硬程度，是一种简便的测试手段。根据标准贯入锤击数可将砂土的密实度划分为密实、中密、稍密和松散四种状态，见表1-4。

表1-4　标准贯入试验判定砂土密实度

密 实 度	密实	中密	稍密	松散
标准贯入锤击数	$N > 30$	$15 < N \leqslant 30$	$10 < N \leqslant 15$	$N \leqslant 10$

碎石土可根据重型圆锥动力触探锤击数 $N_{63.5}$ 划分为松散、稍密、中密及密实四种，也可由野外鉴别来判断其密实度。

1.6　黏性土的物理特性

黏性土是指具有内聚力的所有细粒土，包括粉土、粉质黏土和黏土。工程实践表明，黏性土的含水量对其工程性质影响极大。当黏性土的含水量小于某一限度时，结合水膜变得很薄，土颗粒靠得很近，土颗粒间黏结力很强，土就处于坚硬的固态；含水量增大到某一限度值时，随着结合水膜的增厚，土颗粒间联结力减弱，颗粒距离变大，土从固态变为半固态；含水量再增大，结合水膜进一步增厚，土就进入了可塑状态；再进一步增加含水量，土中开始出现自由水，自由水的存在进一步减弱了颗粒间的联结能力，当土中自由水含量增大到一定程度后，土颗粒间的联结力丧失，土就进入了流动状态。

虽然含水量和饱和度能反映土体中含水量的多少和孔隙的饱和程度，却无法很好反映土体随含水量的增加从固态到半固态、从半固态到可塑状态、再从可塑状态最终进入流动状态（或称流塑状态）的物理特征变化过程，因此有必要引入界限含水量的概念以确定土的含水状态特征。

1.6.1　界限含水量

黏性土由一种状态转到另一种状态的分界含水量，叫做界限含水量，它对黏性土的分类及工程性质的评价有重要意义。

按界限含水量划分的土的含水状态特征，如图1-13所示。

图1-13　黏性土的界限含水量及含水状态特征

1.6.1.1　液限 w_L

液限是指土从流动状态与可塑状态间的界限含水量。黏性土的液限测定，目前我国多用锥式液限仪法，如图1-14所示。将调制均匀的稠糊状试样塞满盛土杯，用刀片刮平杯口，将76g重的圆锥体轻轻放置在杯口表面的中心处，让其在自身重力作用下徐徐沉入试样，若经5s后锥体沉陷深度恰好为10mm，则杯内土样的含水量即为该种土的液限值。

在日、美等国家，土的液限是用碟式液限仪来测定。它是将调成浓糊状的试样装在碟内，刮平表面，用切槽器在土中成槽，槽底宽度为 2mm，如图 1-15 所示，然后将碟子抬高 10mm，使碟下落，连续 25 次后，如土槽合拢长度为 13mm，这时试样的含水量即为液限值。

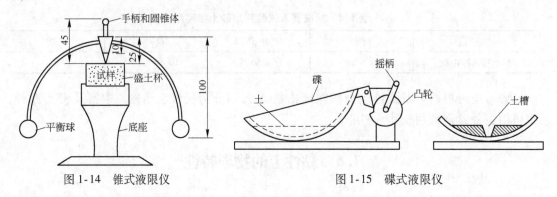

图 1-14　锥式液限仪　　　　　　　　图 1-15　碟式液限仪

1.6.1.2　塑限 w_p

塑限指土从可塑状态到半固体状态间的分界含水量。黏性土塑限的测定常用"搓条法"。把塑性状态的土在毛玻璃板上用手搓条，在缓慢的、单方向的搓动过程中土膏内水分渐渐蒸发，如搓到土条的直径为 3mm 左右时断裂为若干段，则此时的含水量即为塑限。搓条法由于采用手工操作，受人为因素的影响较大，因而成果不稳定，为改进测试方法常采用液、塑限联合测定法。

1.6.1.3　缩限 w_s

缩限指土从半固体状态到固体状态间的分界含水量，可用收缩皿法测定。

1.6.2　塑性指数与液性指数

在已知黏性土的界限含水量后，可根据其实际含水量的大小确定其所具有的含水状态特征。但对于颗粒组成不同的黏性土，在含水量相同时，其软硬程度却未必相同，因为不同土的可塑状态含水量范围各不相同，为了表述不同土的上述差异，引入土的塑性指数和液性指数概念。

1.6.2.1　塑性指数 I_p

塑性指数是液限与塑限的差值，去掉百分号，为土处在可塑状态的含水量变化范围，即

$$I_p = w_L - w_p \tag{1-17}$$

塑性指数越大，土的塑性也越大。塑性指数的大小与土中结合水的可能含量有关，亦即土的塑性指数越大，表明该土能吸附结合水多，但仍处于可塑状态，即该土黏粒含量高或矿物成分吸水能力强。工程上常按塑性指数对黏性土进行分类。

1.6.2.2　液性指数 I_L

液性指数是指土天然含水量与塑限的差值和液限与塑限的差值之比，即

$$I_L = \frac{w - w_p}{w_L - w_p} = \frac{w - w_p}{I_p} \tag{1-18}$$

从式（1-18）可见，当土的 $w < w_p$，$I_L < 0$ 时，天然土处于坚硬状态；当 $w < w_L$ 时，$I_L > 1.0$，天然土处于流动状态；而当 $w_p < w < w_L$ 时，I_L 在 $0 \sim 1.0$ 之间变化，天然土处于可塑状态。可见，液性指数反映了黏性土软硬程度，I_L 越大土质越软；反之，土质越硬。

《建筑地基基础设计规范》（GB50007—2002）规定，黏性土根据其塑性指数可划分为坚硬、硬塑、可塑、软塑、流塑五种软硬状态，其划分标准见表1-5。

表1-5 黏性土软硬程度的划分

状态特征	坚硬	硬塑	可塑	软塑	流塑
液性指数	$I_L \leqslant 0$	$0 < I_L \leqslant 0.25$	$0.25 < I_L \leqslant 0.75$	$0.75 < I_L \leqslant 1.0$	$I_L > 1.0$

1.7 地基岩土的工程分类

自然界的土，往往是各种不同大小粒组的混合物，由于颗粒大小不同的土体，其工程性质很不相同，所以在进行建筑工程勘察、设计与施工中就需要首先明确土的类别，才能判别其工程特性。

土的工程分类就是根据分类用途和土的性质差异将其划分成一定的类别。国内外对土的分类方法很多，往往都是根据自己的地区、行业特点，制定自己的分类标准。

1.7.1 根据土的颗粒级配或塑性指数分类

根据土的颗粒级配或塑性指数对土体进行分类是我国各部门最为常用而且分类结果大致相同的一种土的分类方法。以下以《建筑地基基础设计规范》（GB50007—2002）为例，介绍这种方法的分类结果。

1.7.1.1 碎石土

粒径 $d > 2mm$ 的颗粒含量超过颗粒总重量50%的土称为碎石土。根据土的粒径级配中各粒组的含量和颗粒形状分为漂石和块石、卵石和碎石、圆砾或角砾等，其划分标准见表1-6。

表1-6 碎石土的分类

土的名称	颗粒形状	颗粒级配
漂石	圆形及亚圆形为主	粒径大于200mm的颗粒超过全重的50%
块石	棱角形为主	
卵石	圆形及亚圆形为主	粒径大于20mm的颗粒超过全重的50%
碎石	棱角形为主	
圆砾	圆形及亚圆形为主	粒径大于2mm的颗粒超过全重的50%
角砾	棱角形为主	

注：定名时应根据粒组含量由大到小以最先符合者确定。

1.7.1.2 砂土

粒径 $d > 2mm$ 的颗粒含量不超过颗粒总重量50%，且 $d > 0.075mm$ 的颗粒超过颗粒总重量50%的土称为砂土。根据粒组颗粒含量可分为砾砂、粗砂、中砂、细砂和粉砂，其划分标准见表1-7。

表1-7　砂土的分类

土的名称	颗粒级配
砾砂	粒径大于2mm的颗粒占全重的25%～50%
粗砂	粒径大于0.5mm的颗粒超过全重的50%
中砂	粒径大于0.25mm的颗粒超过全重的50%
细砂	粒径大于0.075mm的颗粒超过全重的85%
粉砂	粒径大于0.075mm的颗粒超过全重的50%

注：定名时应根据粒组含量由大到小以最先符合者确定。

1.7.1.3　粉土

塑性指数 $I_p \leq 10$ 且粒径 $d > 0.075$mm 的颗粒含量不超过颗粒总重量的50%的土称为粉土。根据其颗粒级配还可细分为砂质粉土（粒径小于0.005mm的颗粒含量小于等于颗粒总重量的10%）和黏质粉土（粒径小于0.005mm的颗粒含量大于颗粒总重量的10%）。

1.7.1.4　黏性土

塑性指数 $I_p > 10$ 的土称为黏性土。按照塑性指数黏性土还可分为：

粉质黏土　　　　　　　$10 < I_p \leq 17$

黏　土　　　　　　　　$I_p > 17$

黏性土的工程性质除了会受到含水量的极大影响以外，还与其沉积历史有很大的关系，不同地质时代沉积的黏性土，尽管其某些物理性质指标可能很接近，但其工程力学性质却可能相差悬殊，一般而言，土的沉积历史越久，结构性越强、力学性质越好。

1.7.2　根据土的特殊性质进行分类

根据土的特殊性质进行分类是另一种常见的土的分类方法，按这种方法分类的土称为特殊土。特殊土是指由特殊性质的矿物组成的或在特定的地理环境中形成的或在人为条件下形成的性质特殊的土，其分布具有明显的区域性，所以又称为区域性土。特殊土的类型包括：

1.7.2.1　软土

软土泛指孔隙比大、天然含水量高、渗透性差、压缩性高、强度低的软塑、流塑状黏性土。它包括淤泥、淤泥质土、有机质土和有机质含量很高的泥炭土等。当软土的孔隙比 $1.0 < e \leq 1.5$，且含水量大于土的液限时，称为淤泥质土；当孔隙比 $e > 1.5$，且含水量大于土的液限时，称为淤泥；当有机质含量大于5%时称为有机质土；当有机质含量大于60%时称为泥炭。我国的软土主要分布在沿海地区，在内陆的河流两岸河漫滩、湖泊盆地和山涧洼地也有零星分布。

软土普遍具有含水量大、持水性高、渗透性小、孔隙比大、压缩性高、强度及长期强度低（易产生流变）的共同特点，对公路、铁道工程和建筑工程的勘察设计、施工等都极为不利。

1.7.2.2 红黏土

红黏土是出露于地表的碳酸岩系岩石在亚热带温湿气候条件下经风化作用所形成的棕红、褐黄等色的高塑性土。红黏土的液限一般大于50%，上硬下软，失水后干硬收缩，裂隙发育，吸水后迅速膨胀软化，在我国云南、贵州等省和广西壮族自治区分布较广。

一般情况下，红黏土的表层压缩性低、强度较高、水稳定性好，属良好的地基地层，但在接近下伏基岩面的下部，随着含水量的增大，土体呈软塑或流塑状态，强度明显变低，作为地基时条件较差。另外还要特别指出，红黏土的压实性较差。

1.7.2.3 膨胀土

黏粒成分主要由亲水性矿物伊利石和蒙脱石组成、具有强烈的吸水膨胀和失水收缩特性的黏性土称为膨胀土，其自由膨胀率通常大于40%。在我国南方分布得较多、北方分布得较少。

膨胀土地区易产生边坡开裂、崩塌和滑动；土方开挖工程中遇雨易发生坑底隆起和坑壁侧胀开裂；地下洞室周围易产生高地压和洞室周边土体大变形现象；地裂缝发育，对道路、渠道等易造成危害；其反复的吸水膨胀和失水收缩会造成围墙、室内地面以及轻型建、构筑物的破坏，甚至种植在建筑物周围的阔叶树木生长（吸水）都会对建筑物的安全构成影响。

1.7.2.4 盐渍土

地表深度1.0m范围内易溶盐含量大于0.5%的土称为盐渍土。盐渍土中常见的易溶盐有氯盐（$NaCl$、KCl、$CaCl_2$、$MgCl_2$）、硫酸盐（Na_2SO_4、$MgSO_4$）和碳酸盐（Na_2CO_3、$NaHCO_3$、$CaCO_3$）。按盐渍土中易溶盐的化学成分可将盐渍土划分为氯盐型、硫酸盐型和碳酸盐型盐渍土，其中氯盐型吸水性极强，含水量高时松软易翻浆；硫酸盐型易吸水膨胀、失水收缩，性质类似膨胀土；碳酸盐型碱性大、土颗粒结合力小、强度低。盐渍土的液限、塑限随土中含盐量的增大而降低，当土的含水量等于其液限时，土的抗剪强度近乎等于零，因此高含盐量的盐渍土在含水量增大时极易丧失其强度。

1.7.2.5 湿陷性黄土

黄土在一定压力下受水浸湿后结构迅速破坏而发生附加下沉的现象称为湿陷，浸水后发生湿陷的黄土称为湿陷性黄土。湿陷性黄土按其湿陷起始压力的大小又可分为自重湿陷性黄土和非自重湿陷性黄土。在湿陷性黄土地基上进行工程建设时，必须考虑因地基湿陷引起附加沉降对工程可能造成的危害，选择适宜的地基处理方法，避免或消除地基的湿陷或因少量湿陷所造成的危害。

1.8 地 下 水

分布在江河、湖泊、海洋内的液态水，或在陆地上的冰、雪，称为地表水。埋藏在地面下土和岩石的孔隙、裂隙和溶洞中的水，称为地下水。地下水一方面可以作为自然资源加以利用；另一方面它与土石相互作用，使土体或岩体的强度和稳定性降低，产生各种不良的自然地质现象和工程地质现象，如滑坡、岩溶、流沙、潜蚀、地基沉陷、冻胀等。因此地下水的类型及埋藏条件，地下水对建筑材料是否存在腐蚀性以及施工时是否会产生流沙现象等是工程地质勘察的重要内容之一。

1.8.1　地下水的类型及埋藏条件

地下水按其埋藏条件可分为上层滞水、潜水和承压水三种类型。

（1）上层滞水是指埋藏在地表浅处，局部隔水透镜体的上部，且具有自由水面的地下水。它是一种局部的、季节性的或暂时性的地下水，其分布范围和存在时间取决于隔水层的厚度和面积大小。主要来源于大气降水，故动态变化极不稳定，受气候因素影响很大。

（2）潜水是指埋藏在地表以下的第一个连续隔水层上，具有自由水面的地下水。潜水面的标高称为地下水位，其主要存在于第四纪沉积层及基岩的风化层中。潜水直接接受大气降水和地表水补给，同时也受气候条件变化的影响。

潜水常给基础施工带来较多困难。在潜水位以下开挖基坑时将存在涌水、排水问题；地下结构物则有防水防渗和水压力计算等问题。

（3）承压水是指充满于两个连续的隔水层之间的含水层中的地下水，其承受一定的静水压力。当承压水位高于地表高程时，打井时水便在井中上升甚至喷出地表，称为自流井。由于承压水上下都有隔水层存在，它的埋藏和动态受地表气候、水文等影响较小。

承压水易被污染，可作为供水水源。但当基坑开挖遇到承压水时，由于水压力的影响，易使地基隆起甚至破坏。

1.8.2　土的渗透性

土的渗透性一般是指水流通过土中孔隙难易程度的性质，或称透水性，地下水的补给与排泄条件，以及在土中的渗透速度与土的渗透性有关。地下水按流线形态划分的流动状态有层流和紊流两种状态。若水流流动过程中每一水质点都沿一固定的途径流动，其流线互不相交，则称其为层流状态，简称层流。一般认为，绝大多数场合下土中水的流动呈现层流状态。

1856年法国学者达西（H. Darcy）根据实验提出，在层流状态下，土中水的渗透速度与水位差成正比，与渗流长度成反比。引入比例系数 k 则有

$$v = k \cdot \frac{\Delta h}{L} \tag{1-19}$$

式中　Δh——渗流起点和渗流终点间的水位差；

　　　L——渗流起点到渗流终点的距离；

　　　k——土的渗透系数，cm/s；

　　　v——渗透速度，cm/s。

若令 $\Delta h/i = \dfrac{\Delta h}{L}$，并定义 i 为水力坡降，则达西定律可表示为：

$$v = ki \tag{1-20}$$

渗透系数 k 反映了土的渗透性，可由试验得到的。影响渗透系数的因素主要有土粒大小和级配、孔隙比以及土的结构构造等。

1.8.3 土的渗透破坏

地下水在土中渗流时，受到土颗粒的阻力的作用，相应地，水渗流对土也产生了反作用力。我们把渗流水作用在单位体积土体中土颗粒上的力称为动水压力或渗流力，简称动水力或渗流力。动水力是一种体积力，单位为 kN/m^3。

动水力可按下式计算：

$$j = \gamma_w i \tag{1-21}$$

式中　j——动水力；

　　γ_w——水的重度；

　　i——水力梯度。

由于动水力的方向与渗流方向一致，因此，当水的渗流自下而上发生时，动水力的方向与土体重力方向相反，这样将减小土颗粒间的压力。当动水力与砂土的浮重度相等时，即此时土粒间的压力等于零，土颗粒将处于悬浮状态而随水流一起流动，这种现象就称为流沙现象。

在地下水位以下开挖基坑时，如从基坑中直接抽水，将导致地下水从下向上流动而产生向上的动水力，就有可能出现流砂现象。这种现象在细砂、粉砂、粉土中较常发生，给施工带来困难，严重的会给基坑及其周边建筑带来危险。防止流砂的方法主要有：

（1）人工降低地下水位。将地下水位降至可能产生流土（砂）的土层以下，然后再开挖。

（2）打板桩。其目的一方面是加固坑壁，另一方面是改善地下水的径流条件，即增长渗流路径，减小地下水力梯度和流速。

（3）水下开挖。在基坑开挖期间，使基坑中始终保持足够的水头（可加水），尽量避免产生流土（砂）的水头差，增加基坑侧壁土体的稳定性。

当水在砂类土中渗流时，土中的一些细小颗粒在动水力作用下，可能通过粗颗粒的孔隙被水流带走，并在粗颗粒之间形成管状孔隙，这种现象称为潜蚀或管涌，也称其为机械潜蚀。管涌可以发生在土体中的局部范围，但也可能发生在较大的土体范围内。较大土体范围内的机械潜蚀久而久之，就会在岩土内部逐步形成管状流水孔道，并在渗流出口形成孔穴甚至洞穴，并最终导致土体失稳破坏。

小   结

（1）土是岩石风化的产物。经过各种物理化学等的作用，自然界堆积形成的各种沉积土层具有不同工程性质。

（2）土是由固相、液相和气相组成的三相散粒体介质，三相物质成分、含量对土的性质有很大影响。

（3）组成土的三相物质体积和质量（重量）之间的相互关系称为土的三相指标，是土的重要物理性质指标。其中土颗粒相对密度、土的密度和含水量是可以由试验测得的基本指标，其余诸如孔隙比、饱和度等都可以由这三个基本指标换算得到。

（4）描述无黏性土的状态的密实度可以用孔隙比、相对密实度和原位标准贯入击数进行评价。一般，标准贯入击数更为方便，因而得到了广泛应用。

（5）用界限含水量可将黏性土区分不同的软硬状态。塑性指数是黏性土处于可塑状态的含水量范围，反映了所含细粒土的多少，可用来对黏性土进行分类；液性指数则反映了处于不同含水量的黏性土所处的软硬状态。

（6）土可按颗粒级配进行分类，粒组划分和级配曲线是土分类的基础，同一类型的土具有大概类似的性质；按照土的区域特殊性质的分类则反映了由于土物质组成和沉积历史与沉积环境的影响，按照颗粒级配分类的方法不能反映这些特殊性质。

习　　题

1-1　什么是地质作用，地质作用可分为哪几类？

1-2　岩石按其成因可分为哪些类型？

1-3　第四纪沉积物类型有哪些，各类型沉积物对工程建设有什么影响？

1-4　土是由哪几部分组成的，各组成部分的性质如何？

1-5　什么是土的不均匀系数，如何从粒径级配曲线的陡缓来评价土的工程性质？

1-6　土的三项指标有哪些，哪些指标是直接测定的，各指标的物理意义是什么？

1-7　什么是土的塑性指数，其数值大小与颗粒粗细有什么关系？

1-8　判断砂土密实度的方法有哪些？

1-9　黏性土的含水状态特征有哪些，通过什么来确定？

1-10　土的工程分类体系有哪些，其分类结果如何？

1-11　某一土样，由试验测得其湿土质量为120g，体积为64cm³，天然含水量为30%，土粒相对密度为2.68。试求土样天然重度、孔隙比、孔隙率、饱和度、干重度、饱和重度以及有效重度。

1-12　某土样的孔隙体积 $V_v = 50\text{cm}^3$，土粒体积 $V_s = 50\text{cm}^3$，土粒相对密度 $d_s = 2.70$，求孔隙比 e 和干重度 γ_d；当孔隙被水充满时，求饱和重度 γ_{sat} 和含水量 w。

1-13　某砂土土样的天然密度为 $1.77t/\text{m}^3$，天然含水量为9.8%，土粒相对密度为2.67，土样烘干后测定最小孔隙比为0.461，最大孔隙比为0.943，试求天然孔隙比 e 和相对密实度 D_r，并评定该砂土的密实度。

1-14　一体积为50cm³的原状土样，其湿土质量为100g，烘干后质量为72g，土粒的相对密度为2.69，土的液限为35%，塑限为19%。试求：

（1）土的塑性指数、液性指数，并确定该土的名称和状态。

（2）若将土样压密使其干密度达到 1.72g/cm^3，此时土样的孔隙比减少多少？

1-15　实验室中一湿土试样质量是100g，含水量为16%，若要制备含水量为25%的试样，需要加多少水？

1-16　某干砂试样重度16.6kN/m³，土粒的相对密度为2.70，置于雨中，若砂样的体积不变，饱和度增加到40%，求此砂样在雨中的相对密度和含水量。

2 土中应力与地基沉降

在天然地基上建造建筑物后，若建筑物荷载达到一定值，有可能发生地基破坏或变形过大，造成地基失效。在建筑物地基基础设计中，必须保证不发生地基破坏，地基的变形也在建筑物允许的范围内。就某一给定地基土而言，其破坏时的应力大小（应力状态），以及地基变形的大小又取决于土的初始应力大小（应力状态）和土体内应力增量的大小两个方面。一般而言，从产生的原因，前者在土力学中称为土中自重应力，后者称为地基附加应力。

地基中应力计算通常采用弹性理论求解，即假定地基土是均匀、连续、各向同性的半无限空间线弹性变形体。实际上，地基土往往是成层、非均质、各向异性的材料。但这种假设计算简单，在许多情况下，计算结果与实际非常接近。但应注意，土是由土固体颗粒、孔隙水和孔隙气组成的非连续介质。若把土体简化为连续体应用连续体力学来研究，则土中任意截面都包括土骨架和孔隙两部分面积，所以在地基应力计算时实际上考虑的是土中某单位面积上的平均应力。

建筑物建造后，通过基础底面将上部结构荷载传递给地基，在地基内产生附加应力，在附加应力各分量作用下地基会产生竖向、侧向和剪切变形，导致各点的竖向和侧向位移。在建筑物地基中主要关心竖向位移，即沉降。由于建筑物荷载差异和地基不均匀等原因，基础各部分沉降也或多或少是不均匀的，这会使上部结构中产生附加的应力与变形。基础不均匀沉降超过一定限度，就会引起建筑物损坏或影响正常使用。此外，从地基和基础相互作用的观点出发分析地基梁或板的内力与变形，以便设计此类复杂的连续基础结构时，也需要地基土力学性质方面的知识。

地基土受力变形达到变形稳定需要一定的时间，不同的土在不同的条件下变形稳定所需要的时间也不同，甚至相差很大。地基沉降与时间的关系是土力学中固结理论研究的问题，是土力学重要内容，在本教材中仅作简单介绍。

2.1 地基中自重应力

2.1.1 自重应力计算

自重应力是在建造建筑物基础之前，由于受上覆土体重力作用，在土体中产生的应力。若将地基视为均质的半无限体，土体在自重作用下只能产生竖向变形，而无侧向位移及剪切变形存在，在任意竖直面和水平面上均无剪应力存在。如果地面下土质均匀，其天然重度为 γ，则在深度 z 处平面上，土体因自身重力产生的竖向应力 σ_{cz}（以后简称自重应力）就等于单位面积上土柱体的重力 $\gamma \times z \times 1$，如图 2-1 所示，即

$$\sigma_{cz} = \gamma z \tag{2-1}$$

可见，地基竖向自重应力沿水平面均匀分布，且与深度 z 成正比，即随深度按直线规律分布，如图 2-1 所示。

地基土在重力作用下，除承受作用于水平面上的竖向自重应力外，在竖直面上还作用有水平的侧向自重应力。由于土柱体在重力作用下无侧向变形和剪切变形，可以证明，侧向自重应力 σ_{cx} 和 σ_{cy} 与 σ_{cz} 成正比，剪应力均为零，即：

$$\sigma_{cx} = \sigma_{cy} = K_0 \sigma_{cz} \tag{2-2}$$

$$\tau_{cx} = \tau_{cy} = \tau_{cz} = 0 \tag{2-3}$$

式中比例系数 K_0 称为土的侧压力系数或静止土压力系数，它与土的性质有关，可由试验确定，其实测资料见表 2-1。

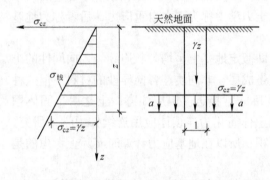

图 2-1 均质土层中自重应力

表 2-1 K_0 的经验值

土的种类和状态		K_0
碎石土		$0.18 \sim 0.25$
砂土		$0.25 \sim 0.33$
粉土		0.33
粉质黏土：	坚硬状态	0.33
	可塑状态	0.43
	软塑及流塑状态	0.53
黏土：	坚硬状态	0.33
	可塑状态	0.53
	软塑及流塑状态	0.72

一般认为，只有通过土粒接触点传递的应力才能使土粒彼此挤紧，从而引起土体变形，故粒间应力在土力学中称为有效应力。对于处于地下水位以下的土体，水对土颗粒产生浮力，使粒间应力减弱，因此，应扣除水的浮力部分才是自重应力（有效自重应力），即在地下水位以下，式（2-1）中应该用土的有效重度 γ' 代替重度 γ，相应，K_0 也为侧向与竖向有效自重应力之比。由于更多使用竖直向自重应力，因此，为方便起见，常把竖向自重应力 σ_{cz} 简称为自重应力，并用符号 σ_c 表示。

在一般情况下，天然地基往往是成层的，设各土层的厚度为 h_i，重度为 γ_i，则深度 z 处土的自重应力可通过对各层土自重应力求和得到，即：

$$\sigma_z = \sum_{i=1}^{n} \gamma_i h_i \tag{2-4}$$

式中　n——自天然地面至深度处土的层数；

　　　h_i——第 i 层土的厚度，m；

　　　γ_i——第 i 层土的天然重度，对地下水位以下的土层取有效重度，kN/m^3。

但在地下水位以下，若埋藏有不透水层（例如岩层或只含结合水的坚硬黏土层），由于不透水层中不存在水的浮力，故层面以下的自重应力应按上覆土层的水土总重计算。这样，紧靠上覆层与不透水层界面上下的自重应力有突变，使层面处具有两个自重应力值，如图 2-2 所示。

自然界天然土层，一般形成至今已有很长地质年代，在自重应力作用下的变形早已稳定，故在建筑物沉降计算中不考虑土体自重引起的变形。但对于近期沉积或堆积土层，应考虑它在自重应力作用下的变形。

此外，由式（2-4）可以看出，地下水位的变化会引起自重应力变化。当地下水位下降后，水位下降部分土层自重应力计算中由 γ' 变为 γ，使自重应力增加（见图2-3），而造成地表下沉。

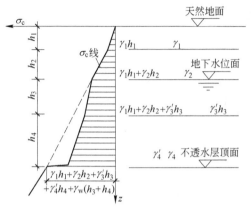

图2-2　成层土中自重应力

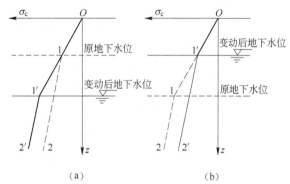

图2-3　地下水位变化对自重应力的影响
（O-1-2—水位变动前；O-1'-2'线—水位变动后）

2.1.2　饱和土中有效应力概念

前已述及，在自重应力计算公式（2-1）及式（2-4）中，对于处于地下水位以下的土体，应采用土的有效重度 γ'，它表明了扣除了水对土颗粒的浮力，此时的自重应力是土颗粒之间的接触应力。在饱和土中，外加荷载应该由组成土的土颗粒骨架和孔隙水共同承担，即

$$\sigma = \sigma' + u \qquad (2-5)$$

式中　σ——总应力；

　　　σ'——通过土粒承受和传递的粒间应力，又称有效应力；

　　　u——孔隙水压力。

孔隙水压力对各个方向的作用是相等的，它只能使土颗粒本身产生压缩（但很小，可略去不计），不能使土颗粒产生移动，故不会使土体产生体积变形（土体压缩）。孔隙水压力虽然承担了一部分正应力，但承担不了剪应力。只有通过土粒接触点传递的粒间应力，才能同时承担正应力和剪应力，并使土粒重新排列，从而引起土体产生体积变化；粒间应力又是影响土体强度的一个重要因素，所以粒间应力又称为有效应力。式（2-5）和上述概念称为有效应力原理，这一原理是由 K. 太沙基（Terzaghi，1925）首先提出的，并经后来的试验所证实。

在饱和土中，无论是土的自重应力还是附加应力，均应满足式（2-5）的要求。对自重应力而言，σ 为水与土颗粒的总自重应力，u 为静水压力，σ' 为土的有效自重应力。对附加应力而言，σ 为附加应力，u 为超静孔隙水压力，σ' 为土的有效应力增量。因此，前面所讨论的土中自重应力实际上就是有效自重应力。

【例题2-1】 试计算图2-4中各土层界面处的自重应力，并绘出自重应力沿深度分布图。

【解】 细砂层底面（粉质黏土顶面）处（深度2m）：

$$\sigma_{c1} = \gamma_1 h_1 = 19.5 \times 2 = 39.0 \text{kPa}$$

粉质黏土底面处（深度3.6m）：

$$\sigma_{c2} = \sigma_{c1} + \gamma'_2 h_2 = 39.0 + (19.0 - 10.0) \times 1.6 = 53.4 \text{kPa}$$

第二层细砂层底面（深度8.0m）：

$$\sigma_{c3} = \sigma_{c2} + \gamma'_3 h_3 = 53.4 + (20.0 - 10.0) \times 4.4 = 97.4 \text{kPa}$$

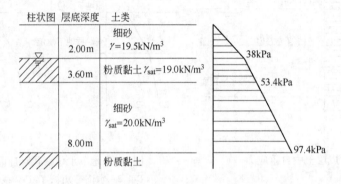

图2-4　例题2-1图

2.2　基底压力及其简化计算

地基中附加应力是由于建筑物荷载等作用所引起的应力增量，而建筑物荷载是通过基础传给地基的，在基础底面与地基之间产生接触压力，通常称为基底压力。它既是基础作用于地基表面的力，也是地基对于基础的反作用力。所以不管对地基还是基础本身，它都是荷载。对地基，它会产生附加应力和地基变形；对基础结构，它会产生相应的内力。显然，基底压力的大小及分布对地基和基础都是有影响的。

基底压力数值大小与分布形态，是一个很复杂的问题，它与基础的刚度、平面形状、尺寸大小和埋置深度等有关，与作用在基础上的荷载性质、大小和分布情况以及地基土的性质等众多因素有关。根据弹性力学圣维南（Saint-Venant）原理，基础下与其底面距离大于基底尺寸的土中应力分布主要取决于荷载合力大小和作用点位置，基本上不受基底压力分布形式的影响。因此，在工程实用中，当基础尺寸较小（如柱下单独基础，墙下条形基础等）时，基底压力可当做直线分布，按材料力学公式简化计算。这虽然与实际情况不一致，但是基础一般都具有较大的刚度（与上部的梁板比较），又受地基承载力的限制，加上基础有一定的埋深，基底压力分布大多属于马鞍形，其发展趋向于均匀分布，因此实用上可近似地认为基底压力按直线规律变化。

2.2.1 基底压力简化计算

2.2.1.1 中心荷载下基底压力

作用在基底上的荷载合力通过基底形心，基底压力假定为均匀分布，如图 2-5 所示，此时基底平均压力按下式计算：

$$p = \frac{F + G}{A} \tag{2-6}$$

式中　F——作用在基础上的竖向力，kN；

　　　G——基础自重及其上回填土重之和（kN），$G = \gamma_G A d$，其中 γ_G 为基础及回填土的平均重度，通常取 20 kN/m³，但在地下水位以下部分应扣除浮力，d 为基础埋深，应从设计地面或室内外平均地面算起；

　　　A——基底面积。对于荷载沿长度方向均匀分布的条形基础，可沿长度方向取 1m 长度进行计算，此时，式（2-6）中 A 改为基础宽度 b，F 和 G 则为每延米内相应值。

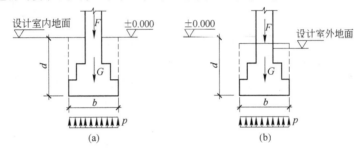

图 2-5　中心荷载下基底压力简化分布
(a) 内墙或内柱基础；(b) 外墙或外柱基础

2.2.1.2 偏心荷载作用下的基底压力

常见的偏心荷载作用于矩形基底的一个主轴上（称为单向偏心），通常将基底长边方向取与偏心方向一致，此时，两短边边缘最大压力 p_{max} 与最小压力 p_{min} 可按材料力学短柱偏心受压公式计算：

$$p_{\substack{\max \\ \min}} = \frac{F + G}{lb} \pm \frac{M}{W} = \frac{F + G}{lb}\left(1 \pm \frac{6e}{l}\right) \tag{2-7}$$

式中　M——作用在基底形心上的力矩，kN·m；

　　　e——基础底面荷载偏心距，m；

　　　W——基础底面的抵抗矩，m³，对矩形基础底面，$W = bl^2/6$。

从式（2-7）可知，按荷载偏心距的大小，基底压力的分布可能出现下述三种情况：

（1）当合力偏心距 $e < l/6$ 时，$p_{min} > 0$，基底压力呈梯形分布。

（2）当合力偏心距 $e = l/6$ 时，$p_{min} = 0$，基底压力呈三角形分布。

（3）当 $e > l/6$ 时，则 $p_{min} < 0$，意味着基底一侧出现拉应力。但基础与地基之间不能受拉，故该侧将出现基础与地基的脱离，接触面积有所减少，而出现应力重分布现象。此时，按照荷载与基底反力相平衡，可求得基底边缘最大压力 p_{max} 为：

$$p_{max} = \frac{2(F + G)}{3bk} \tag{2-8}$$

式中 k——单向偏心荷载作用点到具有最大压力的基底边缘的距离，如图 2-6 所示。

2.2.2 基底附加压力

    基底压力是基础底面与地基接触处的压力，对此处地基而言，这是建筑物建造后的应力。如果建筑基础放置在地基表面，则全部基底压力就是新增加于地基表面的基底附加压力。一般建筑物基础都有一定埋深，在建筑物建造之前，基底处地基存在一个自重应力，这部分自重应力在基坑开挖时卸除，其后在基础施工和回填过程中又逐渐恢复。因此，基底附加压力 p_0 应从基底压力中扣除原有土自重应力，即

$$p_0 = p - \sigma_c = p - \gamma_0 d \tag{2-9}$$

式中 γ_0——基础底面标高以上天然土层加权平均重度

            $\gamma_0 = (\gamma_1 h_1 + \gamma_2 h_2 + \cdots)/(h_1 + h_2 + \cdots)$，其中地下水位以下重度取有效重度；

        d——基础埋深，从天然地面算起，对于新填土场地应从老天然地面算起，$d = h_1 + h_2 + \cdots$。

    由于基底附加压力的产生，就会在地基内产生附加应力。通常把基底附加压力作为作用在弹性半空间表面上的局部荷载，根据弹性力学计算地基中的附加应力，如图 2-7 所示。实际上，基底附加压力一般作用在地表下一定深度（即浅基础的埋深）处。因此，假设它作用在半空间表面上，而运用弹性力学解答所得的结果只是近似的，不过，对于一般浅基础来说，这种假设所造成的误差可以忽略不计。

    另外，当基坑的平面尺寸和深度较大时，基坑开挖时坑底回弹是明显的，且基坑中点的回弹大于边缘点。在沉降计算中，为了适当考虑这种坑底的回弹和再压缩而增加沉降，改取 $p_0 = p - \alpha\sigma_c$，其中 α 为 0~1 的系数。

    【例题 2-2】一建筑物传给基础的竖向力 $F = 180000\text{kN}$，基础采用筏板基础，基础平面尺寸 $b = 10\text{m}$，$l = 50\text{m}$，基础埋深 $d = 4.8\text{m}$，地面下 10.0m 深度范围内分布有两层土，第一层为素填土，层厚 1.5m，$\gamma_1 = 18.0\text{kN/m}^3$，第二层为粉质黏土，$\gamma_2 = 19.2\text{kN/m}^3$，试计算该建筑物基底压力和基底附加压力。

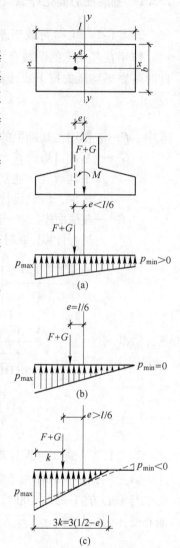

图 2-6 偏心受压时基底压力分布

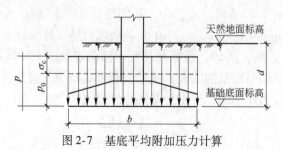

图 2-7 基底平均附加压力计算

【解】 由题知，$F = 180000\text{kN}$，$A = b \times l = 10 \times 50 = 500\text{m}^2$，
$$G = \gamma A d = 20 \times 500 \times 4.8 = 48000 \text{ kN，则}$$
$$p = \frac{F + G}{A} = \frac{180000 + 48000}{500} = 456\text{kPa}$$
$$p_0 = p - \sigma_c = 456 - (18 \times 1.5 + 19.2 \times 3.3) = 365.6\text{kPa}$$

【例题 2-3】 某建筑物，地上 3 层，两层地下车库，基础底面尺寸 $b = 40\text{m}$，$l = 50\text{m}$，基础埋深 $d = 6.5\text{m}$，作用在基础底面总竖向压力 200000kN。地基土层同例题 2-2。求基底附加压力。

【解】 由题知，$F + G = 200000\text{kN}$，$A = b \times l = 40 \times 50 = 2000\text{m}^2$，则
$$p = \frac{F + G}{A} = \frac{200000}{2000} = 100\text{kPa}$$
$$p_0 = p - \sigma_c = 100 - (18 \times 1.5 + 19.2 \times 5.0) = -23\text{kPa} < 0$$

基底压力小于零，说明由于基础埋深较大，建筑物本身重量不大，使得建筑物总重量小于基础挖去土的重量。

2.3 地基附加应力计算

对于一般天然土层来说，自重应力引起的地基压缩变形在地质历史上早已完成，不会再引起地基沉降。附加应力则是由建筑物荷载在地基内引起的应力增量，因此它是使地基发生变形，引起建筑物沉降的主要原因。目前采用的附加应力计算方法是根据弹性理论推导出来的。当不考虑基础刚度时，均质、各向同性地基内附加应力主要取决于基础底面形状（矩形、圆形、条形等）和基底附加压力的分布（均布、三角形、梯形等）。本节首先讨论在竖向集中力作用下地基附加应力计算，然后应用竖向集中力的解答，通过叠加原理或者积分的方法得到各种分布荷载作用下土中应力的计算公式。计算地基附加应力时，都把基底压力看做是柔性荷载（即认为基础是柔性的），而不考虑基础刚度的影响。

2.3.1 竖向集中力下地基附加应力——布辛奈斯克解

地表作用集中荷载的情况在实际上是不存在的，它只是一种理论意义上的荷载。但集中荷载在地基中的应力解答却是分布荷载作用下地基内附加应力计算的基础。

在半空间弹性体表面作用一竖向集中力 P 时，如图 2-8 所示，半空间内任一点 $M(x, y, z)$ 处的六个应力和三个位移的弹性力学解，是由法国的布辛奈斯克（J. Boussinesq，1886）首先提出，对工程计算意义最大的是竖向正应力 σ_z，其解答如下：

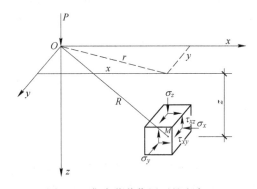

图 2-8 集中荷载作用下的应力

$$\sigma_z = \frac{3P}{2\pi} \cdot \frac{z^3}{R^5} = \frac{3P}{2\pi \cdot z^2} \cdot \frac{1}{\left[1 + \left(\frac{r}{z}\right)^2\right]^{5/2}} = \alpha \cdot \frac{P}{z^2} \tag{2-10}$$

式中　　r——M 点与集中力作用点水平距离；

　　　　R——M 点至坐标原点 O 的距离，$R = \sqrt{x^2 + y^2 + z^2} = \sqrt{r^2 + z^2}$；

　　　　α——集中力作用下地基竖向附加应力系数，$\alpha = \dfrac{3}{2\pi} \dfrac{1}{\left[1 + (r/z)^2\right]^{5/2}}$，可按 r/z 查表

　　　　2-2。

表 2-2　集中应力系数 α

r/z	K	r/z	K	r/z	K	r/z	K	r/z	K
0	0.4775	0.50	0.2733	1.00	0.0844	1.50	0.0251	2.00	0.0085
0.05	0.4745	0.55	0.2466	1.05	0.0745	1.55	0.0224	2.20	0.0058
0.1	0.4657	0.60	0.2214	1.10	0.0658	1.60	0.0200	2.40	0.0040
0.15	0.4516	0.65	0.1978	1.15	0.0581	1.65	0.0179	2.60	0.0028
0.2	0.4329	0.70	0.1762	1.20	0.0513	1.70	0.0160	2.80	0.0021
0.25	0.4103	0.75	0.1565	1.25	0.0454	1.75	0.0144	3.00	0.0015
0.3	0.3849	0.80	0.1386	1.30	0.0402	1.80	0.0129	3.50	0.0007
0.35	0.3577	0.85	0.1226	1.35	0.0357	1.85	0.0116	4.00	0.0004
0.4	0.3295	0.90	0.1083	1.40	0.0317	1.90	0.0105	4.50	0.0002
0.45	0.3011	0.95	0.0956	1.45	0.0282	1.95	0.0094	5.00	0.0001

　　若无限体表面（地面）有几个集中力作用时，则地基中任意点处的附加应力利用式（2-10）分别求出各任意点集中力对该点引起的附加应力，然后进行叠加，即：

$$\sigma_z = \alpha_1 \cdot \frac{P_1}{z^2} + \alpha_2 \cdot \frac{P_2}{z^2} + \cdots + \alpha_n \cdot \frac{P_n}{z^2} = \frac{1}{z^2} \sum_{i=1}^{n} \alpha_i \cdot P_i \tag{2-11}$$

　　式（2-11）也适于局部荷载，如图 2-9 所示，若局部荷载的平面形状或分布规律不规则时，可将荷载面（或基础底面）分成若干形状规则（如矩形）的面积单元，将每个单元上的分布荷载视为集中力，再以式（2-10）计算地基中某点的附加应力。这种方法称为等代荷载法，该法的计算精度取决于划分的单元面积的大小。

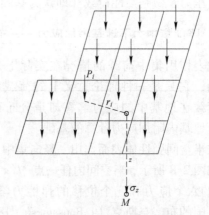

图 2-9　等代荷载法计算局部荷载下 σ_z

2.3.2　分布荷载下地基附加应力

　　在实践中荷载很少是以集中力的形式作用在地基上，而往往是通过基础分布在一定面积上。若基础底面的形状或基底下的荷载分布不规则时，可用等代荷载法求出地基中附加应力；若基础底面的形状及分布荷载都是有规律时，则可应用积分的方法求得地基土中的附加应力。

2.3.2.1 均布矩形荷载下地基附加应力

此处所谓矩形与圆形实际上就是基础底面的形状为矩形或圆形，在此面积上作用的均布荷载是由中心荷载情况产生时，基底附加压力在基础底面范围将呈均匀分布。

设矩形荷载面的长度和宽度分别为 l 和 b，作用于地基上的竖向荷载（即基底附加压力）为 p_0。现以积分法求取矩形面积角点 O 下的附加应力（只要深度 z 相同，则四个角点 O、A、C、D 下的 σ_z 也都相同），然后用角点法求矩形荷载下任意点的地基附加应力，如图 2-10 所示。将坐标原点取在角点 O 上，在荷载面积内任取微分面积 $dA = dxdy$，并将其上作用的荷载以集中力 dP 代替，则 $dP = p_0 dA = p_0 dxdy$。利用式（2-10）可求出该集中力在角点 O 以下深度 z 处 M 点所引起的竖向附加应力 $d\sigma_z$：

$$d\sigma_z = \frac{3dP z^3}{2\pi R^5} = \frac{3p}{2\pi}\frac{z^3}{R^5}dxdy = \frac{3p_0}{2\pi}\frac{z^3}{(x^2+y^2+z^2)^{5/2}}dxdy \qquad (2-12)$$

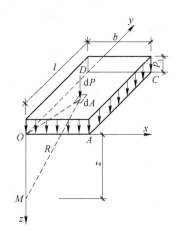

图 2-10 矩形荷载角点下附加应力

将式（2-12）沿整个荷载作用的矩形面积 $OACD$ 积分，即得出矩形面积上均布荷载 p_0 在 M 点引起的附加应力 σ_z：

$$
\begin{aligned}
\sigma_z &= \iint d\sigma_z = \int_0^l \int_0^b \frac{3p_0}{2\pi}\frac{z^3}{(x^2+y^2+z^2)^{5/2}}dxdy \\
&= \frac{p_0}{2\pi}\left[\frac{lbz(l^2+b^2+2z^2)}{(l^2+z^2)(b^2+z^2)\sqrt{l^2+b^2+z^2}} + \arcsin\frac{lb}{(l^2+z^2)(b^2+z^2)}\right] \\
&= \frac{p_0}{2\pi}\left[\frac{mn(m^2+2n^2+1)}{(m^2+n^2)(1+n^2)\sqrt{m^2+n^2+1}} + \arcsin\frac{m}{(m^2+n^2)(1+n^2)}\right] \\
&= \alpha_c p_0
\end{aligned}
\qquad (2-13)
$$

式中，$\alpha_c = \dfrac{1}{2\pi}\left[\dfrac{mn(m^2+2n^2+1)}{(m^2+n^2)(1+n^2)\sqrt{m^2+n^2+1}} + \arcsin\dfrac{m}{(m^2+n^2)(1+n^2)}\right]$ 称为均布矩形荷载角点下竖向附加应力系数，可按 $m = l/b$，$n = z/b$（b 为矩形荷载面短边宽度）查表 2-3。

表 2-3　均布矩形荷载角点下竖向附加应力系数

$n = z/b$	$m = l/b$										
	1.0	1.2	1.4	1.6	1.8	2.0	3.0	4.0	5.0	6.0	10.0
0	0.2500	0.2500	0.2500	0.2500	0.2500	0.2500	0.2500	0.2500	0.2500	0.2500	0.2500
0.2	0.2486	0.2489	0.2490	0.2491	0.2491	0.2491	0.2492	0.2492	0.3475	0.2492	0.2492
0.4	0.2401	0.2420	0.2429	0.2434	0.2437	0.2439	0.2442	0.2443	0.4174	0.2443	0.2443
0.6	0.2229	0.2275	0.2301	0.2315	0.2324	0.2330	0.2339	0.2341	0.4494	0.2342	0.2342
0.8	0.1999	0.2075	0.2120	0.2147	0.2165	0.2176	0.2196	0.2200	0.4491	0.2202	0.2202
1.0	0.1752	0.1851	0.1914	0.1955	0.1981	0.1999	0.2034	0.2042	0.4282	0.2045	0.2046
1.2	0.1516	0.1629	0.1705	0.1758	0.1793	0.1818	0.1870	0.1882	0.3970	0.1887	0.1888
1.4	0.1305	0.1423	0.1508	0.1569	0.1613	0.1644	0.1712	0.1730	0.3621	0.1738	0.1740
1.6	0.1123	0.1241	0.1329	0.1396	0.1445	0.1482	0.1567	0.1590	0.3275	0.1601	0.1604
1.8	0.0969	0.1083	0.1172	0.1241	0.1294	0.1334	0.1434	0.1463	0.2951	0.1478	0.1482
2.0	0.0840	0.0947	0.1034	0.1103	0.1158	0.1202	0.1314	0.1350	0.2657	0.1368	0.1374
2.2	0.0732	0.0832	0.0915	0.0984	0.1039	0.1084	0.1205	0.1248	0.2395	0.1271	0.1277
2.4	0.0642	0.0734	0.0813	0.0879	0.0934	0.0979	0.1108	0.1156	0.2163	0.1184	0.1192
2.6	0.0566	0.0651	0.0725	0.0788	0.0842	0.0886	0.1020	0.1073	0.1959	0.1106	0.1116
2.8	0.0502	0.0580	0.0649	0.0709	0.0760	0.0805	0.0941	0.0999	0.1779	0.1036	0.1048
3.0	0.0447	0.0519	0.0583	0.0640	0.0689	0.0732	0.0870	0.0931	0.1621	0.0973	0.0987
3.2	0.0401	0.0467	0.0526	0.0579	0.0627	0.0668	0.0806	0.0870	0.1481	0.0916	0.0932
3.4	0.0361	0.0421	0.0477	0.0527	0.0571	0.0611	0.0747	0.0814	0.1358	0.0864	0.0882
3.6	0.0326	0.0382	0.0433	0.0480	0.0523	0.0561	0.0694	0.0763	0.1249	0.0816	0.0837
3.8	0.0296	0.0348	0.0395	0.0439	0.0479	0.0516	0.0646	0.0717	0.1152	0.0773	0.0796
4.0	0.0270	0.0318	0.0362	0.0403	0.0441	0.0475	0.0603	0.0674	0.1065	0.0733	0.0758
4.2	0.0247	0.0291	0.0332	0.0371	0.0407	0.0439	0.0563	0.0634	0.0987	0.0696	0.0724
4.4	0.0227	0.0268	0.0306	0.0342	0.0376	0.0407	0.0526	0.0598	0.0918	0.0662	0.0692
4.6	0.0209	0.0247	0.0283	0.0317	0.0348	0.0378	0.0493	0.0564	0.0855	0.0630	0.0663
4.8	0.0193	0.0228	0.0262	0.0294	0.0324	0.0352	0.0463	0.0533	0.0798	0.0601	0.0635
5.0	0.0179	0.0212	0.0243	0.0273	0.0301	0.0328	0.0435	0.0504	0.0747	0.0573	0.0610
6.0	0.0127	0.0151	0.0174	0.0196	0.0218	0.0238	0.0325	0.0388	0.0550	0.0460	0.0506
7.0	0.0094	0.0112	0.0130	0.0147	0.0164	0.0180	0.0251	0.0306	0.0421	0.0376	0.0428
8.0	0.0073	0.0087	0.0101	0.0114	0.0127	0.0140	0.0198	0.0246	0.0332	0.0312	0.0367
9.0	0.0058	0.0069	0.0080	0.0091	0.0102	0.0112	0.0161	0.0202	0.0268	0.0262	0.0319
10.0	0.0047	0.0056	0.0065	0.0074	0.0083	0.0092	0.0132	0.0168	0.0221	0.0222	0.0279

　　当应力计算点不位于角点下时，可利用式（2-13）以角点法求得。图 2-11 中列出计算点不位于角点下的四种情况（图中 M' 点以下任意深度）。计算时，通过 M' 点将荷载面积划分为若干个矩形面积，而 M' 必须是划分出来的各个矩形的公共角点，然后再按式（2-13）计算每个矩形角点下同一深度处的附加应力，并求其代数和。这种方法通常称为"角点法"。以第一种情形（即计算点位于荷载面积内）为例，其 M' 点下附加应力为：

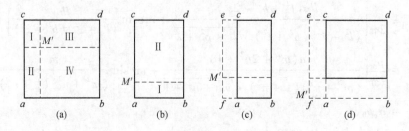

图 2-11　以角点法计算均布矩形荷载下地基附加应力

$$\sigma_z = (\alpha_{cI} + \alpha_{cII} + \alpha_{cIII} + \alpha_{cIV})p_0$$

式中，$\alpha_{c\text{I}}$、$\alpha_{c\text{II}}$、$\alpha_{c\text{III}}$、$\alpha_{c\text{IV}}$分别表示相应面积Ⅰ、Ⅱ、Ⅲ、Ⅳ的竖向角点附加应力系数。其余几种情形同样可按这种方法求出各点下附加应力，不再赘述。需要注意，应用角点法时，查表求取每一块矩形 α_c 时，b 恒为短边，而 l 恒为长边。

2.3.2.2 三角形矩形荷载下地基附加应力

设竖向荷载沿矩形面积一边 b 方向上成三角形分布（沿另一边 l 的荷载分布不变），荷载最大值为 p_0，取荷载零值边的角点 1 为坐标原点，如图 2-12 所示，则可将荷载面积内某点 $(x，y)$ 处所取微面积 $\mathrm{d}A = \mathrm{d}x\mathrm{d}y$ 上的分布荷载以集中力代替。角点下深度 z 处的 M 点由集中力引起的附加应力 $\mathrm{d}\sigma_z$，按照式（2-13），有

$$\mathrm{d}\sigma_z = \frac{3p_0}{2\pi} \frac{p_0 xz^3}{b \ (x^2 + y^2 + z^2)^{5/2}}\mathrm{d}x\mathrm{d}y$$

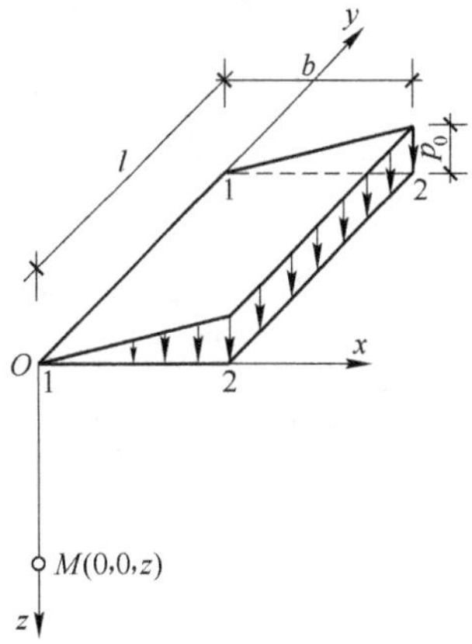

在整个矩形荷载面积上进行积分后得角点 1 下任意深度 z 处竖向附加应力 σ_z：

$$\sigma_z = \alpha_{t1}p_0 \qquad (2\text{-}14)$$

式中，$\alpha_{t1} = \dfrac{mn}{2\pi}\left[\dfrac{1}{\sqrt{m^2 + n^2}} - \dfrac{n^2}{(1 + n^2)\sqrt{m^2 + n^2 + 1}}\right]$，$m = l/b$，

图 2-12 三角形分布矩形荷载角点下的 σ_z

$n = z/b$。同理，还可求出荷载最大边的角点 2 下任意深度 z 处的竖向附加应力 σ_z：

$$\sigma_z = \alpha_{t2}p_0 = (\alpha_c - \alpha_{t1})\ p_0 \qquad (2\text{-}15)$$

应用以上均布与三角形分布的矩形荷载角点下竖向附加应力系数（见表 2-4）α_c、α_{t1}、α_{t2}，还可以角点法求算梯形分布矩形荷载时地基中任意点竖向附加应力 σ_z 值。

表 2-4 三角形分布矩形荷载角点下竖向附加应力系数 α_{t1} 值

$n = z/b$ \ $m = l/b$	0.2	0.4	0.6	0.8	1.0	1.2	1.4	1.6	1.8	2.0	3.0	4.0	6.0	8.0	10.0
0	0	0	0	0	0	0	0	0	0	0	0	0	0	0	0
0.2	0.0223	0.0280	0.0296	0.0301	0.0304	0.0305	0.0305	0.0306	0.0306	0.0306	0.0306	0.0306	0.0306	0.0306	0.0306
0.4	0.0269	0.0420	0.0487	0.0517	0.0531	0.0539	0.0543	0.0545	0.0546	0.0547	0.0548	0.0549	0.0549	0.0549	0.0549
0.6	0.0259	0.0448	0.0560	0.0621	0.0654	0.0673	0.0684	0.0690	0.0694	0.0696	0.0701	0.0702	0.0702	0.0702	0.0702
0.8	0.0232	0.0421	0.0553	0.0637	0.0688	0.0720	0.0739	0.0751	0.0759	0.0764	0.0773	0.0775	0.0776	0.0776	0.0776
1.0	0.0201	0.0375	0.0508	0.0602	0.0666	0.0708	0.0735	0.0753	0.0766	0.0774	0.0790	0.0794	0.0795	0.0796	0.0796
1.2	0.0171	0.0324	0.0450	0.0546	0.0615	0.0664	0.0698	0.0721	0.0738	0.0749	0.0774	0.0779	0.0782	0.0783	0.0783
1.4	0.0145	0.0278	0.0392	0.0483	0.0554	0.0606	0.0644	0.0672	0.0692	0.0707	0.0739	0.0748	0.0752	0.0752	0.0753
1.6	0.0123	0.0238	0.0339	0.0424	0.0492	0.0545	0.0586	0.0616	0.0639	0.0656	0.0697	0.0708	0.0714	0.0715	0.0715
1.8	0.0105	0.0204	0.0294	0.0371	0.0435	0.0487	0.0528	0.0560	0.0585	0.0604	0.0652	0.0666	0.0673	0.0675	0.0675
2.0	0.0090	0.0176	0.0255	0.0324	0.0384	0.0434	0.0474	0.0507	0.0533	0.0553	0.0607	0.0624	0.0634	0.0636	0.0636
2.5	0.0063	0.0125	0.0183	0.0236	0.0284	0.0326	0.0362	0.0393	0.0419	0.0440	0.0504	0.0529	0.0543	0.0547	0.0548
3.0	0.0046	0.0092	0.0135	0.0176	0.0214	0.0249	0.0280	0.0307	0.0331	0.0352	0.0419	0.0449	0.0469	0.0474	0.0476
5.0	0.0018	0.0036	0.0054	0.0071	0.0088	0.0104	0.0120	0.0134	0.0148	0.0161	0.0214	0.0248	0.0283	0.0296	0.0301
7.0	0.0009	0.0019	0.0028	0.0038	0.0047	0.0056	0.0064	0.0073	0.0081	0.0089	0.0124	0.0152	0.0186	0.0204	0.0212
10.0	0.0005	0.0009	0.0014	0.0019	0.0023	0.0028	0.0032	0.0037	0.0041	0.0046	0.0066	0.0084	0.0111	0.0128	0.0139

2.3.2.3　线荷载和条形荷载下地基附加应力

若在无限弹性体表面作用无限长条形的分布荷载，荷载在宽度方向的分布是任意的，但在长度方向的分布规律则是相同的。此时，在计算土中任一点应力时，只与该点平面坐标有关，而与荷载长度方向坐标无关，这种情况属平面应变问题。在实际工程中，条形荷载不可能无限长，但当荷载面积的长宽比 $l/b \geqslant 10$ 时计算的附加应力与按 $l/b = \infty$ 时的解已极为接近。因此，实践中常把墙基、路基、坝基、挡土墙基础等视为平面问题计算。

A　线荷载

线荷载是在半空间表面上一条无限长直线上的均布荷载，如图 2-13（a）所示，用单位长度荷载 $\bar{p}$（kN/m）表示，它在地基中附加应力分量只有 σ_z、σ_x 和 τ_{xz}。则按照前面方法，通过对式（2-13）积分，可以得到这三个应力分量分别为：

$$\sigma_z = \frac{2\bar{p}z^3}{\pi(x^2+z^2)^2} = \frac{2\bar{p}z^3}{\pi R_1^4} = \frac{2\bar{p}}{\pi R_1}\cos^3\beta \tag{2-16}$$

$$\sigma_x = \frac{2\bar{p}x^2z}{\pi(x^2+z^2)^2} = \frac{2\bar{p}x^2z}{\pi R_1^4} = \frac{2\bar{p}}{\pi R_1}\cos\beta\sin^2\beta \tag{2-17}$$

$$\tau_{xz} = \frac{2\bar{p}xz^2}{\pi(x^2+z^2)^2} = \frac{2\bar{p}xz^2}{\pi R_1^4} = \frac{2\bar{p}}{\pi R_1}\cos^2\beta\sin\beta \tag{2-18}$$

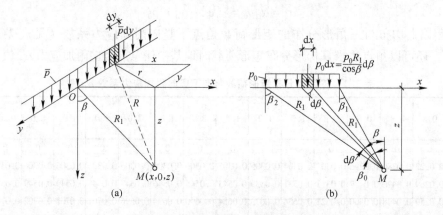

图 2-13　地基附加应力的平面问题

（a）线荷载；（b）均布条形荷载

B　均布条形荷载

在实际工程中，经常遇到的是有限宽度为 b 的条形荷载，如图 2-13（b）所示，则均布的条形荷载 p_0 的条形荷载沿 x 轴上某微分段 $\mathrm{d}x$ 上的荷载可以用线荷载 $\bar{p}$ 代替，并引入 OM 与 z 轴线的夹角 β，得：

$$\bar{p} = p_0\mathrm{d}x = \frac{p_0R_1}{\cos\beta}\mathrm{d}\beta$$

利用式（2-16）、式（2-17）和式（2-18），可得到地基中任意点附加应力的表达式用极坐标表示如下：

$$\sigma_z = \int_{\beta_1}^{\beta_2} \frac{2p_0}{\pi} \cos^2\beta \mathrm{d}\beta = \frac{p_0}{\pi} \left[\sin\beta_2\cos\beta_2 - \sin\beta_1\cos\beta_1 + (\beta_2 - \beta_1) \right] \tag{2-19}$$

$$\sigma_x = \frac{p_0}{\pi} \left[-\sin(\beta_2 - \beta_1)\cos(\beta_2 + \beta_1) + (\beta_2 - \beta_1) \right] \tag{2-20}$$

$$\tau_{xz} = \tau_{zx} = \frac{p_0}{\pi} \left[\sin^2\beta_2 - \sin^2\beta_1 \right] \tag{2-21}$$

还可以根据以上三式得到 M 点附加应力的大主应力 σ_1 和小主应力 σ_3：

$$\sigma_3^1 = \frac{p_0}{\pi} (\beta_0 \pm \sin\beta_0) \tag{2-22}$$

以上均布条形荷载下三个附加应力也可用直角坐标、分别用三个附加应力系数的形式表示，即：

$$\sigma_z = \alpha_{sz} p_0 \tag{2-23}$$

式中，α_{sz} 为条形面积上均布荷载下竖向附加应力系数，是 z/b 和 x/b 的函数，可由表 2-5 查得。

表 2-5　均布条形荷载下竖向附加应力系数

z/b \ x/b	0.00	0.25	0.50	1.00	1.50	2.00
0.00	1.00	1.00	0.50	0.00	0.00	0.00
0.25	0.96	0.90	0.50	0.02	0.00	0.00
0.50	0.82	0.74	0.48	0.08	0.02	0.00
0.75	0.67	0.61	0.45	0.15	0.04	0.02
1.00	0.55	0.51	0.41	0.19	0.07	0.03
1.25	0.46	0.44	0.37	0.20	0.10	0.04
1.50	0.40	0.38	0.33	0.21	0.11	0.06
1.75	0.35	0.34	0.30	0.21	0.13	0.07
2.00	0.31	0.31	0.28	0.20	0.14	0.08
3.00	0.21	0.21	0.20	0.17	0.13	0.10
4.00	0.16	0.16	0.15	0.14	0.12	0.10
5.00	0.13	0.13	0.12	0.12	0.11	0.09
6.00	0.11	0.10	0.10	0.10	0.10	—

【例题 2-4】某条形基础宽 2.0m，作用于基底的平均附加压力 $p_0 = 300\text{kPa}$，如图 2-14 所示，试求：

（1）均布条形荷载中心点 O 下的地基附加应力 σ_z 的分布；

（2）深度 $z = 2.0\text{m}$，4.0m，6.0m 深度处水平面上的 σ_z 的分布；

（3）在均布条形荷载边缘以外 2.0 m 处的 O_1 点下的 σ_z 沿深度的分布。

【解】（1）计算中心点下地基附加应力 σ_z 的分布。选取 $z = 1.0\text{m}$，2.0m，3.0m，4.0m，5.0m，8.0m，12.0m，相应 $z/b = 0.5$，1.0，1.5，2.0，2.5，4.0，6.0，计算结果列于表 2-6 中。

（2）深度 $z = 2.0\text{m}$，4.0m，6.0m 深度处水平面上的 σ_z 的分布：在这些深度的平面

上，分别选取 $x=1.0$m，2.0m，3.0m，4.0m，相应 $x/b=0.5$，1.0，1.5，2.0，计算结果列于表 2-7 中。

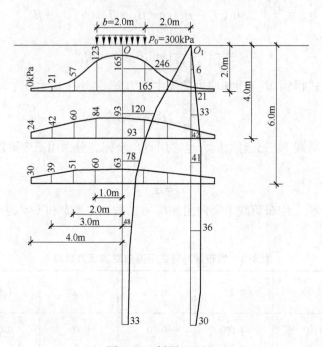

图 2-14　例题 2-4 图

表 2-6

x/b	z	z/b	α_{sz}	$\sigma_z=\alpha_{sz}p_0$	x/b	z	z/b	α_{sz}	$\sigma_z=\alpha_{sz}p_0$
0	0	0	1.0	300	0	4	2.0	0.31	93
0	1	0.5	0.82	246	0	5	2.5	0.26	78
0	2	1.0	0.55	165	0	8	4.0	0.16	48
0	3	1.5	0.40	120	0	12	6.0	0.11	33

表 2-7

z	z/b	x/b	α_{sz}	$\sigma_z=\alpha_{sz}p_0$	z	z/b	x/b	α_{sz}	$\sigma_z=\alpha_{sz}p_0$
2.0	1.0	0	0.55	165	4.0	2.0	1.5	0.14	42
2.0	1.0	0.5	0.41	123	4.0	2.0	2.0	0.08	24
2.0	1.0	1.0	0.19	57	6.0	3.0	0	0.21	63
2.0	1.0	1.5	0.07	21	6.0	3.0	0.5	0.20	60
2.0	1.0	2.0	0.03	9	6.0	3.0	1.0	0.17	51
4.0	2.0	0	0.31	93	6.0	3.0	1.5	0.13	39
4.0	2.0	0.5	0.28	84	6.0	3.0	2.0	0.10	30
4.0	2.0	1.0	0.20	60					

（3）在均布条形荷载边缘以外 2.0m 处的 O_1 点下的 σ_z 沿深度的分布：选取 $z=1.0$m，2.0m，3.0m，4.0m，5.0m，8.0m，12.0m，相应 $z/b=0.5$，1.0，1.5，2.0，2.5，4.0，

6.0，计算结果列于表2-8中。

表 2-8

x/b	z	z/b	α_{sz}	$\sigma_z = \alpha_{sz}p_0$	x/b	z	z/b	α_{sz}	$\sigma_z = \alpha_{sz}p_0$
1.5	0	0	0	0	1.5	4	2.0	0.14	42
1.5	1	0.5	0.02	6	1.5	5	2.5	0.136	41
1.5	2	1.0	0.07	21	1.5	8	4.0	0.12	36
1.5	3	1.5	0.11	33	1.5	12	6.0	0.10	30

以上计算结果，分别绘制相应竖向附加应力分布曲线，见图2-14。

2.3.3 地基附加应力分布的规律

图2-15为地基中附加应力等值线图，结合图2-14，可以看出，地基中附加应力分布有如下规律：

（1）σ_z 的分布范围相当大，不仅发生在荷载面积之内，还分布到荷载面积以外，即所谓的附加应力扩散现象。

（2）在距离基础底面不同深度 z 处的平面上，以基底中心点下竖直线处 σ_z 为最大，离中心线越远，附加应力越小。

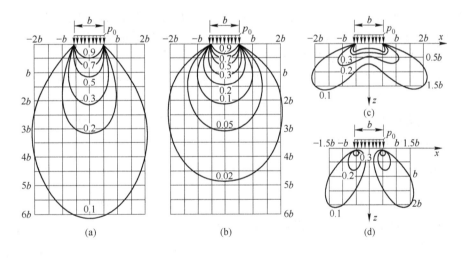

图 2-15　附加应力等值线

（a）条形荷载下 σ_z；（b）方形荷载下 σ_z；（c）条形荷载下 σ_x；（d）条形荷载下 τ_{xz}

（3）在荷载作用面积范围以内，竖向附加应力 σ_z 随深度增大而减小。

（4）方形荷载所引起的 σ_z，其作用影响深度比条形荷载要小得多。例如，方形荷载中心线下 $z = 2b$ 处，$\sigma_z \approx 0.1p_0$，而条形荷载下，$\sigma_z \approx 0.1p_0$ 的等值线约在中心线下 $z = 6b$ 处。在基础工程中，一般把基础底面至深度 $\sigma_z = 0.2p_0$ 处的土层称为主要受力层。对条形基础，该深度约为 $3b$，对方形基础，则约为 $1.5p_0$。

（5）地基中水平附加应力的影响较浅，表明基础下地基土的侧向挤出主要发生在浅层；而剪应力最大值主要出现在基础边缘处。因此，地基剪切破坏首先从基础边缘开始。

由上述分布规律可知，当地面作用有大面积荷载（或地下水位大范围下降）时，附加应力 σ_z 随深度增大而衰减的速率将变缓，其影响深度将会相当大，因此，往往会引起可观的地面沉降。

当岩层或坚硬土层上可压缩土层厚度小于或等于荷载面积宽度一半时，荷载面积下的 σ_z 几乎不扩散，此时可认为荷载面中心点下的 σ_z 不随深度变化。

应该指出，以上地基附加应力计算是在假设土体为均质、各向同性弹性体的条件下得出的。对于地基土层非均质、各向异性等的情况，地基中附加应力将会出现应力集中或应力扩散的情况。

2.4　土的压缩性

土在压力作用下体积缩小的特性称为土的压缩性。土的压缩通常由三部分组成：固体土颗粒被压缩，土中水及封闭气体被压缩，水和气体从孔隙中被挤出。试验研究表明，在一般压力作用下，固体颗粒和水的压缩量与土的总压缩量之比完全可忽略不计。所以土的压缩可看作是土中水和气体从孔隙中被挤出，与此同时，土颗粒相应发生移动，重新排列，靠拢挤紧，从而土孔隙体积减小。对于饱和土来说，则主要是孔隙水的挤出。

土的压缩变形的快慢与土的渗透性有关。在荷载作用下，透水性大的饱和无黏性土，其压缩过程短，建筑物施工完毕时，可认为其压缩变形已基本完成；而透水性小的饱和黏性土，其压缩过程所需时间长，十几年、甚至几十年压缩变形才能稳定。土体在外力作用下，压缩随时间增长的过程，称为土的固结。

在定量评价土的压缩性或计算地基沉降时，都需要取得土的压缩性指标。由于土性质的复杂性，无论是室内试验或原位试验，应该力求试验条件与土的天然状态及其在外荷作用下的实际应力条件相适应。在一般工程中，常用不允许产生侧向变形（侧限条件）的室内试验测定土的压缩性指标。

2.4.1　压缩试验与压缩曲线

室内压缩试验是用侧限压缩仪（又称固结仪）完成的。压缩曲线是室内土的压缩试验成果，它是土的孔隙比（或体积）与所受压力的关系曲线。压缩试验时，用金属环刀切取保持天然结构的原状土样，并置于圆筒形压缩容器（见图 2-16）的刚性护环内，土样上下各垫有一块透水石，土样受压后土中水可以自由排出，由于金属环刀和刚性护环的限制，土样在压力作用下只可能发生竖向压缩，而无侧向变形。土样在天然状态下或经人工饱和后，进行逐级加压固结，以便测定各级压力作用下土样压缩至稳定的孔隙比（或体积）变化，由此便可绘制压缩曲线。

设土样的初始高度为 H_0，在压力 p 作用下土样高度压缩至 H，则 $H = H_0 - s$，s 为外压力作用下土样压缩至稳定的变形量。根据土的孔隙比的定义。假设土粒体积 V_s 不变，则土样孔隙体积在压缩开始前为 $e_0 \cdot V_s$，在压缩稳定后为 $e \cdot V_s$，如图 2-17 所示。逐级增加压力，可得到每级压力下土样稳定后的变形（或孔隙比），则可根据试验所测结果分别绘出土样所受竖向应力与应变曲线（见图 2-18）、土的孔隙比与应力关系的 $e - p$ 曲线［见图 2-19（a）］以及 $e\text{-}\lg p$ 曲线［见图 2-19（b）］。

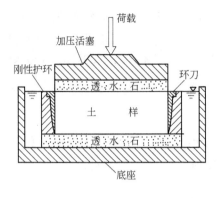

图 2-16 压缩仪简图

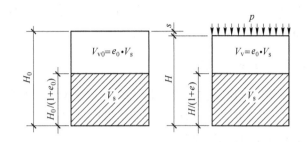

图 2-17 压缩试验中土样体积与孔隙比变化

实验过程中土样高度可直接量测得到，由于土样面积不变，因此，其竖向应变和体应变在量值上是相等的。由于土样体积压缩实质上是土样孔隙压缩所致，故土力学中经常采用孔隙比的变化反映土体积变化。为求土样压缩稳定后的孔隙比 e，利用受压前后土粒体积不变和土样横截面积不变的两个条件（见图 2-17），得出：

$$\frac{1+e_0}{H_0} = \frac{1+e}{H} = \frac{1+e}{H-s} \quad (2\text{-}24a)$$

或

$$e = e_0 - \frac{s}{H_0}(1+H_0) \quad (2\text{-}24b)$$

式中，$e_0 = \dfrac{\gamma_w d_s (1+w_0)}{\gamma_0} - 1$，其中 d_s、w_0、γ_0 分别为土粒相对密度、土样初始含水量和初始重度。

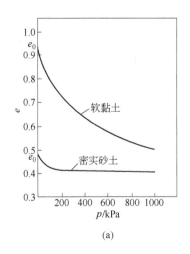

图 2-18 侧限条件下的应力-应变曲线
①—初始加荷段；②—卸荷段；③—再加荷段

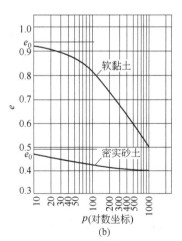

(a)　　　　　　　　　　(b)

图 2-19 土的压缩曲线
（a）$e-p$ 曲线；（b）$e-\lg p$ 曲线

绘制 e-p 曲线时，压力 p 按 50kPa，100kPa，200kPa，300kPa，400kPa 四级加荷；另一种为 e-$\lg p$ 曲线，其横坐标取 p 的常用对数的数值，即采用半对数直角坐标下绘制，压力等级宜为 12.5kPa，25kPa，50kPa，100kPa，200kPa，400kPa，800kPa，1600kPa 和 3200kPa。

2.4.2 压缩性指标

由以上压缩试验可得到如图 2-18 和图 2-19 所示的压缩曲线，根据这些压缩曲线，可得到相应的压缩性指标。压缩性指标可用来对土的压缩性进行评价，还可以用于土的压缩量及地基沉降的计算。

2.4.2.1 压缩模量 E_s

通常取曲线上任意一小段的割线斜率作为相应于该段应力范围上的侧限压缩模量 E_s（单位 kPa 或 MPa），即：

$$E_s = \frac{\Delta p}{s/H_0} = \frac{p_2 - p_1}{\varepsilon_2 - \varepsilon_1} \tag{2-25}$$

由图 2-18 可见，土的侧限压缩模量不是常数，它随应力 p 的增大而增大，且增长率逐渐加大。这是因为在侧限条件下，土粒的排列越来越紧密，土的刚度也就越来越大，最后达到土粒的排列已经非常紧密之后，刚度也就很难再提高。工程上通常用 E_s 的下标表示某一压力段下土的压缩模量，如 E_{s1-2}（$E_{s0.1-0.2}$）和 E_{s5-6}（$E_{s0.5-0.6}$）分别表示压力段分别为 $p_1 = 100\text{kPa}$（0.1MPa）、$p_2 = 200\text{kPa}$（0.2MPa）和 $p_1 = 500\text{kPa}$（0.5MPa）、$p_2 = 600\text{kPa}$（0.6MPa）所对应的压缩模量，它们表示在相应压力段下土样产生单位竖向应变所需要的应力。

2.4.2.2 压缩系数 a

压缩性不同的土，其 e-p 曲线的形状是不一样的。曲线越陡，说明随着压力的增加，孔隙比的减小越显著，因而土的压缩性越高。所以，曲线上任一点的切线斜率 a 就表示相应于压力 p 作用下土的压缩性。实用上，一般研究土中某点由原来的自重应力 p_1 增加到外荷作用下的土中应力 p_2（自重应力与附加应力之和）这一压力间隔段所表征的压缩性。如图 2-20 所示，设压力由 p_1 增至 p_2，相应的孔隙比由 e_1 减小到 e_2，则与应力增量 $\Delta p = p_2 - p_1$ 对应的孔隙比变化为 $\Delta e = e_1 - e_2$。此时，土的压缩性可用图中割线 M_1M_2 的斜率表示。设割线与横坐标的夹角为 α，则：

$$a = \tan\alpha = -\frac{\Delta e}{\Delta p} = \frac{e_1 - e_2}{p_2 - p_1} \tag{2-26}$$

式中，a 称为土的压缩系数，单位为 MPa^{-1}。显然，a 越大，土的压缩性越高。与 E_s 用下标表示不同压力段下的压缩模量相对应，a_{1-2}（$a_{0.1-0.2}$）表示 $p_1 = 100\text{kPa}$（0.1MPa）、$p_2 = 200\text{kPa}$（0.2MPa）时的压缩系数。由于地基土在自重应力作用下的变形通常已经稳定，只

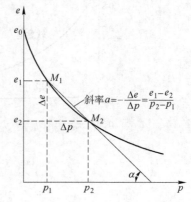

图 2-20　以 e-p 曲线确定压缩系数

有附加应力（即上式中应力增量 Δp）才会使地基产生新的压缩沉降，所以，在地基沉降计算中，一般 p_1 指地基某深度处土的自重应力，p_2 为地基计算深度处的总应力（即自重应力与附加应力之和），e_1、e_2 则为相应于 p_1、p_2 所对应的孔隙比。

不同类别与处于不同状态的土，其压缩性可能相差较大。为了便于比较，通常采用由 $p_1 = 100\text{kPa}$ 和 $p_2 = 200\text{kPa}$ 所对应的压缩系数 a_{1-2} 来评价土的压缩性：

$a_{1-2} < 0.1\text{MPa}^{-1}$,　　　　　　属低压缩性土；

$0.1 \leqslant a_{1-2} < 0.5\text{MPa}^{-1}$,　　　属中压缩性土；

$a_{1-2} \geqslant 0.5\text{MPa}^{-1}$,　　　　　属高压缩性土。

2.4.2.3　压缩指数 C_c

将土的 $e\text{-}p$ 曲线改成半对数曲线，即 $e\text{-}\lg p$ 曲线时，后半段接近直线，如图 2-21 所示，其斜率即为土的压缩指数 C_c：

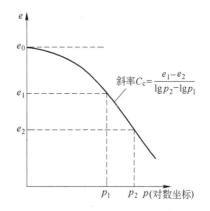

$$C_c = \frac{e_1 - e_2}{\lg p_2 - \lg p_1} = \frac{e_1 - e_2}{\lg(p_2/p_1)}$$

$$(2\text{-}27)$$

同压缩系数 a 一样，压缩指数 C_c 值越大，土的压缩性越高。从图 2-21 可见 C_c 与 a 不同，它在直线段范围内并不随压力而变，试验时要求斜率确定得很仔细，否则出入很大。低压缩性土

图 2-21　以 $e\text{-}\lg p$ 曲线确定压缩指数

的 C_c 值一般小于 0.2，C_c 值大于 0.4 一般属于高压缩性土。土力学中广泛采用 $e\text{-}\lg p$ 曲线研究应力历史对土压缩性的影响。

2.4.2.4　土的回弹曲线与再压缩曲线

在室内压缩试验过程中，如加压到某一值 p_i（相应于图 2-22 中 $e\text{-}p$ 曲线上的 b 点）后不再加压，而是逐级进行卸压，则可观察到土样的回弹。若测得其回弹稳定后的孔隙比，则可绘制相应的孔隙比与压力的关系曲线（如图中 bc 曲线所示），称为回弹曲线（或膨胀曲线）。由于土样已在压力 p_i 作用下压缩变形，卸压完毕后，土样并不能完全恢复到相当于初始孔隙比 e_0 的 a 点处，这就显示出土的压缩变形是由弹性变形和残余变形两部分组成的，而且以后者为主。如重新逐级加压，则可测得土样在各级荷载下再压缩稳定后的孔隙比，从而绘制再压缩曲线，如图 2-22（a）中 cdf 所示。其中 df 段为 ab 段的延续，犹如其间没有经过卸压和再压过程一样。在半对数曲线（见图 2-22 中 $e\text{-}\lg p$ 曲线）中也同样可以看到这种现象。

某些类型的基础，其底面积和埋深往往都较大，开挖基坑后地基土受到较大的卸荷作用，因而发生土的膨胀，造成坑底回弹。因此，在预估基础沉降时，应该适当考虑这种影响。此外，利用压缩、回弹、再压缩的 $e\text{-}\lg p$ 曲线，可以分析应力历史对土的压缩性的影响。

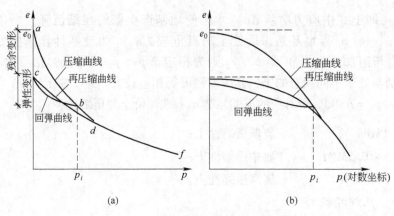

图 2-22　土的回弹曲线与再压缩曲线

（a）e-p 曲线；（b）e-$\lg p$ 曲线

2.5　地基最终沉降量计算

地基沉降是随时间而发展的。地基最终沉降量是指地基在建筑物荷载作用下，地基表面的最终稳定沉降量。对偏心荷载作用下的基础，则以基底中心点沉降作为平均沉降。计算地基最终沉降量的目的是在于估算建筑物的最大沉降量、沉降差或倾斜等，并使其控制在允许的范围内，以保证建筑物的安全和正常使用。

常用的计算地基最终沉降量的方法有（传统的）分层总和法和《建筑地基基础设计规范》推荐的分层总和法。从土力学原理上说，二者的实质是一致的，只是计算繁琐程度和准确度有所不同。

2.5.1　分层总和法

由于引起地基沉降的地基附加应力沿深度非线性衰减，且成层土本身的压缩性的不同，通常采用分层总和法计算地基沉降，如图 2-23 所示。采用分层总和法计算地基最终沉降时，假定地基土不发生侧向变形，即采用侧限条件下的压缩性指标。为了弥补由此带来的计算沉降量偏小的缺点，一般取基底中心点下的附加应力进行计算。

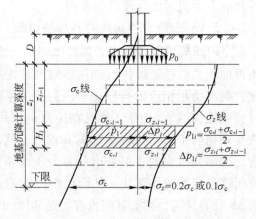

图 2-23　分层总和法求地基最终沉降量

地基的最终沉降量，采用分层总和法计算时，应在地基沉降计算深度 z_n 范围内划分为若干分层来计算各分层的压缩量，然后求其总和。具体计算步骤如下：

（1）按分层厚度 $H_i \leqslant 0.4b$（b 为基础宽度）或按 $1 \sim 2\text{m}$ 将基础下土层划分成若干薄层，成层土的层面或地下水位面是当然的分层面。

（2）计算基底中心点下各分层界面处的自重应力 σ_c 和附加应力 σ_z。当有相邻荷载作用时，σ_z 应包含此影响。

（3）确定地基沉降计算深度 z_n。由于地基土在自重应力的长期作用下，其压缩性随深度而降低，而局部荷载引起的附加应力又随深度减少，因此，实际上，超过一定深度的土的变形对沉降已无影响。沉降时应考虑其变形的深度范围称为地基压缩层，该深度称为地基沉降计算深度或地基压缩层厚度。地基沉降计算深度，一般取地基附加应力小于或等于自重应力的 20% 处，即 $\sigma_z \leqslant 0.2\sigma_c$ 处；当该深度以下存在高压缩性土时，则要求 $\sigma_z \leqslant 0.1\sigma_c$。

（4）计算各分层自重应力平均值 $p_{1i} = \dfrac{\sigma_{c,i-1} + \sigma_{c,i}}{2}$ 和 $\Delta p_i = \dfrac{\sigma_{z,i-1} + \sigma_{z,i}}{2}$，并取 $p_{2i} = p_{1i} + \Delta p_i$。

（5）从 $e\text{-}p$ 曲线上查得 p_{1i}、p_{2i} 相对应的孔隙比 e_{1i}、e_{2i}。

（6）计算各分层土在侧限条件下的压缩量 Δs_i：

$$\Delta s_i = \varepsilon_i H_i = \frac{e_{1i} - e_{2i}}{1 + e_{1i}} H_i \tag{2-28}$$

式中，ε_i 为厚度为 H_i 的第 i 分层土层的竖向应变。

因为

$$\varepsilon_i = \frac{e_{1i} - e_{2i}}{1 + e_{1i}} = \frac{a_i(p_{2i} - p_{1i})}{1 + e_{1i}} = \frac{\Delta p_i}{E_{si}} \tag{2-29}$$

故又有

$$\Delta s_i = \frac{a_i(p_{2i} - p_{1i})}{1 + e_{1i}} H_i = \frac{\Delta p_i}{E_{si}} H_i \tag{2-30}$$

式中，a_i 和 E_{si} 分别为第 i 分层土的压缩系数和压缩模量。

（7）计算地基最终沉降量 s：

$$s = \sum_{i=1}^{n} \Delta s_i \tag{2-31}$$

式中　n——计算深度范围内所划分土层数。

【例题 2-5】某矩形基础，宽度 $b = 5\text{m}$，长度 $l = 10\text{m}$，基础埋深 1.5m。基础底面作用中心荷载 10000kN，地面下主要有两层土，上部为厚 10.5m 黏土，天然重度 $\gamma = 18\text{kN/m}^3$，饱和重度 $\gamma_{sat} = 18.5\text{kN/m}^3$，下部为粉质黏土，其饱和重度 $\gamma_{sat} = 19\text{kN/m}^3$。地下水位埋深 2.5m。两层土的压缩曲线如图 2-24 所示，试求基础中心点沉降量。

【解】（1）求基底压力 p 与基底附加应力 p_0：

$$p = \frac{F + G}{bl} = \frac{10000}{5 \times 10} = 200\text{kPa}$$

$$p_0 = p - \sigma_c = 200 - 1.5 \times 18 = 173\text{kPa}$$

（2）沉降计算分层划分。从基础底面开始，地下水位面第一分层面，往下每 2m 厚度划分为一层，共 8 层，如图 2-24 所示。

（3）土中应力计算。按分层深度，计算每层分界面处的自重应力和附加应力，并列于表 2-9 中，图 2-24 中也标出了相应计算结果。

（4）沉降计算。由自重应力和附加应力计算结果，以 $\sigma_z \leqslant 0.1\sigma_c$ 确定沉降计算深度为 17m，并从两种土压缩曲线［见图 2-24（b）］查得各分层土自重应力 $p_1 = \sigma_c$ 和自重应力与附加应力之和 $p_2 = \sigma_c + \sigma_z$ 所对应的孔隙比 e_1 和 e_2，然后计算各分层土的压缩量及其累计

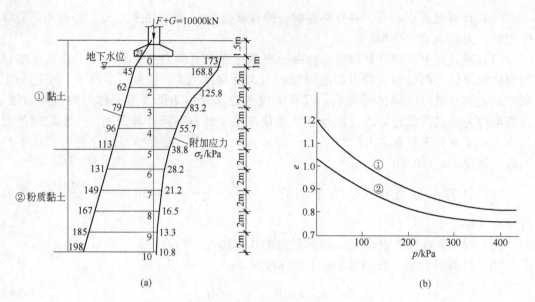

图 2-24　例题 2-5 图

（a）沉降计算剖面；（b）e-p 曲线

表 2-9　自重应力和附加应力计算

计算点编号	自重应力 σ_c/kPa			附加应力 σ_z/kPa				
	重度 γ /kN·m^{-3}	分层厚度/m	$\sigma_c = \Sigma\gamma_i h_i$	深度 z /m	z/b	l/b	α_c/kPa	$\sigma_z = p_0\alpha_c$
0	18	1.5	27	0	0	2	1	173.0
1	18	1.0	45	1	0.4	2	0.9756	168.8
2	8.5	2.0	62	3	1.2	2	0.7272	125.8
3	8.5	2.0	79	5	2.0	2	0.4808	83.2
4	8.5	2.0	96	7	2.8	2	0.3220	55.7
5	8.5	2.0	113	9	3.6	2	0.2244	38.8
6	9	2.0	131	11	4.4	2	0.1628	28.2
7	9	2.0	149	13	5.2	2	0.1224	21.2
8	9	2.0	167	15	6.0	2	0.0952	16.5
9	9	2.0	185	17	6.8	2	0.0768	13.3

总沉降量，计算结果列于表 2-10 中。

由表 2-10，各分层累计所得总沉降 s 为：

$$s = \sum_{1}^{10} \frac{e_{1i} - e_{2i}}{1 + e_{1i}}\Delta z_i = \sum_{1}^{10} \Delta s_i$$

$= 0.112 + 0.172 + 0.117 + 0.088 + 0.050 + 0.032 + 0.016 + 0.016 + 0.011 +$

$0.011 = 0.62\text{m}$

表 2-10　分层沉降计算表

计算点编号	计算点深度/m	平均自重应力 $p_1 = \sigma_c$/kPa	平均附加应力 σ_z/kPa	$p_2 = \sigma_c + \sigma_z$/kPa	初始孔隙比 e_1	压缩后孔隙比 e_2	分层厚度 Δz_i/m	$\Delta s = \dfrac{e_{1i} - e_{2i}}{1 + e_{1i}} \Delta z_i$ /m
0	0	36.0	170.9	206.9	1.14	0.90	1	0.112
1	1	53.5	147.9	201.4	1.09	0.91	2	0.172
2	3	70.5	104.5	175.0	1.06	0.93	2	0.126
3	5	87.5	69.5	157.0	1.04	0.95	2	0.088
4	7	104.5	47.3	151.8	1.01	0.96	2	0.050
5	9	122.0	33.5	155.5	0.88	0.85	2	0.032
6	11	140.0	24.7	164.7	0.86	0.845	2	0.016
7	13	158.0	18.9	176.9	0.85	0.84	2	0.011
8	15	176.6	14.9	191.5	0.84	0.83	2	0.011
9	17	194.0	12.1	206.1	0.83	0.82	2	0.011

总沉降 $s = \sum \Delta s_i = 0.62$ m

2.5.2　规范分层总和法

《建筑地基基础设计规范》所推荐的地基最终沉降量计算方法是另一种形式的分层总和法。它也采用侧限条件的压缩性指标，并运用了"平均附加应力系数"计算，可按天然土层界面分层，从而简化了由于过多分层所引起的繁琐计算；还结合大量工程沉降观测值的统计分析，以沉降计算经验系数对地基最终沉降量计算值加以修正，使得计算成果接近于实际值。

2.5.2.1　采用平均附加应力系数计算沉降量的基本公式

规范所采用的平均附加应力系数的意义说明如下。在 2.3.3.1 中已求出了均布矩形荷载中心点下任意深度 z 处的地基附加应力，即式（2-12）。根据求平均值的方法，则在 z 深度范围内的平均附加应力（见图 2-25）为 $\bar{\sigma}_z$：

$$\bar{\sigma}_z = \frac{\int_0^z \sigma_z \mathrm{d}z}{z} = \frac{p_0 \int_0^z \alpha_c \mathrm{d}z}{z} = \bar{\alpha} p_0 = \frac{A_z}{z} \quad (2\text{-}32)$$

式中　A_z——深度 z 范围内附加应力所包围的面积；

　　　$\bar{\alpha}$——均布矩形荷载角点下平均附加应力系数，

$$\bar{\alpha} = \frac{\int_0^z \alpha_c \mathrm{d}z}{z}$$

与附加应力系数 α_c 一样，平均附加应力系数 $\bar{\alpha}$ 同样可表示为 $m = l/b$、$n = z/b$ 的函数，可查表 2-11。

如果某一深度范围内地基土的压缩模量 E_s 不变，

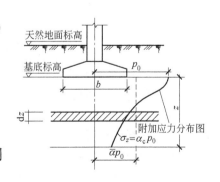

图 2-25　平均附加应力概念

则可利用式（2-32）计算该土层的压缩量，即

$$s = \frac{\overline{\sigma_z}}{E_s}z = \frac{A_z}{E_s} = \frac{\overline{\alpha}p_0 z}{E_s} \tag{2-33}$$

对成层地基中第 i 分层压缩量 $\Delta s'_i$，如图 2-26 所示，设 s'_i 和 s'_{i-1} 是相应于第 i 分层层底和层顶深度范围内的压缩量，则利用式（2-32）可得第 i 分层压缩量 $\Delta s'_i$ 表达式如下：

$$\Delta s'_i = s'_i - s'_{i-1} = \frac{A_i - A_{i-1}}{E_{si}} = \frac{\Delta A_i}{E_{si}} = \frac{p_0}{E_s}(z_i\overline{\alpha}_i - z_{i-1}\overline{\alpha}_{i-1}) \tag{2-34}$$

式中，α_i、A_i 和 α_{i-1}、A_{i-1} 分别为 z_i 和 z_{i-1} 深度范围内的平均附加应力系数和附加应力图面积，$\Delta A_i = A_i - A_{i-1}$ 则表示第 i 分层范围内附加应力图面积。

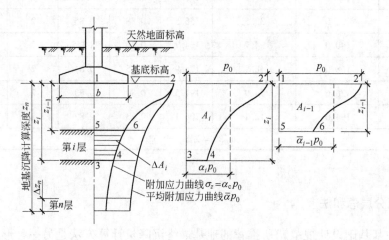

图 2-26　分层压缩量计算原理示意图

2.5.2.2　地基沉降计算深度

《建筑地基基础设计规范》规定，地基沉降计算深度 z_n 的确定应满足下式要求：

$$\Delta s'_n \le 0.025 \sum_{i=1}^{n} \Delta s'_i \tag{2-35}$$

式中　$\Delta s'_i$——在计算深度范围内，第 i 分层土的计算压缩量，mm；

　　　$\Delta s'_n$——在沉降计算深度处向上取厚度为 Δz_n 的土层的计算压缩量，mm，Δz_n 按表 2-11 确定。

表 2-11　Δz_n 值

b/m	$b \le 2$	$2 < b \le 4$	$4 < b \le 8$	$b > 8$
$\Delta z_n/m$	0.3	0.6	0.8	1.0

当无相邻荷载影响，基础宽度在 $1 \sim 50$m 范围内时，基础中点的地基沉降计算深度也可按下式简化公式计算：

$$z_n = b\ (2.5 - 0.4\ln b) \tag{2-36}$$

式中　b——基础宽度，m；

　　　$\ln b$——b 的自然对数值。

2.5.2.3　地基最终沉降量计算

地基最终沉降量 s 计算公式如下：

$$s = \psi_s s' = \psi_s \sum_{i=1}^{n} \Delta s' = \psi_s \sum_{i=1}^{n} \frac{p_0}{E_{si}} (z_i \bar{\alpha}_i - z_{i-1} \bar{\alpha}_{i-1}) \tag{2-37}$$

式中　　s'——按分层总和法计算出的地基最终沉降量（包括相邻荷载的影响），mm；

n——地基沉降计算深度范围内所划分的土层数，一般可按天然土层划分；

ψ_s——沉降计算经验系数，根据地区沉降观测资料及经验确定，也可采用表 2-12 中的数值，表中 $\bar{E}_s$ 为深度 z_n 范围内土的压缩模量当量值，按下式计算：

$$\bar{E}_s = A_n / s' = p_0 z_n \bar{\alpha}_n / s' \tag{2-38}$$

p_0——基底附加压力；

$\bar{E}_{si}$——基础底面下第 i 层土的压缩模量，按实际应力范围取值；

z_i、z_{i-1}——基础底面至第 i 层土、第 $i-1$ 层土底面的距离；

$\bar{\alpha}_i$、$\bar{\alpha}_{i-1}$、$\bar{\alpha}_n$——基础底面计算点至第 i 层土、第 $i-1$ 层土、第 n 层土底面范围内平均附加应力系数，可按表 2-13 查取；

A_n——深度 z_n 范围内附加应力图面积。

表 2-12　沉降计算经验系数 ψ_s

$\bar{E}_s / \mathrm{MPa}$ 基底附加压力	2.5	4.0	7.0	15.0	20.0
$p_0 \geqslant f_{ak}$	1.4	1.3	1.0	0.4	0.2
$p_0 \leqslant 0.75 f_{ak}$	1.1	1.0	0.7	0.4	0.2

注：f_{ak} 表中为地基承载力特征值。

表 2-13　矩形面积上均布荷载作用下角点附加应力系数 $\bar{\alpha}$

z/b ＼ l/b	1.0	1.2	1.4	1.6	1.8	2	2.4	2.8	3.2	3.6	4.0	5.0	10.0
0.0	0.2500	0.2500	0.2500	0.2500	0.2500	0.2500	0.2500	0.2500	0.2500	0.2500	0.2500	0.2500	0.2500
0.2	0.2496	0.2497	0.2497	0.2498	0.2498	0.2498	0.2498	0.2498	0.2498	0.2498	0.2498	0.2498	0.2498
0.4	0.2474	0.2479	0.2481	0.2483	0.2483	0.2484	0.2485	0.2485	0.2485	0.2485	0.2486	0.2485	0.2485
0.6	0.2423	0.2437	0.2444	0.2448	0.2451	0.2452	0.2454	0.2455	0.2455	0.2455	0.2466	0.2455	0.2456
0.8	0.2346	0.2372	0.2387	0.2395	0.24	0.2403	0.2407	0.2408	0.2409	0.2409	0.241	0.241	0.241
1.0	0.2252	0.2291	0.2313	0.2326	0.2335	0.234	0.2346	0.2349	0.2351	0.2352	0.2362	0.2353	0.2353
1.2	0.2149	0.2199	0.2229	0.2248	0.226	0.2268	0.2278	0.2282	0.2285	0.2286	0.2287	0.2288	0.2289
1.4	0.2043	0.2102	0.214	0.2164	0.218	0.2191	0.2204	0.2211	0.2215	0.2217	0.2218	0.222	0.2221
1.6	0.1939	0.2006	0.2049	0.2079	0.2099	0.2113	0.213	0.2138	0.2143	0.2146	0.2148	0.215	0.2152
1.8	0.184	0.1912	0.196	0.1994	0.2018	0.2034	0.2055	0.2066	0.2073	0.2077	0.2079	0.2082	0.2084
2.0	0.1746	0.1822	0.1875	0.1912	0.1938	0.1958	0.1982	0.1996	0.2004	0.2009	0.2012	0.2015	0.2018
2.2	0.1659	0.1737	0.1793	0.1833	0.1862	0.1883	0.1911	0.1927	0.1937	0.1943	0.1947	0.1952	0.1955
2.4	0.1578	0.1657	0.1715	0.1757	0.1789	0.1812	0.1843	0.1862	0.1873	0.188	0.1886	0.189	0.1895
2.6	0.1503	0.1583	0.1642	0.1686	0.1719	0.1745	0.1779	0.1799	0.1812	0.182	0.1826	0.1832	0.1838

z/b \ l/b	1.0	1.2	1.4	1.6	1.8	2	2.4	2.8	3.2	3.6	4.0	5.0	10.0
2.8	0.1433	0.1514	0.1574	0.1619	0.1654	0.168	0.1717	0.1739	0.1753	0.1763	0.1769	0.1777	0.1784
3.0	0.1369	0.1449	0.151	0.1556	0.1592	0.1619	0.1658	0.1682	0.1698	0.1708	0.1716	0.1725	0.1733
3.2	0.131	0.139	0.145	0.1497	0.1533	0.1562	0.1602	0.1628	0.1645	0.1657	0.1664	0.1675	0.1685
3.4	0.1256	0.1334	0.1394	0.1441	0.1478	0.1508	0.155	0.1577	0.1595	0.1607	0.1616	0.1628	0.1639
3.6	0.1205	0.1282	0.1342	0.1389	0.1427	0.1456	0.15	0.1528	0.1548	0.1561	0.157	0.1583	0.1595
3.8	0.1158	0.1234	0.1293	0.134	0.1378	0.1408	0.1452	0.1482	0.1502	0.1516	0.1526	0.1541	0.1554
4.0	0.1114	0.1189	0.1248	0.1294	0.1332	0.1362	0.1408	0.1438	0.1459	0.1474	0.1485	0.15	0.1516
4.2	0.1073	0.1147	0.1205	0.1251	0.1289	0.1319	0.1365	0.1396	0.1418	0.1434	0.1445	0.1462	0.1479
4.4	0.1035	0.1107	0.1164	0.121	0.1248	0.1279	0.1325	0.1357	0.1379	0.1396	0.1407	0.1425	0.1444
4.6	0.1	0.107	0.1127	0.1172	0.1209	0.124	0.1287	0.1319	0.1342	0.1359	0.1371	0.139	0.141
4.8	0.0967	0.1036	0.1091	0.1136	0.1173	0.1204	0.125	0.1283	0.1307	0.1324	0.1337	0.1357	0.1379
5.0	0.0935	0.1003	0.1057	0.1102	0.1139	0.1169	0.1216	0.1249	0.1273	0.1291	0.1304	0.1325	0.1348
5.2	0.0906	0.0972	0.1026	0.107	0.1106	0.1136	0.1183	0.1217	0.1241	0.1259	0.1273	0.1295	0.132
5.4	0.0878	0.0943	0.0996	0.1039	0.1075	0.1105	0.1152	0.1186	0.1211	0.1229	0.1243	0.1265	0.1292
5.6	0.0852	0.0916	0.0968	0.101	0.1046	0.1076	0.1122	0.1156	0.1181	0.12	0.1215	0.1238	0.1266
5.8	0.0828	0.089	0.0941	0.0983	0.1018	0.1047	0.1094	0.1128	0.1153	0.1172	0.1187	0.1211	0.124
6.0	0.0805	0.0866	0.0916	0.0957	0.0991	0.1021	0.1067	0.1101	0.1126	0.1146	0.1161	0.1185	0.1216
6.2	0.0783	0.0842	0.0891	0.0932	0.0966	0.0995	0.1041	0.1075	0.1101	0.112	0.1136	0.1161	0.1193
6.4	0.0762	0.082	0.0869	0.0909	0.0942	0.0971	0.1016	0.105	0.1076	0.1096	0.1111	0.1137	0.1171
6.6	0.0742	0.0799	0.0847	0.0886	0.0919	0.0948	0.0993	0.1027	0.1053	0.1073	0.1088	0.1114	0.1149
6.8	0.0723	0.0779	0.0826	0.0865	0.0898	0.0926	0.097	0.1004	0.103	0.105	0.1066	0.1092	0.1129
7.0	0.0705	0.0761	0.0806	0.0844	0.0877	0.0904	0.0949	0.0982	0.1008	0.1028	0.1044	0.1071	0.1109
7.2	0.0688	0.0742	0.0787	0.0825	0.0857	0.0884	0.0928	0.0962	0.0987	0.1008	0.1023	0.1051	0.109
7.4	0.0672	0.0725	0.0769	0.0806	0.0838	0.0865	0.0908	0.0942	0.0967	0.0988	0.1004	0.1031	0.1071
7.6	0.0656	0.0709	0.0752	0.0789	0.082	0.0846	0.0889	0.0922	0.0948	0.0968	0.0984	0.1012	0.1054
7.8	0.0642	0.0693	0.0736	0.0771	0.0802	0.0828	0.0871	0.0904	0.0929	0.095	0.0966	0.0994	0.1036

【例题 2-6】 按《建筑地基基础设计规范》推荐的分层总和法，计算例题 2-5 中基础中心线下最终沉降量。

【解】 （1）基底压力、基底附加应力计算及分层方法同例题 2-5。

（2）沉降计算深度确定：在无相邻基础影响情况下，可由式（2-36）确定，即

$$z_n = b(2.5 - 0.4\ln b)$$
$$= 5 \times (2.5 - 0.4 \times \ln 5) = 9.3 \text{m}$$

取 $z_n = 11.0$m。

（3）最终沉降量计算。

按照式（2-37）将计算结果列于表2-14中，各层土的压缩模量 $E_{si} = \dfrac{1+e_{1i}}{a_i}$，其中的孔隙比用表2-10中各分层土所对应的自重应力和附加应力及孔隙比求得。

表2-14 沉降计算表

计算点编号	距基底深度/m	z/b	l/b	α_i	压缩模量 E_{si}/MPa	$\dfrac{p_0}{E_s}(z_i\bar{\alpha_i} - z_{i-1}\bar{\alpha_{i-1}})$
0	0	0.1	2	1		
1	1	0.4	2	0.9936	1.52	0.114
2	3	1.2	2	0.9072	1.72	0.176
3	5	2.0	2	0.7824	1.79	0.116
4	7	2.8	2	0.6720	1.58	0.088
5	9	3.6	2	0.5824	1.89	0.050
6	11	4.4	2	0.5116	2.96	0.023

根据 $\bar{E}_{si} = 1.91\text{MPa}$，设 $p_0 \geqslant f_{ak}$，查表2-12，$\psi_s = 1.4$，则地基最终沉降量为：

$$s = 1.4 \times (0.114 + 0.176 + 0.116 + 0.088 + 0.050 + 0.023) = 0.794\text{m}$$

2.6 沉积土层的应力历史

土层的应力历史是指土层形成至今所受应力的变化情况。应力历史不同的土，其工程性质也不同。天然土层在历史上所经受过的最大固结压力（指土体在固结过程中所受的最大有效压力），称为前（先）期固结压力 p_c。前期固结压力 p_c 与现有自重应力 p_1 的比值（p_c/p_1）称为超固结比 OCR。根据超固结比，可将沉积土层分为正常固结土、超固结土和欠固结土三类。

2.6.1 正常固结土（OCR = 1）

若天然土层在逐渐沉积到现在地面后，经历了漫长的地质年代，在土的自重作用下已经达到固结稳定状态，则其前期固结压力 p_c 等于现有的土自量应力 p_1（$p_1 = \gamma h$，γ 为土的重度，h 为现在地面下的计算点深度），这类土称为正常固结土，如图2-27（a）所示。

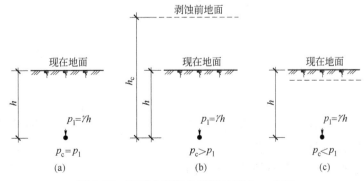

图2-27 沉积土层按前期固结压力 p_c 分类

（a）正常固结土；（b）超固结土；（c）欠固结土

2.6.2 超固结土（OCR > 1）

若正常固结土受流水、冰川或人为开挖等的剥蚀作用而形成现在的地面，则前期固结压力 $p_c = \gamma h_c$。（h_c 为剥蚀前地面下的计算点深度）就超过了现有的土自重应力 p_1，如图 2-27（b）所示。这类历史上曾经受过大于现有土自重应力的前期固结压力的土称为超固结土。与正常固结土相比，超固结土的强度较高、压缩性较低，静止侧压力系数 K_0 较大（可大于 1）。软弱地基处理方法之一的堆载预压法就是通过堆载预压使软弱土成为超固结土提高其强度、降低其压缩性。

2.6.3 欠固结土（OCR < 1）

欠固结土主要有新近沉积黏性土、人工填土及地下水位下降后原水位以下的黏性土。这类土在自重作用下还没有完全固结［如图 2-27（c）中虚线表示将来固结完毕后的地面］，土中孔隙水压力仍在继续消散，因此，土的固结压力 p_c 必然小于现有土的自重应力 p_1（这里 p_1 指的是土层固结完毕后的自重应力）。由于欠固结土层的沉降还未稳定，因此当地基主要受力层范围内有欠固结土层时，必须慎重处理。

2.7 地基沉降与时间的关系

前面讨论了地基最终沉降量的计算，但在实际工程中，还经常需要了解建筑物在施工期间或完工后某一时间基础的沉降量，以便控制施工速度，或确定建筑物各部分之间的预留净空或连接方法。

无黏性土透水性好，其固结稳定所需时间很短，一般在外荷载施加完毕时（如建筑物竣工），其沉降已经稳定；对于黏性土和粉土，因其透水性差，完成固结所需时间往往很长，有些需要几年甚至几十年。因此，下面讨论的沉降与时间的关系是对黏性土和粉土而言的。

2.7.1 饱和土渗透固结

饱和土在压力作用下，孔隙中的一部分水将随时间而逐渐被挤出，同时孔隙体积随之缩小，这一过程称为饱和土的渗透固结或主固结。

现以图 2-28 所示的弹簧活塞模型来说明饱和土的渗透固结过程。在一个盛满水的圆筒中装着一个带有弹簧的活塞，弹簧上下端连接着活塞和筒底，活塞上有许多透水小孔。施加外压力之前，弹簧不受力，圆筒内的水只有静水压力。在活塞上施加外压力的一瞬间，水还来不及从活塞上的小孔排出，水的体积不变，活塞不下降，因而弹簧没有变形（不受力），全部压力由圆筒内的水所承担。

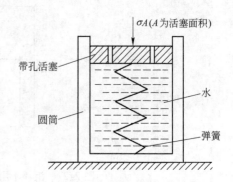

水受到超静水压力后开始经活塞小孔逐渐排　图 2-28 模拟饱和土固结过程中应力分担的模型

出，受压活塞随之下降，此时弹簧长度缩短而承受压力且逐渐增加，直至外压力全部由弹簧承担为止。设想以弹簧来模拟土骨架，圆筒内的水相当于孔隙水，活塞上的小孔代表土的透水性，则此模型可以用来说明饱和土在渗透固结中，土骨架和孔隙水对压力的分担作用，即施加在饱和土上的外压力开始时全部由土中水承担，随着土孔隙中一些自由水的挤出，外压力逐渐转移给土骨架，直至全部由土骨架承担为止。

根据饱和土的有效应力原理，在饱和土的固结过程中任一时间 t，有效应力 σ' 与（超静）孔隙水压力 u 之和总是等于作用在土中的附加应力 σ_z，即

$$\sigma_z = \sigma' + u \tag{2-39}$$

由式（2-39）可知，在加压的那一瞬间，由于 $u = \sigma_z$，所以 $\sigma' = 0$，在固结变形完全稳定时则 $\sigma' = \sigma_z$，$u = 0$。因此，只要土中孔隙水压力还存在，就意味着土的渗透固结尚未完成。换句话说，饱和土的固结过程就是孔隙水压力的消散和有效应力相应增长的过程。

2.7.2 地基沉降与时间的关系

这里主要介绍地基在一维固结中的沉降与时间的关系。所谓一维固结，是指饱和黏性土层在渗流固结过程中，孔隙水渗流和土体沉降只沿一个方向进行。一维固结中沉降与时间的关系的理论基础是太沙基一维固结理论，通常用固结度这个指标来联系二者的关系。固结度 U 是某一时刻土体的固结沉降量 s_t 与最终固结沉降量 s 的比值，即

$$U = s_t / s \tag{2-40}$$

地基固结度的实质是反映地基中孔隙水压力 u 的消散程度或有效应力 σ' 的增长程度。在外荷载施加的瞬间，孔隙水压力来不及消散，$u = \sigma_z$，$\sigma' = 0$，故 $U = 0$；在地基固结过程中，$0 < U < 1$；当地基固结完成后，$u = 0$，$\sigma' = \sigma_z$，故 $U = 100\%$。

地基固结度可按下式计算：

$$U = 1 - \frac{8}{\pi^2} e^{-\pi^2 T_V / 4} \tag{2-41}$$

式中　T_V——时间因数，$T_V = \dfrac{C_V t}{H^2}$；

　　C_V——土的固结系数，$C_V = \dfrac{k (1 + e)}{\gamma_w a}$；

　　k——土的渗透系数；

　　e——固结开始时土的孔隙比；

　　a——土的压缩系数；

　　γ_w——水的重度；

　　t——固结时间；

　　H——压缩土层厚度，当土层为单面排水时，H 取土层厚度；当土层为双面排水时，H 取土层厚度一半。

根据式（2-41）中反映的任一时刻固结度与时间（时间因数）的关系，可以求出某一时刻 t 所对应的固结度，继而求得相应的沉降 s_t。也可按照某一固结度（相应沉降为 s_t），推求所需的时间 t。

在附加应力分布及排水条件相同的情况下，两个土质相同（即 C_V 相同），而厚度不同的土层，在达到相同固结度时，其时间因数也应相同，即

$$T_V = \frac{C_V t_1}{H_1^2} = \frac{C_V t_2}{H_2^2}$$

$$\frac{t_1}{t_2} = \frac{H_1^2}{H_2^2}$$

上式表明，土性相同而厚度不同的两层土，当附加应力分布和排水条件相同时，达到同一固结度所需时间之比等于两层土最大排水距离平方之比。增加排水途径、减少排水距离可有效减少固结沉降的时间。

【例题 2-7】某黏土层厚10m，上、下两面均可排水。现从该黏土层中心取厚度20mm土样，放入固结仪做固结试验（上、下均有透水石），在某固结压力作用下测得其固结度达到80%历时10min。问该黏土层在同样固结压力作用下达到同一固结度需要多少时间？若黏土层单面排水，所需时间又是多少？

【解】（1）黏土层和土样为相同的土层，故固结系数相同，即 $C_{V1} = C_{V2}$；两者排水条件均为双面排水，且都达到同一固结度，即 $U_1 = U_2 = 80\%$，则 $T_{V1} = T_{V2}$，故有：

$$\frac{C_{V1} t_1}{\left(\frac{H_1}{2}\right)^2} = \frac{C_{V2} t_2}{\left(\frac{H_2}{2}\right)^2}$$

$$\frac{t_1}{H_1^2} = \frac{t_2}{H_2^2}$$

则　$t_1 = \frac{t_2}{H_2^2} \cdot H_1^2 = \frac{10 \times 1000^2}{2^2} = 2500000\,\text{min} = 4.76\,\text{a}$

（2）若黏土层为单面排水，则

$$\frac{C_{V1} t_1}{H_1^2} = \frac{C_{V2} t_2}{\left(\frac{H_2}{2}\right)^2}$$

则 $t_1 = \frac{t_2}{\left(\frac{H_2}{2}\right)^2} \cdot H_1^2 = 4t_2$

所以，改为单面排水后，所需时间为

$$t_1 = 4 \times 4.76 = 19.04\,\text{a}$$

【例题 2-8】某饱和黏性土层厚度10m，设该土层初始平均孔隙比 $e = 1.0$，压缩系数 $a = 0.3\,\text{MPa}^{-1}$，渗透系数 $k = 1.8\,\text{cm/a}$。在大面积荷载 $p_0 = 120\,\text{kPa}$ 作用下，按黏土层在单面排水或双面排水条件下，分别求：（1）加荷一年后的沉降量；（2）沉降量达144mm 时所需的时间。

【解】（1）求 $t = 1$ 年时的沉降量。大面积荷载在黏土层中引起的附加应力为均匀分布，即 $\sigma_z = p_0 = 120\,\text{kPa}$。

则黏土层最终沉降量：

$$s = \frac{a\sigma_z}{1+e}h = \frac{0.3 \times 0.12}{1+1} \times 10000 = 180\,\text{mm}$$

由 $k = 1.8\,\text{cm/a} = 1.8 \times 10^{-2}\,\text{m/a}$，$a = 0.3\,\text{MPa}^{-1} = 3 \times 10^{-4}\,\text{kPa}^{-1}$，计算土的固结系数 C_V：

$$C_V = \frac{k(1+e)}{\gamma_w a} = \frac{1.8 \times 10^{-2} \times (1+1)}{10 \times 3 \times 10^{-4}} = 12\,\text{m}^2/\text{a}$$

单面排水条件下：$T_V = \dfrac{C_V t}{H^2} = \dfrac{12 \times 1}{10^2} = 0.12$

$$U = 1 - \frac{8}{\pi^2}\text{e}^{-\pi^2 T_V/4} = 1 - \frac{8}{\pi^2}\text{e}^{-\pi^2 \times 0.12/4} = 0.396 = 39.6\%$$

因此，$t = 1\text{a}$ 时的沉降量为：

$$s_t = U \cdot s = 0.396 \times 180 = 71.3\,\text{mm}$$

在双面排水条件下：$T_V = \dfrac{C_V t}{H^2} = \dfrac{12 \times 1}{5^2} = 0.48$

$$U = 1 - \frac{8}{\pi^2}\text{e}^{-\pi^2 T_V/4} = 1 - \frac{8}{\pi^2}\text{e}^{-\pi^2 \times 0.48/4} = 0.75 = 75\%$$

因此，$t = 1\text{a}$ 时的沉降量为：

$$s_t = U \cdot s = 0.75 \times 180 = 135\,\text{mm}$$

（2）求沉降量达 144mm 时所需的时间，固结度 $U = s_t / s = 144/180 = 80\%$，将其代入 $U = 1 - \dfrac{8}{\pi^2}\text{e}^{-\pi^2 T_V/4}$，可得：

$$T_V = 0.57$$

则　在单面排水条件下：$t = \dfrac{T_V h^2}{C_V} = \dfrac{0.57 \times 10^2}{12} = 4.75\text{a}$

在双面排水条件下：$t = \dfrac{T_V h^2}{C_V} = \dfrac{0.57 \times 5^2}{12} = 1.19\text{a}$

小　　结

（1）按照产生的原因，可将土中应力分为自重应力和附加应力。自重应力是地基中某一深度处上覆土体重量所产生，在建筑物建造之前就已存在，一般而言，其产生的变形也已完成。成层地基中竖向自重应力沿深度呈折线分布，在各层土分界面和地下水位处转折。地下水位的变化会引起土中自重应力的变化。

（2）地基附加应力是建筑物建造后地基内应力相对于自重应力的增量，随着地基附加应力的增加，地基压缩变形产生地基沉降；增加到一定程度，还会引起地基土局部或整体破坏。

（3）在均质、各向同性的弹性地基中，柔性基础作用下地基附加应力取决于基础底面大小、形状、基底附加压力大小与分布形式。

（4）地基附加应力分布有扩散性，距基础越远附加应力越小。一般情况下，条形基础下附加应力的影响深度约为 $3\sim 4b$（基础宽度），而矩形基础则约为 $1.5b$。

（5）在基础与地基接触面上产生的接触压力（或基底压力）既是地基作用于基础上荷载（在基础中产生内力、变形），同时也是基础作用于地基上的荷载（可能使地基变形，并可能超过地基所能承受的压力）。基底压力超过挖去土的重量的部分称为基底附加压力。基底附加压力在地基内产生附加应力。

（6）土的压缩性是地基产生沉降的内因。评价土压缩性的指标由压缩试验测得，每个压缩指标对应有相应的压缩曲线。土的压缩性随压力而变化。压缩性指标还用来计算地基沉降。

（7）由于产生地基沉降的地基附加应力沿土层深度分布的非线性和土层本身的非均质性，地基沉降计算采用分层总和法，它采用了侧限条件下压缩性指标。在应力（地基自重应力与附加应力）计算的基础上，分层总和法的要点是分层和沉降计算深度的确定。

（8）《建筑地基基础设计规范》推荐的地基沉降计算方法的本质仍然是分层总和法，但它通过两个系数使得方法减少了繁琐（平均附加应力系数），并使计算结果更能接近实际（经验调整系数）。

习　　题

2-1　地层分布情况如图 2-29 所示，计算黏土层底部的竖向自重应力。

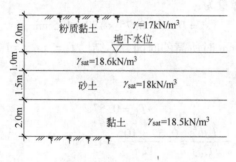

图 2-29　习题 2-1 图

2-2　某独立基础，底面尺寸 $l \times b = 3 \times 2 m^2$，埋深 $d = 2m$，作用在地面标高处的荷载 $F = 1000kN$，力矩 $M = 200kN \cdot m$，力矩作用方向与基础长边方向一致。试计算基础底面边缘处地基与基础之间的最大压力值 p_{max}。

2-3　对某黏性土在侧限压缩仪中作压缩试验，在竖向固结压力为 50kPa、100kPa、200kPa 和 300kPa 下，经量测和计算获得在以上各级压力下土样的孔隙比分别为 0.823、0.780、0.748 和 0.718，试计算土的压缩系数 a_{1-2}，并判断此土样的压缩性。

2-4　某饱和黏性土层厚度为 10m，在大面积荷载 $p_0 = 150kPa$ 作用下，已知该土层的初始孔隙比 $e_0 = 1$，压缩系数为 $0.24MPa^{-1}$，求黏性土层的最终沉降量。

2-5　两个厚度不同而性质相同的土层，甲土层厚 $H_{甲} = 2.0m$，乙土层厚 $H_{乙} = 6.0m$，均为单面排水。如果排水条件和初始应力分布相同，在某荷载作用下，甲土层固结度达到 80% 需 0.5 年，问乙土层在相同荷载作用下达到同一固结度时需多长时间？

2-6　已知条形基础宽度 $b = 2m$，基础底面压力最小值 $p_{min} = 50kPa$，最大值 $p_{max} = 150kPa$，求出作用于基础底面上的轴向压力及力矩。

2-7　有一箱形基础，上部结构和基础自重传至基底的压力 $p = 80kPa$，若地基土的天然重度 $\gamma = 18kN/m^3$，地下水位在地表下 10m 处，当基础埋置为多少时，基底附加压力正好为零？

2-8　一建筑场地下有 3m 厚的淤泥质黏土层，其物理力学指标：$\gamma = 19kN/m^3$，$w = 40\%$，$e = 1.10$，$E_s = 1.5MPa$。为了加固该土层，在其上大面积堆载 100kPa，半年后测得该土层压缩量为 20cm。试求变形量达20cm时该土层的平均孔隙比。

2-9　如图2-30所示的阴影部分面积上作用着均布基底附加压力p_0，试求图2-30中B点下z深度处的竖向附加应力值。（附加应力系数可表示为$\alpha = f(l/b, z/b)$的形式，但必须注明其中的l，b具体等于几倍的α值）。

2-10　设某荷载在地基中引起的附加应力如图2-31所示，若已知土体平均压缩模量$E_s = 5MPa$，试求图中BC两点间土层的最终沉降量ΔS_{BC}。当地基平均固结度达到60%时，该层土沉降量将是多少？

2-11　某粉细砂土层5.5m厚，其下为很厚的密实砂层（E_s趋于无穷大）。试绘出地下水长期大面积由埋深1.5m下降到5.5m后土中自重应力沿深度的分布图，并计算由地下水位下降引起的天然地面沉降。已知粉细砂土层：$\gamma = 17.5kN/m^3$，$\gamma_{sat} = 19.2kN/m^3$，$E_s = 2500kPa$。

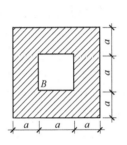

图2-30　习题2-9图

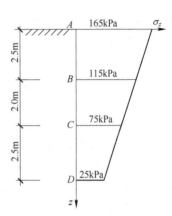

图2-31　习题2-10图

3　土的抗剪强度

3.1　概　　述

剪切破坏是土的强度破坏的重要形式。土的抗剪强度就是指土体抵抗剪切破坏的极限能力，它是土的重要力学性质之一。

在外荷载作用下，建筑物地基或土工构筑物内部产生剪应力和剪切变形，同时，也将使土体抵抗剪应力的潜在能力——剪阻力随着剪应力的增加而逐渐发挥。当剪阻力被完全发挥时，剪应力也就达到了极限值，此时，土就处于剪切破坏的极限状态。因此，剪阻力被完全发挥时的这个剪应力极限值，就是土的抗剪强度。如果土体内某一局部范围的剪应力达到了土的抗剪强度，则该局部范围的土体将出现剪切破坏，但此时整个建筑物地基或土工构筑物并不会因此而丧失稳定性；随着荷载的增加，土体的剪切变形将不断地增大，致使剪切破坏的范围逐渐扩大，并由局部范围的剪切发展到连续剪切，最终在土体中形成连续的滑动面，从而导致整个建筑物地基或土工构筑物因发生整体剪切破坏而丧失稳定性。工程实践中，与土的抗剪强度直接相关的工程问题主要有边坡稳定性［见图 3-1（a）］、建筑物地基的承载力［见图 3-1（b）］、挡土墙土压力等问题。

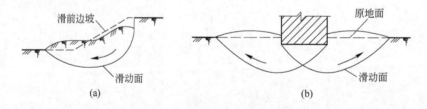

图 3-1　土体发生连续剪切破坏的情况

(a) 土坡滑动；(b) 地基失稳

本章主要介绍土的强度理论、抗剪强度指标的测定方法以及土的主要强度特性。

3.2　库仑公式和土的极限平衡条件

3.2.1　库仑公式

1776 年，法国科学家库仑（C.A.Coulomb）总结土的破坏现象和影响因素，将土的抗剪强度表达为滑动面上法向应力的函数，即

$$\tau_f = c + \sigma\tan\varphi \qquad (3-1)$$

式中　τ_f——土的抗剪强度，kPa；

　　　　σ——剪切破坏面上法向应力，kPa；

　　　　c——土的黏聚力，kPa，对无黏性土 $c=0$；

　　　　φ——土的内摩擦角，(°)。

　　式（3-1）称为库仑公式，其中的 c 和 φ 是决定土的抗剪强度的指标，称为土的抗剪强度指标，对于同一种土，在相同的试验条件下为常数，但是试验方法不同则会有很大的差异。将库仑公式绘在 $\tau_f\text{-}\sigma$ 坐标中，显然为一条直线，该直线被称为抗剪强度包线，c 和 $\tan\varphi$ 分别为直线的纵轴截距和斜率，如图 3-2 所示。

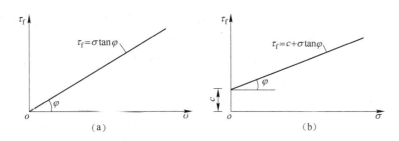

图 3-2　库仑公式表示的抗剪强度包线

(a) 无黏性土；(b) 黏性土

　　由库仑公式可以看出，土的抗剪强度不是一个定值，而是随剪切破坏面上法向应力的变化而变化。无黏性土的抗剪强度仅由摩擦力（即 $\sigma\tan\varphi$）组成，而黏性土包含摩擦力（$\sigma\tan\varphi$）和黏聚力（c）两部分。存在于土内部的摩擦力来源于两方面：一是剪切面上土粒之间的滑动摩擦阻力，二是凹凸面间的镶嵌作用所产生的摩擦阻力。黏聚力 c 是由土粒间的胶结作用、结合水膜以及分子引力等形成的。土粒越细，塑性越大，其黏聚力也越大。但需要注意的是，c 和 φ 具有一定的物理意义，但并不完全体现了土的真正意义上的摩擦力和黏聚力。

　　土的抗剪强度不仅与土的性质有关，还与试验时的排水条件、剪切速率、应力状态和应力历史等许多因素有关，其中最重要的是试验时的排水条件。根据太沙基的有效应力概念，土体内的剪应力只能由土的骨架承担，因此，土的抗剪强度 τ_f 应表示为剪切破坏面上的法向有效应力 σ' 的函数。因此，库仑公式用有效应力来表达更为合适：

$$\tau_f = c' + \sigma'\tan\varphi' = c' + (\sigma - u)\tan\varphi' \tag{3-2}$$

式中　c'，φ'——有效黏聚力和有效内摩擦角，对于无黏性土 $c'=0$；

　　　　u——孔隙水压力。

　　因此，土的抗剪强度有两种表达方法，一种是以总应力 σ 表示剪切破坏面上的法向应力，称为抗剪强度总应力法，相应的 c、φ 称为总应力强度指标；另一种则以有效应力 σ' 表示剪切破坏面上的法向应力，称为抗剪强度有效应力法，相应的 c' 和 φ' 称为有效应力强度指标。试验研究表明，土的抗剪强度取决于土粒间的有效应力。由于总应力法无需测定孔隙水压力，在应用上较为方便，故实际工程中也有经常采用总应力法的，但在选择试验排水条件时，应尽量与现场土的排水条件相接近。

3.2.2 土的极限平衡条件

由式（3-1）可用于判断土体中任意一点是否破坏，只要在某一应力状态下该点沿某一面的剪应力等于或大于由式（3-1）确定的抗剪强度，则该点即处于极限平衡状态或破坏状态。否则，处于弹性平衡状态。可见，一点是否破坏，取决于两方面：一方面是土体本身强度特性，即强度指标的大小；另一方面取决于剪切面上的正应力和剪应力。而后者实际上由该点的应力状态决定。对于给定土体（即强度指标 c、φ 值已知）而言，可根据其所处的应力状态判断是否破坏，即极限平衡条件。

3.2.2.1 土中一点应力状态

当土体中任意一点在某一平面上的剪应力达到土的抗剪强度时，就发生剪切破坏，该点即处于极限平衡状态，根据库仑公式，可得到土体中一点的剪切破坏条件，即土的极限平衡条件。因此，为了研究土中某点是否破坏，需要首先了解土中该点的应力状态。下面仅对平面问题情况的应力状态进行讨论。

取土中一微单元体如图 3-3（a）所示，设作用在该微小单元上的两个主应力为 σ_1 和 σ_3（$\sigma_1 > \sigma_3$），在微体内与大主应力 σ_1 作用平面成任意角 α 的 mn 平面上有正应力 σ 和剪应力 τ。为了建立 σ、τ 与 σ_1、σ_3 之间的关系，取微棱柱体 abc 为隔离体如图 3-3（b）所示，将各力分别在水平和垂直方向投影，并建立静力平衡条件，可得：

$$\sigma_3 \mathrm{d}s\sin\alpha - \sigma \mathrm{d}s\sin\alpha + \tau \mathrm{d}s\cos\alpha = 0$$

$$\sigma_1 \mathrm{d}s\cos\alpha - \sigma \mathrm{d}s\cos\alpha - \tau \mathrm{d}s\sin\alpha = 0$$

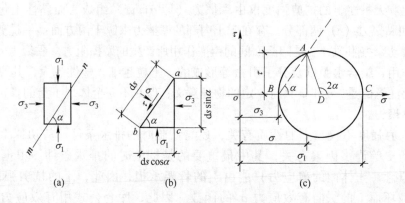

图 3-3   土体中任意点的应力

（a）微单元体上的应力；（b）隔离体 abc 上的应力；（c）莫尔应力圆

联立求解以上两个方程得到 mn 平面上的正应力 σ 和剪应力 τ 分别为：

$$\sigma = \frac{1}{2}(\sigma_1 + \sigma_3) + \frac{1}{2}(\sigma_1 - \sigma_3)\cos 2\alpha \tag{3-3}$$

$$\tau = \frac{1}{2}(\sigma_1 - \sigma_3)\sin 2\alpha \tag{3-4}$$

以上即为土中某一点应力状态的表达公式，它可以由已知的主应力求得任一平面上的应力。这种关系也可用应力莫尔圆来表示，如图 3-3（c）所示。在 σ-τ 直角坐标系中，按一定的比例尺，沿 σ 轴截取 $OB = \sigma_3$，$OC = \sigma_1$，以 BC 中点 D 点为圆心，以 $\sigma_1 - \sigma_3$ 为直径作一圆，从 DC 开始逆时针旋转 2α 角，使 DA 线与圆周交于 A 点，可以证明，A 点的横坐标即为斜面 mn 上的正应力 σ，纵坐标即为剪应力 τ。这样，莫尔圆就可以表示体中一点的应力状态，莫尔圆圆周上各点的坐标就表示该点在相应平面上的正应力和剪应力，该面与大主应力作用面的夹角为 α。

3.2.2.2 土的极限平衡条件及其应用

就某一给定的土（即抗剪强度指标 c、φ 已知），可在 $\sigma\text{-}\tau$ 坐标系中绘出表示其强度特性的强度包线，同时将表示作用于土中某点的应力状态用莫尔圆绘在同一坐标图中，如图 3-4 所示。将二者进行比较，它们之间的关系有以下三种情况：

（1）整个莫尔圆位于抗剪强度包线的下方（圆Ⅰ），说明该点在任何平面上的剪应力都小于土所能发挥的抗剪强度（$\tau < \tau_f$），因此不会发生剪切破坏，该点处于弹性平衡状态；

（2）抗剪强度包线是莫尔圆的一条割线（圆Ⅲ），实际上这种情况是不可能存在的，因为该点任何方向上的剪应力都不可能超过土的抗剪强度（不存在 $\tau > \tau_f$ 的情况）；

（3）莫尔圆与强度包线相切（圆Ⅱ），切点为 A，说明在 A 点所代表的平面上，剪应力正好等于抗剪强度（$\tau = \tau_f$），该点就处于极限平衡状态。圆Ⅱ称为极限应力圆，根据极限应力圆与抗剪强度包线相切的几何关系，如图 3-5 所示，可建立以 σ_1、σ_3 表示的土中一点处于剪切破坏的条件，即极限平衡条件。

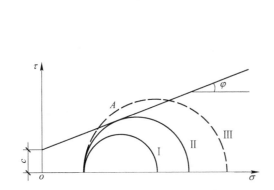

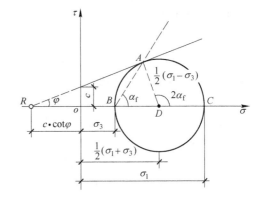

图 3-4　莫尔圆与抗剪强度之间的关系　　　　图 3-5　土的极限平衡条件

对于黏性土,由图 3-5 中直角三角形 RAD 的几何关系可得：

$$\sin\varphi = \frac{\overline{AD}}{\overline{RD}} = \frac{\dfrac{1}{2}(\sigma_1 - \sigma_3)}{c\cot\varphi + \dfrac{1}{2}(\sigma_1 + \sigma_3)} \tag{3-5}$$

对上式进行三角变换,可得到黏性土的极限平衡条件：

$$\sigma_1 = \sigma_3 \tan^2\left(45° + \frac{\varphi}{2}\right) + 2c \cdot \tan\left(45° + \frac{\varphi}{2}\right) \tag{3-6}$$

或

$$\sigma_3 = \sigma_1 \tan^2\left(45° - \frac{\varphi}{2}\right) - 2c \cdot \tan\left(45° - \frac{\varphi}{2}\right) \tag{3-7}$$

对于无黏性土,由于 $c = 0$,由式(3-6)、式(3-7)得：

$$\sigma_1 = \sigma_3 \tan^2 \left(45° + \frac{\varphi}{2} \right) \tag{3-8}$$

$$\sigma_3 = \sigma_1 \tan^2 \left(45° - \frac{\varphi}{2} \right) \tag{3-9}$$

此外,在图 3-5 的三角形 *RAD* 中,由外角与内角的几何关系可得:

$$2\alpha_f = 90° + \varphi$$

即破裂角

$$\alpha_f = 45° + \varphi/2 \tag{3-10}$$

此式说明,破坏面与最大主应力作用面夹角为 45° + $\varphi/2$。由于土的抗剪强度只取决于有效应力,因此,式 (3-10) 中的 φ 取有效内摩擦角 φ' 时才能代表实际的破裂角。

利用式 (3-6) ~ 式 (3-9) 所表示的土的极限平衡条件,可对处于某种应力状态的给定土是否破坏进行判断。其判断的基本原则是,若 σ_1 保持不变,则 σ_3 越大,莫尔圆越远离强度包线,土越稳定;若 σ_3 保持不变,则 σ_1 越大,莫尔圆越接近强度包线,土越接近破坏。例如已知强度指标为 c、φ 的土中某一点所受主应力为 σ_1、σ_3,则将该点主应力代入式 (3-6) 右端,求在应力 σ_3 下破坏时所需要的大主应力 σ_{1f}:

$$\sigma_{1f} = \sigma_3 \tan^2 \left(45° + \frac{\varphi}{2} \right) + 2c \cdot \tan \left(45° + \frac{\varphi}{2} \right)$$

如果 $\sigma_1 = \sigma_{1f}$,则表示土单元刚好处于极限平衡状态;

如果 $\sigma_1 < \sigma_{1f}$,则表示土单元达到极限平衡状态要求的大主应力大于实际的大主应力,土体处于弹性平衡状态;

如果 $\sigma_1 > \sigma_{1f}$,则表示土体已发生破坏。

同理,也可利用式 (3-7),将 σ_1 代入等式右端,求在应力 σ_1 下破坏时所需要的小主应力 σ_{3f},判断土体是否破坏:

如果 $\sigma_3 = \sigma_{3f}$,则表示土体刚好处于极限平衡状态;

如果 $\sigma_3 < \sigma_{3f}$,则表示土单元达到极限平衡状态要求的小主应力小于实际的小主应力,土体已破坏;

如果 $\sigma_3 > \sigma_{3f}$,处于弹性平衡状态。

土的抗剪强度理论可归纳为以下几点:

(1) 土的抗剪强度是土本身和应力状态共同影响的结果,前者体现在土的强度指标 c、φ 值的大小,后者则表现为某一面上抗剪强度与该面上正应力 σ 成正比。

(2) 土的强度破坏是由土中某一面上剪应力达到其抗剪强度所致。

(3) 破裂面不发生在最大剪应力作用面上,而是在应力莫尔圆与强度包线相切的点所代表的面上,即它与大主应力作用面成 45° + $\varphi/2$ 夹角。

(4) 如果同一种土的几个试样在不同大、小主应力组合下剪切破坏,则它们破坏时的极限应力圆的公切线就是该土的抗剪强度包线,据此可求得土的强度指标(c、φ 值)。

【例题 3-1】 已知某地基土的内摩擦角 $\varphi = 30°$,黏聚力 $c = 20$kPa,地基中某点受到的大主应力 $\sigma_1 = 450$kPa,小主应力 $\sigma_3 = 150$kPa,试用解析法判断该点处于何种应力状态。

【解】 当 $\sigma_3 = 150$kPa 时,

$$\sigma_{1f} = \sigma_3 \tan^2 \left(45° + \frac{\varphi}{2} \right) + 2c \tan \left(45° + \frac{\varphi}{2} \right)$$

$$= 150\tan^2\left(45° + \frac{30°}{2}\right) + 2 \times 20 \times \tan\left(45° + \frac{30°}{2}\right)$$

$$= 150 \times 3 + 2 \times 20 \times 1.73$$

$$= 519.2\text{kPa} > \sigma_1 = 450\text{kPa}$$

故土体未破坏，处于弹性平衡状态。

3.3　抗剪强度指标测定及土的剪切特性

土的抗剪强度是土的一个重要力学性能指标。在计算承载力、评价地基的稳定性以及计算挡土墙的土压力时，都要用到土的抗剪强度指标。因此，正确地测定土的抗剪强度在工程上具有重要意义。

抗剪强度的试验方法有多种。在实验室内常用的有直接剪切试验、三轴压缩试验和无侧限抗压强度试验，在现场原位测试的有十字板剪切试验，大型直接剪切试验等。本节着重介绍几种常用的试验方法。

3.3.1　直接剪切试验

直接剪切试验是土的抗剪强度一种常用的测定方法。试验使用的仪器称为直接剪切仪，可分为应变控制式和应力控制式两种。前者是控制试样产生一定位移，测定其相应的水平剪应力；后者则是对试样施加一定的水平剪切力，测定其相应的位移。由于应变控制式直接剪切仪可以得到较为准确的应力—应变关系，并能较准确地调出峰值和终值强度，因此，目前国内普遍采用的是应变控制式直接剪切仪，如图3-6所示。其主要部件为固定的上盒和活动的下盒所组成的剪切容器。试样一般为高20mm、截面积3cm²的扁圆柱形。试验时，由杠杆系统通过加压活塞和透水石对试件施加某一垂直压力 σ，然后等速转动手轮对下盒施加水平推力，使试样在上下盒的水平接触面上产生剪切变形，直至破坏，剪应力的大小可借助与上盒接触的量力环的变形值计算确定。在剪切过程中，随着上下盒相对剪切变形的发展，土样中的抗剪强度逐渐发挥出来，直到剪应力等于土的抗剪强度时，土样剪切破坏，所以土样的抗剪强度可用剪切破坏时的剪应力来量度。在试验过程中可得到剪应力 τ 与剪切变形 δ 的关系曲线，如图3-7（a）所示，通常可取峰值或稳定值作为破坏点。

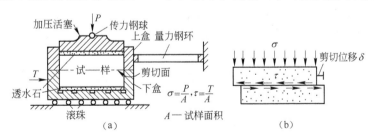

图3-6　应变控制式直剪仪

（a）直剪仪简图；（b）土样受剪情况

对同一种土至少取4个重度和含水量相同的试样，分别在不同垂直压力 σ 下剪切破坏。一般可取垂直压力为100kPa、200kPa、300kPa、400kPa，将试验结果绘制成如图3-7

（b）所示的抗剪强度 τ_f 和垂直压力 σ 之间关系。试验结果表明，对于黏性土，τ_f-σ 基本上成直线关系。该直线与横轴的夹角为内摩擦角 φ，在纵轴上的截距为黏聚力 c。

为了近似模拟土体现场受剪的排水条件，直接剪切试验可分为快剪、固结快剪和慢剪三种方法：

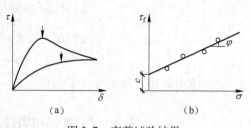

图 3-7　直剪试验结果
（a）剪应力与剪切变形关系曲线；（b）强度曲线

（1）快剪试验是在试样施加竖向压力 σ 后，立即快速施加水平剪应力使试样在 3 ~ 5min 内剪切破坏。由于剪切速率快，可认为试样在短暂剪切过程中来不及排水固结。得到的强度指标用 c_q、φ_q 表示。

（2）固结快剪允许试样在竖向压力下充分排水，待固结稳定后，再快速施加水平剪应力，使试样在 3 ~ 5min 内剪切破坏。得到的强度指标用 c_{cq}、φ_{cq} 表示。

（3）慢剪试验则是允许试样竖向压力下排水，待固结稳定后，以缓慢速率施加水平剪应力，使试样在剪切过程中有充分时间排水固结，直至剪切破坏，得到的强度指标用 c_s、φ_s 表示。

直接剪切仪具有构造简单，操作方便等优点，但它存在一些缺点，主要有：

（1）剪切面限定在上下盒之间的平面，而不是沿土样最薄弱的面剪切破坏。

（2）剪切面上剪应力分布不均匀，土样剪切破坏先从边缘开始，在边缘发生应力集中现象。

（3）在剪切过程中，土样剪切面逐渐缩小，而在计算抗剪强度时却是按土样的原截面积计算的。

（4）试验时不能严格控制排水条件。不能量测孔隙水压力，在进行不排水剪切时，试件仍有可能排水，特别是对于饱和黏性上，由于它的抗剪强度受排水条件的影响显著，故试验结果不够理想。但由于它具有前面所说的优点，故仍为一般工程广泛采用。

3.3.2　三轴压缩试验

3.3.2.1　试验原理及试验仪器

三轴压缩试验直接量测的是试样在不同恒定周围压力下的抗压强度，然后利用库仑破坏理论推求土的抗剪强度。

三轴压缩试验所采用的三轴压缩仪，是目前测定土抗剪强度指标的较为完善的仪器。三轴压缩仪主要由压力室、加压系统和量测系统三大部分组成。图 3-8 是三轴压缩仪压力室的示意图。它是一个由金属顶盖、底座和透明有机玻璃圆筒组成的密闭容器。试样为圆柱形，高度与直径之比一般为 2 ~ 2.5。试样安装在压力室中，外用橡皮膜包裹，橡皮膜扎紧在试样帽和底座上。试样

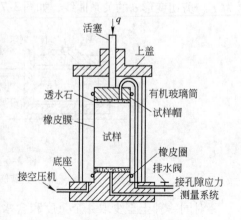

图 3-8　三轴压缩仪压力室示意图

的周围压力，由与压力室直接相连的压力源（空压机或其他稳压装置）来供给。试样的
轴向压力增量，由与顶部试样帽直接接触的传压活塞杆来传递（对于应变控制式三轴仪，
轴向力的大小可由经过率定的量力环测定，轴向力除以试样的横断面积后可得附加轴向压
力 q，也称偏应力）使试样受剪，直至剪破。在受剪过程中同时要测读试样的轴向压缩
量，以便计算轴向应变 ε_a。三轴是指一个竖向和两个侧向而言，由于压力室和试样均为
圆柱形，因此，两个侧向（或称周围）的应力相等并为小主应力 σ_3，而竖向（或轴向）
应力为大主应力 σ_1。在增加 σ_1 时保持 σ_3 不变，这种条件下的试验称为常规三轴压缩试
验，或轴对称三轴压缩试验。

　　进行常规三轴试验时，将试样用橡皮膜包裹密封后置于压力室中，通过周围压力系统
向压力室充水后施加所需的压力，使试样在各向受到周围压力 σ_3。此时试样处于各向等
压状态，即 $\sigma_1 = \sigma_2 = \sigma_3$，因此试样中不产生剪应力，如图 3-9（a）所示。然后由轴向加
荷系统通过传力杆对试样施加竖向压力 $\Delta\sigma_1$，这样竖向主应力 $\sigma_1 = \sigma_3 + \Delta\sigma_1$ 就大于水平
向主应力 σ_3。当 σ_3 保持不变，而 σ_1 逐渐增大时，以 σ_3 为小主应力、σ_1 为大主应力所
画的应力圆也不断增大。当应力达到一定大小时，试样受剪破坏，相应的应力圆即为极限
应力圆，如图 3-9（b）所示。

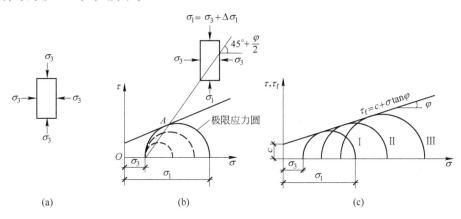

图 3-9　三轴压缩试验试样受力过程及试验原理
（a）周围压力；（b）受剪直至达到极限状态；（c）得到抗剪强度包线

　　在给定围压 σ_3 作用下，一个试样试验得到一个极限应力圆。为了求得强度包线，一
般需要对同一种土用 3～4 个土样，分别在不同围压 σ_3 作用下进行剪切，即按照上述方法
试验，得出剪切破坏时的大主应力 σ_1，将这些结果绘成一组极限应力圆，并作这些应力
圆的公共切线，该线即为土的抗剪强度包线，如图 3-9（c）所示。通常取此包线为一条
直线，该直线在纵轴上的截距为黏聚力 c，与横轴的夹角为内摩擦角 φ。

　　对应于直接剪切试验的快剪、固结快剪和慢剪试验，三轴压缩试验也可分为不固结不
排水剪、固结不排水剪和固结排水剪三种试验方法。

3.3.2.2　不固结不排水剪（UU 试验）

　　试样在施加周围压力和随后施加竖向压力直至剪切破坏的整个过程中，自始至终关闭
排水阀，不允许土中水排出，即在施加周围压力和剪切力时均不允许试样发生排水固结，
因此从开始加压直至试样剪坏的全过程中，土中含水量保持不变，试样的体积也不变。图

3-10 是饱和黏性土的不固结不排水剪切试验结果。图 3-10 中圆 A、B、C 分别表示同一种土的三个试样在不同周围压力 σ_3 下的总应力圆。由于土样不排水，增加 σ_3 只能引起孔隙水压力增加，不能使土样中有效应力增加，故在 τ-σ 图上表现为三个极限应力圆直径相等，因此，其破坏包线是一条水平线，即

$$\varphi_u = 0$$

$$\tau_f = c_u = \frac{1}{2}(\sigma_1 - \sigma_3) \qquad (3\text{-}11)$$

式中　φ_u，c_u——不排水内摩擦角和不排水抗剪强度。

这种试验方法可用来模拟饱和软黏土在快速加荷时的应力状况。

3.3.2.3　固结不排水剪（CU 试验）

固结不排水试验是在施加周围压力后打开排水阀，允许土中水排出，待固结稳定后关闭排水阀，然后在不排水条件下施加竖向压力至试样剪切破坏。

图 3-11 为饱和黏性土固结不排水剪切试验结果。图中实线为破坏时的总应力圆及相应的破坏包线，总应力指标为 c_{cu} 和 φ_{cu}；虚线为破坏时的有效应力圆及相应的破坏包线，有效应力指标为 c' 和 φ'（$\varphi' > \varphi_{cu}$）。于是，固结不排水剪总应力强度包线可表示为：

$$\tau_f = c_{cu} + \sigma \tan\varphi_{cu} \qquad (3\text{-}12)$$

其有效应力强度包线可表示为：

$$\tau_f = c' + \sigma' \tan\varphi' \qquad (3\text{-}13)$$

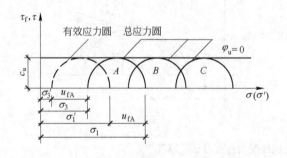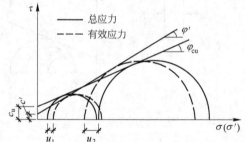

图 3-10　饱和黏性土的不固结不排水剪切试验结果　　图 3-11　饱和黏性土固结不排水剪切试验结果

3.3.2.4　固结排水剪（CD 试验）

固结排水试验在施加周围压力 σ_3 和竖向压力 $\Delta\sigma_1$ 时均允许试样充分排水固结。因此，在整个试验过程中，试样中的孔隙水压力始终为零，总应力最终全部转化为有效应力，总应力破坏包线就是有效应力破坏包线。用这种试验所测得的抗剪强度称为排水强度，相应的抗剪强度指标为排水剪强度指标 c_d 和 φ_d。试验证明，固结排水试验的强度指标 c_d 和 φ_d，与固结不排水剪试验得到的 c' 和 φ' 很接近，由于固结排水剪试验所需时间很长，故实际上常用 c'、φ' 代替 c_d、φ_d。

三轴压缩仪的突出优点是能较为严格地控制排水条件以及可以量测试件中孔隙水压力的变化。此外，试件中的应力状态也比较明确，破裂面是在最弱处，而不像直接剪切仪那样限定在上下盒之间。一般来说，三轴压缩试验的结果比较可靠，对一些重要的工程项目，必须用三轴剪切试验测定土的强度指标；三轴压缩仪还用以测定土的其他力学性质，

因此，它是土工试验不可缺少的设备。三轴压缩试验的缺点是试件的中主应力 $\sigma_2 = \sigma_3$，而实际上土体的受力状态未必都属于这类轴对称情况。

3.3.3 无侧限抗压强度试验

无侧限抗压强度试验实际上是三轴压缩试验的一种特殊情况，即周围压力 $\sigma_3 = 0$ 的三轴试验。无侧限抗压强度试验所使用的无侧限压力仪，如图 3-12（a）所示，试验时，在不加任何侧向压力的情况下，对圆柱体试样施加轴向压力，直至试样剪切破坏为止。试样破坏时的轴向压力以 q_u 表示，称为无侧限抗压强度。

无侧限抗压强度试验宜在 8～12min 内完成。由于试验时间较短，可以认为试样在剪切过程中处于不排水状态。由于 $\sigma_3 = 0$，试验结果只能作出一个极限应力圆（$\sigma_1 = q_u$，$\sigma_3 = 0$），如图 3-12（b）所示。根据三轴不固结不排水剪切试验结果，饱和黏性土的三轴不固结不排水试验结果表明，其破坏包线为一水平线，即 $\varphi_u = 0$，因此，对于饱和黏性土的不排水抗剪强度，可以利用无侧限抗压强度 q_u 来得到，即

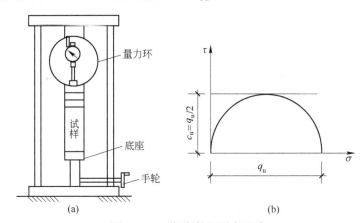

图 3-12 无侧限抗压强度试验

（a）无侧限压力仪；（b）试验结果

$$\tau_f = c_u = \frac{q_u}{2} \tag{3-14}$$

式中 c_u，q_u——土的不排水抗剪强度和无侧限抗压强度。

无侧限压力仪设备简单，操作方便，工程上常用来测定饱和软黏土的不排水强度和灵敏度。

灵敏度用来衡量黏性土结构性对强度的影响。天然状态下的黏性土通常都有一定结构性，当受到外来因素扰动时，土粒间胶结物质以及土粒、水分子和离子所组成的平衡体系受到破坏，土的强度降低。土的灵敏度以原状土无侧限抗压强度 q_u 与同一土径重塑（指在含水量不变条件下使土的结构彻底破坏）后的无侧限抗压强度 q'_u 之比，即 $S_t = q_u / q'_u$。

3.3.4 十字板剪切试验

前面介绍的三种室内抗剪强度试验方法都需要事先取得原状土样，同时在取样、运输和制备等过程中应尽量减少对原状样的扰动，否则试验结果不能代表天然状态下的情况。对于无法取得原状土样的土类，如在自重作用下不能保持原形的软黏土，其抗剪强度的测

定应采用现场原位测试的方法进行。

十字板剪切仪是一种使用方便的原位测试仪器，通常用以测定饱和黏性土的原位不排水强度，特别适用于均匀饱和软黏土中。

十字板剪切仪由板头、加力装置和量测装置三部分所组成。设备装置简图如图 3-13 所示。板头是两片正交的金属板，厚 2mm，刃口成 60°，常用尺寸为 D（宽）× H（高）= 50mm × 100mm。试验时，先将套管打到预定深度，清除管内的土，将十字板安装在钻杆的下端，并通过套管压入土中，压入深度约 750 mm。然后由地面的扭力设备以一定的转速对钻杆施加扭矩，带动十字板旋转，使板内的土体与其周围的土体发生剪切，直至破坏，此时在土层中产生的剪切破坏面接近于一个圆柱面，其直径与高度分别等于十字板的宽度和高度。设圆柱侧面和上下表面土的抗剪强度相等，通过量力设备可测得破坏时的扭矩 M，它应等于圆柱形土体侧面和上、下表面的抵抗力矩之和，由此可求得不排水抗剪强度：

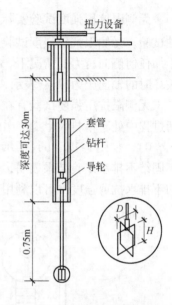

$$\tau_f = \frac{M_{max}}{\frac{\pi D^2}{2}\left(\frac{D}{3}+H\right)} \qquad (3-15)$$

图 3-13　十字板剪切试验示意图

十字板剪切试验的优点是不需要取土，对土的结构性扰动较小，仪器构造简单，操作方便，被认为是目前测定饱和软黏土抗剪强度的较好方法。这种试验得到的软黏土不排水抗剪强度通常比无侧限抗压强度试验结果偏大，但较能反映实际情况。

3.3.5　土的抗剪强度指标的选择

实际工程中对土体稳定性分析的可靠性，很大程度上取决于抗剪强度试验方法和对强度指标的正确选择。对同样种土，强度指标与试验方法、试验条件都有关，实验室试验条件应尽量模拟现场条件。

3.3.5.1　无黏性土

对于砂土，由于透水性大、排水快，通常只进行排水试验。但饱和松砂在受到动荷载作用（例如地震），由于孔隙水压力来不及排出，孔隙水压力不断增加，就有可能使有效应力降低到零，因而使砂土像流体那样完全失去抗剪强度。这种现象称为砂土的液化。

由于采取原状样较困难，对天然状态砂土，工程上通常由标准贯入试验锤击数 N，按经验公式确定砂土的内摩擦角。

试验研究表明，松砂内摩擦角大致与干砂天然休止角相等。所谓天然休止角是指干燥砂土自然堆积所形成的自然坡角。因此，松砂内摩擦角可通过简单的天然休止角试验确定。

3.3.5.2　饱和黏性土

在实际工程中，如何选择黏性土强度试验方法，是一个很值得注意的问题。应该根据工程特点、施工时加荷速率、土的性质及排水条件等给以综合考虑确定。一般工程问题多采用总应力分析法，其指标和测试方法的选择大致如下：

若建筑物施工速度较快，而地基土的透水性和排水条件不良时，可采用三轴不固结不排水试验或直剪仪快剪试验的结果；如果地基荷载增长速率较慢，地基土的透水性不太小（如低塑性的黏土）以及排水条件又较佳时（如黏土层中夹砂层），则可以采用固结排水或慢剪试验；如果介于以上两种情况之间，可用固结不排水或固结快剪试验结果。由于实际加荷情况和土的性质是复杂的，而且在建筑物的施工和使用过程中都要经历不同的固结状态，因此，在确定强度指标时还应结合工程经验。

【例题 3-2】 某饱和黏性土样的有效应力抗剪强度指标为 $c' = 20\text{kPa}$，$\varphi' = 30°$，若对该土样进行三轴固结不排水试验，施加围压为 200kPa，土样破坏时的孔隙水压力为 160kPa，求土样破坏时的最大主应力、破坏面上的法向应力和剪应力以及试件中的最大剪应力（均按有效应力计算）。

【解】
$$\sigma_3' = 200 - 160 = 40\text{kPa}$$

$$\sigma_1' = \sigma_3' \tan^2\left(45° + \frac{\varphi}{2}\right) + 2c\tan\left(45° + \frac{\varphi}{2}\right)$$
$$= 40 \times \tan^2(45° + 15°) + 2 \times 20 \times \tan(45° + 15°)$$
$$= 189.3\text{kPa}$$

则破坏面上法向应力 σ_f' 和剪应力 τ_f，以及最大剪应力 $\tau_{\max}$ 分别为：

$$\sigma_f' = \frac{\sigma_1' + \sigma_3'}{2} + \frac{\sigma_1' - \sigma_3'}{2}\cos 2\alpha_f = \frac{189.3 + 40}{2} + \frac{189.3 - 40}{2}\cos 2(45° + 15°) = 77.3\text{kPa}$$

$$\tau_f = \frac{\sigma_1' - \sigma_3'}{2}\sin 2\alpha_f = \frac{189.3 - 40}{2}\sin 2(45° + 15°) = 64.6\text{kPa}$$

$$\tau_{\max} = \frac{\sigma_1' - \sigma_3'}{2} = 74.7\text{kPa}$$

小 结

（1）土的强度是土力学最重要问题之一。地基承载力、土压力和土坡稳定都是土强度稳定的典型问题。随着条件变化（荷载变化、土性变化等），由土体内一点强度破坏逐渐发展到局部强度破坏，最后形成一连续破裂面达到工程失稳。

（2）一点土的抗剪强度取决于两方面的因素：一方面是土本身的性质，即内因，包括土颗粒组成、密度、含水量、结构等；另一方面是应力状态和排水条件，即外因。两方面因素的变化都有可能引起土强度的变化。土的抗剪强度用库仑公式描述。

（3）土的强度及强度指标可通过直剪实验、三轴压缩试验、无侧限抗压强度试验和十字板剪切试验等获得。这些不同实验方法得到的结果既有联系，又有区别，各自有其适用条件和范围。

（4）判断一定应力状态下一点土体是否破坏，可以通过破裂面上剪应力与抗剪强度的比较进行，也可由主应力状态表达的实际应力状态与处于极限平衡状态的应力状态（极限平衡条件）的比较进行。

（5）土的强度指标有有效应力与总应力指标之分，又有不同固结与排水条件的强度指标。实际工程中采用何种指标，主要取决于土的透水性和荷载施加速率两方面因素，原则是获取强度指标的试验条件与实际工程条件尽可能一致。

（6）液化是饱和砂土强度破坏的一种特例，在土力学和岩土工程中是一个十分重要的概念。

习　题

3-1　在某砂土地基中取样进行直剪试验，测得破坏时的应力如下表所示，试确定该土的内摩擦角、内聚力。若该砂土地基中某点所受到的大主应力 $\sigma_1 = 300\text{kPa}$，小主应力 $\sigma_3 = 100\text{kPa}$，试判断该点处于何种状态。

试 样 编 号	1	2	3	4
破裂面上剪切破坏时的法向应力 σ/kPa	50.00	100.00	200.00	300.00
破裂面上剪切破坏时的剪应力 τ/kPa	28.87	57.74	115.48	173.22

3-2　对某土样进行无侧限抗压强度试验测得土样破坏时抗压强度 $q_u = 380\text{kPa}$，并测得土样剪切破坏面与水平面的夹角为 $57°$，试求该土的 c、φ 值。

3-3　已知某黏性土层的内摩擦角 $\varphi = 30°$，黏聚力 $c = 25\text{kPa}$。取土样进行三轴压缩试验，施加围压 $\sigma_3 = 200\text{kPa}$，问当竖向总应力 $\sigma_1 = 500\text{kPa}$ 时试样是否剪切破坏？

3-4　用两相同的土样进行三轴压缩试验，一个在 $\sigma_3 = 40\text{kPa}$ 和 $\sigma_1 = 160\text{kPa}$ 下剪破，另一个在 $\sigma_3 = 120\text{kPa}$ 和 $\sigma_1 = 400\text{kPa}$ 下剪破，试求 c、φ 及剪破面的方向。

4 土压力、地基承载力和土坡稳定

4.1 概 述

本章介绍土压力、地基承载力和土坡稳定问题。这些问题都是土的抗剪强度理论在岩土工程中的具体应用，目的是保证这类问题的工程稳定。

挡土墙是用来支撑天然或人工斜坡不致坍塌，以保持土体稳定的一种结构，它在水利、铁路、公路、桥梁、港口、房屋建筑等各类工程中得到广泛应用，如房屋地下室外墙，支撑建筑物周围填土的挡土墙、桥台，用于基坑支护的各种支挡结构等，如图 4-1 所示。

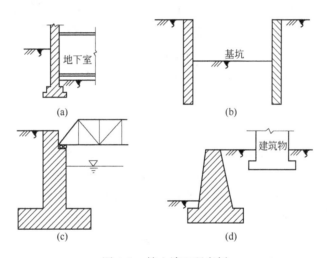

图 4-1 挡土墙工程实例

（a）地下室侧墙；（b）基坑支护结构；（c）桥台；（d）支撑建筑物周围填土的挡土墙

作为一种挡土结构，其作用是保持墙后土体的稳定，自身要受到墙后土体和外荷载引起的侧向压力，即土压力的作用。土压力是进行挡土墙设计和稳定性验算的主要荷载。对土压力的研究包括土压力性质（土压力的大小、方向、作用点），土压力的影响因素等。

在进行建筑物地基基础设计时，必须满足承载力和变形两方面的要求。地基承载力是指地基土单位面积上所能承受的荷载，以 kPa 计。在实际工程中，首先要确保不发生建筑物地基失稳，即基底压力不超过地基承载力，否则建筑物就有倾斜甚至倒塌的危险。因此在进行建筑物基础设计时，首先需要确定地基的承载力值。

工程中经常会遇到各种天然土坡和人工土坡，土坡的稳定性对其周围环境和建筑物有直接影响。因此，应对土坡的稳定性进行评价，并对不稳定土坡采取适当的工程措施以确保工程稳定。

4.2　挡土结构上的土压力

挡土墙支撑墙后土体，保持土体稳定，必然要承受墙后土体自重和外荷载对其产生的侧向压力的作用，这种侧压力就是土压力。在进行挡土墙结构设计时，首先要确定作为主要荷载的土压力的性质、大小、方向和作用点。

土压力的计算是个比较复杂的问题，它受许多因素的影响。按挡土墙位移的方向、大小，可将作用在挡土墙上的土压力分为三种：静止土压力、主动土压力、被动土压力，如图 4-2 所示。

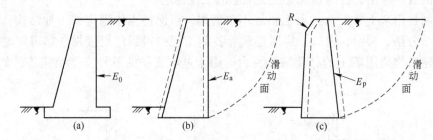

图 4-2　挡土墙的三种土压力

（a）静止土压力；（b）主动土压力；（c）被动土压力

4.2.1　静止土压力

如果挡土墙和墙后土体不发生变形和位移，则土体处于弹性平衡状态，这时作用在挡土墙上的土压力称为静止土压力，一般用 E_0 表示。由于楼面的支撑作用，房屋地下室外墙几乎不发生位移，作用在外墙后填土的侧压力可按静止土压力计算。静止土压力强度 σ_0 等于土在自重作用下无侧向变形时的水平向应力，即

$$\sigma_0 = K_0 \gamma z \tag{4-1}$$

式中　σ_0——静止土压力强度，kPa；

　　　K_0——静止土压力系数，或土的侧压力系数；

　　　γ——土的重度，kN/m^3。

静止土压力系数 K_0 一般可按经验公式 $K_0 = 1 - \sin\varphi'$（φ' 为土的有效内摩擦角）计算，也可参考表 2-1 取值。

由式（4-1）可知，静止土压力沿墙高为三角形分布。若取单位墙长，则作用在墙上的静止土压力合力 E_0（kN/m）即为此三角形的面积，即：

$$E_0 = \frac{1}{2}\gamma H^2 K_0 \tag{4-2}$$

E_0 的作用点在距离墙底 $H/3$ 处。

4.2.2　主动土压力

挡土墙在土压力作用下向远离墙后土体的方向移动，作用在挡土墙上的土压力由静止

土压力逐渐减小,当位移达到一定程度时,墙后土体处于主动极限平衡状态,这时作用在挡土墙上的土压力为最小,称为主动土压力,一般用 E_a 表示。沿墙高方向单位面积上的主动土压力(强度)用 σ_a (kPa)表示,沿墙长方向单位长度上土压力合力为 E_a (kN/m)。主动土压力一般以荷载的形式出现。

4.2.3 被动土压力

挡土墙在外荷载作用下(如拱桥桥台受到拱桥的推力作用、基坑底面下支护结构受到坑内侧土压力等)向墙后土体方向移动并挤压土体,作用在挡土墙上的土压力由静止土压力逐渐增大,当位移达到一定程度时,墙后土体开始出现连续滑动面,此时作用在挡土墙上的土压力最大,墙后土体处于被动极限平衡状态,这时作用在挡土墙上的土压力称为被动土压力,一般用 E_p 表示。被动土压力一般作为抗力出现。

土压力的大小及分布与挡土墙后土体的性质、挡土墙本身的性质以及挡土墙的位移有关,其中以挡土墙的位移对土压力的影响最大。在大部分情况下,作用在挡土墙上的土压力介于上述三种土压力之间。图4-3是土压力与挡土墙位移之间的关系,由图可见产生被动土压力所需的位移远大于产生主动土压力所需的位移,在相同情况下,三种土压力有如下关系:

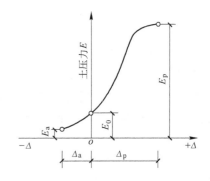

图4-3 挡土墙位移与土压力的关系

$$E_a < E_0 < E_p \tag{4-3}$$

由主动土压力和被动土压力概念可知,墙后土体性质不同,土压力不同。土体性质越好(c、φ 值越大),则主动土压力越小,而被动土压力越大;反之亦然。

4.3 土压力计算的经典理论

目前对主动土压力和被动土压力的计算分析方法主要有朗肯土压力理论和库仑土压力理论。朗肯土压力理论是由英国学者朗肯(Rankine. W. J. M, 1857)提出的,是土压力计算中两个著名的古典土压力理论之一,另一个是库仑(Coulomb. C. A, 1776)土压力理论。由于朗肯土压力理论概念明确、方便简洁,故得到广泛应用。

4.3.1 朗肯土压力理论

朗肯土压力理论是根据半空间应力状态和土的极限平衡条件得出的一种土压力计算方法。

4.3.1.1 基本原理

朗肯研究自重应力下,半无限土体内各点应力从弹性平衡状态发展为极限平衡状态的条件,提出计算挡土墙土压力的理论,如图4-4所示。朗肯土压力理论分析时假设:

(1)墙后填土面水平;

(2)墙背竖直(垂直于填土面);

(3)墙背光滑。

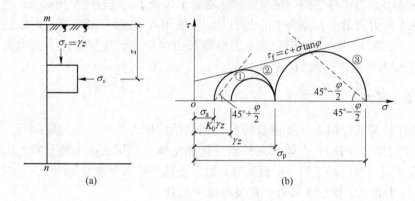

图 4-4   朗肯土压力极限平衡状态

从这些假设出发，墙背处没有摩擦力，土体的竖直面和水平面没有剪应力，故竖直方向和水平方向的应力为主应力。而竖直方向的应力即为自重应力。如果挡土墙在施工阶段和使用阶段没有发生任何侧移和转动，则水平方向的应力就是静止土压力，也即土的水平自重应力。这时距离填土面深度 z 处一点的应力状态可由图 4-4（b）中应力圆①表示。显然，该点处于弹性平衡状态。

当挡土墙向离开土体方向移动，则土体向水平方向延伸，因而使水平向应力（小主应力 σ_3）减小，而竖直向应力（大主应力 σ_1）不变。当挡土墙位移足够大时，应力圆与土体强度包线 τ_f 相切，即应力圆②，表示土体达到主动极限平衡状态，σ_h 至最小值，即为主动土压力强度 σ_a。如果挡土墙的位移使墙高度范围内土体每一点都达到主动极限平衡状态，并形成一系列平行的破裂面，此时作用在墙背上的水平向小主应力即为主动土压力。由于墙背处任一点大、小主应力方向相同，故破裂面为平面，且与水平面（大主应力作用面）成 $45° + \varphi/2$ 的角度。

相反，如果挡土墙向墙后土体方向移动，挤压土体，则水平方向应力增加。当水平方向应力超过竖直向应力时，水平向应力成为大主应力，而竖直向应力成为小主应力（不变）。当挡土墙位移足够大时，应力圆与土体强度包线 τ_f 相切，即应力圆③，表示土体达到被动极限平衡状态，当挡土墙的位移使墙高度范围内土体每一点都达到被动极限平衡状态，并形成一系列平行的破裂面，此时作用在墙背上的水平向大主应力即为被动土压力。而破裂面为与水平面（小主应力作用面）成 $45° - \varphi/2$ 的角度。

4.3.1.2   主动土压力

当土体处于朗肯主动极限平衡状态时，$\sigma_v = \gamma z$ 为大主应力，$\sigma_h = \sigma_a$ 为小主应力，即主动土压力强度 σ_a，由上述分析和土的强度理论中土体极限平衡条件可知：

无黏性土：

$$\sigma_a = \gamma z \tan^2\left(45° - \frac{\varphi}{2}\right)$$

$$= \gamma z K_a \tag{4-4}$$

黏性土：

$$\sigma_a = \gamma z \tan^2\left(45° - \frac{\varphi}{2}\right) - 2c\tan\left(45° - \frac{\varphi}{2}\right)$$

$$= \gamma z K_a - 2c\sqrt{K_a} \tag{4-5}$$

式中 K_a——主动土压力系数，$K_a = \tan^2 (45° - \dfrac{\varphi}{2})$；

γ——墙后填土的重度，kN/m^3，地下水位以下用有效重度；

c，φ——墙后填土的抗剪强度指标黏聚力（kPa）和内摩擦角（°）。

由式（4-4）、式（4-5）可见，无黏性土主动土压力沿墙高为直线分布，即与深度 z 成正比，如图 4-5（b）所示。若取单位墙长计算，则主动土压力（合力）为：

$$E_a = \frac{1}{2}\gamma H^2 \tan^2 (45° - \frac{\varphi}{2})$$

$$= \frac{1}{2}\gamma H^2 K_a \tag{4-6}$$

E_a 通过三角形的形心，即作用在距墙底 $H/3$ 处。

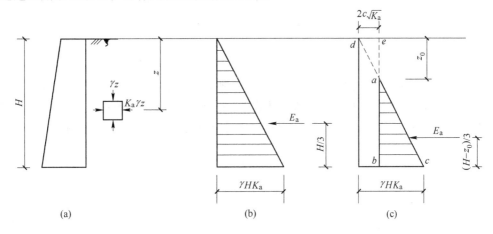

图 4-5　主动土压力沿墙高的分布
（a）主动土压力的计算；（b）无黏性土；（c）黏性土

对于黏性土，其主动土压力由两部分组成，一部分由土自重引起，即 $\gamma z K_a$，它与墙高成正比，另一部分由土的黏聚力引起，即 $2c\sqrt{K_a}$，这一部分与墙高无关。两部分叠加后的土压力分布如图 4-5（c）所示，其中墙顶部土压力 ade 部分是负侧压力，即为拉力。实际上墙与土在很小拉力作用下就会分离，即挡土墙不承受拉力，故在计算土压力时，这部分应略去不计。因此，黏性土的土压力分布只有 abc 部分。

a 点处的深度 z_0 称为临界深度，有

令 $$\sigma_a = \gamma z_0 K_a - 2c\sqrt{K_a} = 0$$

可得 $$z_0 = \frac{2c}{\gamma\sqrt{K_a}} \tag{4-7}$$

临界深度表示土体不需要支挡可由自身保持直立的高度，在建筑基坑支护中，该直立高度范围内的土体可不采取支护措施。此外，也可用这一概念用直立高度估算土的黏聚力 c。

若取单位墙长计算，则黏性土主动土压力 E_a 为三角形 abc 的面积，即有

$$E_a = \frac{1}{2}(H - z_0)(\gamma H K_a - 2c\sqrt{K_a})$$

$$= \frac{1}{2}\gamma H^2 K_a - 2cH \sqrt{K_a} + \frac{2c^2}{\gamma} \tag{4-8}$$

主动土压力 E_a 通过三角形 abc 的形心，即作用点距墙底 $(H - z_0)/3$ 处。

4.3.1.3　被动土压力

与主动土压力分析过程一样，当土体处于朗肯被动极限平衡状态时，$\sigma_v = \gamma z$ 为小主应力，σ_h 为大主应力，即被动土压力强度 σ_p，即有：

无黏性土：
$$\sigma_p = \gamma z \tan^2(45° + \frac{\varphi}{2})$$
$$= \gamma z K_p \tag{4-9}$$

黏性土：
$$\sigma_p = \gamma z \tan^2(45° + \frac{\varphi}{2}) + 2c \tan(45° + \frac{\varphi}{2})$$
$$= \gamma z K_p + 2c \sqrt{K_p} \tag{4-10}$$

式中　K_p——被动土压力系数，$K_p = \tan^2(45° + \frac{\varphi}{2})$。

被动土压力沿墙高也为直线分布，如图 4-6 所示，无黏性土的被动土压力呈三角形分布，如图 4-6（b）所示，黏性土的被动土压力则呈梯形分布，如图 4-6（c）所示。若取单位墙长计算，则被动土压力 E_p 同样可由被动土压力强度所围成的面积求得，即：

无黏性土
$$E_p = \frac{1}{2}\gamma H^2 K_p \tag{4-11}$$

黏性土
$$E_p = \frac{1}{2}\gamma H^2 K_p + 2cH \sqrt{K_p} \tag{4-12}$$

无黏性土中被动土压力作用点距墙底 $H/3$ 处，而在黏性土中，被动土压力作用点通过梯形形心，可将梯形分为矩形和三角形两部分求得。

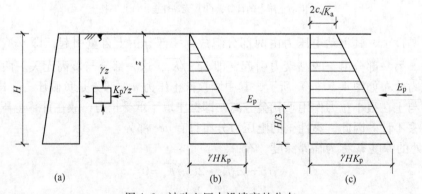

图 4-6　被动土压力沿墙高的分布

（a）被动土压力的计算；（b）无黏性土；（c）黏性土

朗肯土压力理论从土的应力状态和极限平衡条件导出计算公式，概念明确，公式简单。但由于其假定，使得适用范围受到限制。一般挡土墙墙背与土体存在的摩擦使得主动土压力减小而被动土压力增大。所以用朗肯土压力理论计算是偏于安全的。采用被动土压力作为结构物的支承力时，产生被动土压力所需的位移量较大，可能超过结构物的允许值。

对于挡土墙墙背粗糙或倾斜、墙后填土面非水平的情况，可采用库仑土压力理论计算土压力。

4.3.1.4 几种常见情况的主动土压力计算

A 墙后填土面作用有均布荷载（超载）

当墙后填土表面作用有均布荷载 q（kPa）时，根据前述分析朗肯土压力基本原理的过程，当土体静止不动时，深度 z 处应力状态应考虑 q 的影响，竖向应力为 $\sigma_v = \gamma z + q$，$\sigma_h = K_0 \sigma_v = K_0 (\gamma z + q)$。当达到主动极限平衡状态时，大主应力不变，即 $\sigma_1 = \sigma_v = \gamma z + q$，小主应力减小至主动土压力，即 $\sigma_a = \sigma_3$。

无黏性土
$$\sigma_a = \sigma_3 = \sigma_1 \tan^2 \left(45° - \frac{\varphi}{2}\right)$$
$$= (\gamma z + q) \tan^2 \left(45° - \frac{\varphi}{2}\right)$$
$$= (\gamma z + q) K_a \tag{4-13}$$

黏性土
$$\sigma_a = \sigma_3 = \sigma_1 \tan^2 (45° - \varphi/2) - 2c \tan \left(45° - \frac{\varphi}{2}\right)$$
$$= (\gamma z + q) \tan^2 (45° - \varphi/2) - 2c \tan \left(45° - \frac{\varphi}{2}\right)$$
$$= (\gamma z + q) K_a - 2c \sqrt{K_a} \tag{4-14}$$

由式（4-13）和式（4-14）及图 4-7 可见，对于有均布荷载 q 作用的情况，其土压力由两部分组成，一部分为不考虑 q 时的土压力，另一部分为 q 引起的，后者为 qK_a。对于无黏性土，主动土压力沿墙高分布呈梯形，作用点在梯形的形心，如图 4-7 所示；对于

黏性土，临界深度 $z_0 = \dfrac{2c\sqrt{K_a} - qK_a}{\gamma K_a}$。当 $z_0 < 0$ 时，土压力为梯形分布；$z_0 \geq 0$ 时，土压力为三角形分布。沿挡土墙长度方向每延米的土压力为土压力沿墙高分布图所围成的面积。

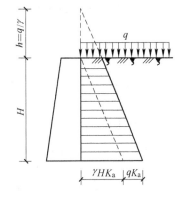

图 4-7 墙后填土面有均布荷载的土压力计算

B 墙后成层填土

实际工程中，挡土墙后填土往往有几种不同的土层组成，墙后任意深度 z 处主动土压力强度实际上是由该点处土体自重应力和土体的黏聚力两部分的影响组成，即

$$\sigma_{ai} = K_{ai} \sigma_{vi} - 2c_i \sqrt{K_{ai}} = K_{ai} \sum_{j=1}^{i} \gamma_j z_j - 2c_i \sqrt{K_{ai}} \tag{4-15}$$

其中 K_{ai} 为由计算点处土层的内摩擦角 φ_i 确定的主动土压力系数。

由此可见，对墙后填土成层的情况，土压力分布线可能出现两种情况：各层土的土压力线斜率（γK_a）发生变化，或者在土层交界面处土压力线发生突变，这是由于各层土的主动土压力系数、土的重度以及土的黏聚力不同所致。如图 4-8 所示，在上下两层土交界面 B 点处，上下两层土中的主动土压力分别为：

$$\sigma_{aB上} = \gamma_1 h_1 K_{a1} - 2c_1 \sqrt{K_{a1}}$$

$$\sigma_{aB下} = \gamma_1 h_1 K_{a2} - 2c_2 \sqrt{K_{a2}}$$

一般来说，$\sigma_{aB上} \neq \sigma_{aB下}$，故在土层交界面上会有土压力的突变；而由于 $\gamma_1 K_{a1} \neq \gamma_2 K_{a2}$，上下两层土中土压力分布线的斜率也不同。

C　墙后填土有地下水

当墙后填土中有地下水时，作用在挡土墙上的侧压力包括土压力和水压力两部分，如图 4-9 所示。

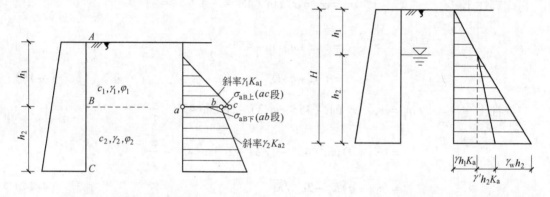

图 4-8　成层填土的土压力计算　　　　图 4-9　填土中有地下水时土压力的计算

地下水位以下部分自重应力计算应采用土的有效重度 γ'，故土压力按前述方法计算，相应的采用有效重度 γ' 即可。

水对墙背产生的侧压力，取侧压力系数为 1。

在土压力计算时，假设地下水位上下土的内摩擦角没有变化。但实际上，地下水的存在会使土的含水量增加，抗剪强度降低，而使土压力增加。因此，挡土墙应有良好的排水措施。

【例题 4-1】一挡土墙如图 4-10 所示，$q = 20\text{kPa}$，挡土墙后填土的有关指标为：$c = 0$，$\varphi = 30°$，$\gamma = 17.8\text{kN/m}^3$，地下水位于地面下 2.0m 处，$\gamma_{sat} = 18.9\text{kN/m}^3$，求挡土墙所受到的土压力和水压力。

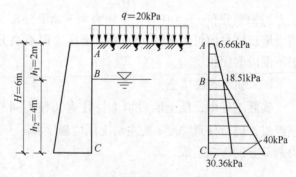

图 4-10　例题 4-1 图

【解】　$K_a = \tan^2(45° - \dfrac{\varphi}{2})$

$\qquad = \tan^2(45° - \dfrac{30°}{2}) = 0.333$

主动土压力强度：

$\sigma_{aA} = qK_a$

$\qquad = 20 \times 0.333 = 6.66\text{kPa}$

$\sigma_{aB} = \sigma_{aA} + \gamma h_1 K_a$

$\qquad = 6.66 + 17.8 \times 2 \times 0.333 = 18.51\text{kPa}$

$$\sigma_{aC} = \sigma_{aB} + \gamma' h_2 K_a$$
$$= 18.51 + (18.9 - 10) \times 4 \times 0.333 = 30.36 \text{kPa}$$
$$\sigma_w = \gamma_w h_2 = 10 \times 4 = 40 \text{kPa}$$

总土压力：

$$E_a = \frac{1}{2} \times (6.66 + 18.51) \times 2 + \frac{1}{2} \times (18.51 + 30.36) \times 4$$
$$= 122.91 \text{kN/m}$$

水压力：

$$E_w = \frac{1}{2} \times 40 \times 4 = 80 \text{kN/m}$$

【例题 4-2】 挡土墙高 8m，墙后填土分两层，各层土的有关指标如图 4-11 所示，求主动土压力。

【解】 $K_{a_1} = \tan^2\left(45° - \dfrac{\varphi_1}{2}\right) = \tan^2\left(45° - \dfrac{18°}{2}\right) = 0.528$

$$K_{a_2} = \tan^2\left(45° - \frac{\varphi_2}{2}\right) = \tan^2\left(45° - \frac{32°}{2}\right) = 0.307$$

$$\sqrt{K_{a_2}} = 0.554$$

各点的主动土压力强度分别为：

$\sigma_{aA} = 0$

$\sigma_{aB上} = \gamma_1 h_1 K_{a_1}$
$\qquad = 17.5 \times 2.5 \times 0.528 = 23.1 \text{kPa}$

$\sigma_{aB下} = \gamma_1 h_1 K_{a_2} - 2c\sqrt{K_{a_2}}$
$\qquad = 17.5 \times 2.5 \times 0.307 - 2 \times 10 \times 0.554$
$\qquad = 2.35 \text{kPa}$

$\sigma_{aC} = \sigma_{aB下} + \gamma_2 h_2 K_{a_2}$
$\qquad = 2.35 + 18.9 \times 5.5 \times 0.307$
$\qquad = 34.26 \text{kPa}$

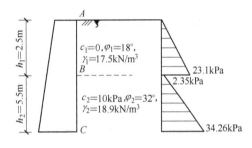

图 4-11 例题 4-2 图

总主动土压力

$$E_a = \frac{1}{2} \times 23.1 \times 2.5 + \frac{1}{2} \times (2.35 + 34.26) \times 5.5$$
$$= 129.55 \text{kN/m}$$

4.3.2 库仑土压力理论

库仑于 1776 年提出了库仑土压力理论，它研究当挡土墙后滑动楔体处于极限平衡状态时，对滑动楔体进行静力平衡分析，解出作用于墙背的土压力。相对于朗肯土压力理论，库仑土压力理论限制条件少，因而具有普遍的适用意义。

库仑理论研究的挡土墙（见图 4-12）墙背倾斜角 α（俯斜时取正号，仰斜时取负号），墙背粗糙，墙背与土的摩擦角为 δ，墙后表面倾斜，坡角 β，并有如下基本假设：

(1) 墙后填土为无黏性土，即黏聚力 $c = 0$；

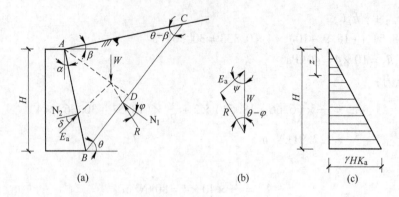

图 4-12　库仑理论中的主动土压力

（a）土楔 *ABC* 上的作用力；（b）力矢三角形；（c）主动土压力分布图

（2）墙后填土沿一平面滑动，即平面滑裂面假设，它使计算大大简化，且能满足一般工程的精度要求；

（3）滑动楔体处于极限平衡状态，在滑裂面上，抗剪强度 τ_f 充分发挥。

当挡土墙向前移动或转动时，土楔体向下滑移而处于主动极限平衡状态，此时土楔体对墙背推力即为主动土压力 E_a；反之，当墙受外力作用推动填土，土楔体向下滑移而处于被动极限平衡状态，土楔体对墙背的推力即为被动土压力 E_p。库仑主动土压力和被动土压力的计算公式分别为：

$$E_a = \frac{1}{2}\gamma H^2 K_a \tag{4-16}$$

$$E_p = \frac{1}{2}\gamma H^2 K_p \tag{4-17}$$

式中　$K_a = \dfrac{\cos^2(\varphi - \alpha)}{\cos^2\alpha \cdot \sin(\alpha + \delta) \cdot \left[1 + \sqrt{\dfrac{\sin(\varphi + \delta) \cdot \sin(\varphi - \beta)}{\cos(\alpha + \delta) \cdot \cos(\alpha - \beta)}}\right]^2}$，为库仑主动土压力系数；

$K_p = \dfrac{\cos^2(\varphi + \alpha)}{\cos^2\alpha \cdot \sin(\alpha - \delta) \cdot \left[1 - \sqrt{\dfrac{\sin(\varphi + \delta) \cdot \sin(\varphi + \beta)}{\cos(\alpha - \delta) \cdot \cos(\alpha - \beta)}}\right]^2}$，为库仑被动土压力系数。

当墙背直立、光滑，填土面水平，即取 $\alpha = 0$、$\delta = 0$、$\beta = 0$ 时，库仑土压力理论结果与朗肯土压力理论结果一致。

4.4　挡土墙类型与稳定性

4.4.1　挡土墙类型

挡土墙应用很广，随着工程建设（如深基坑支护、公路与铁路支挡结构等）发展，出现了不少新型的挡土墙。

挡土墙的形式主要有重力式挡土墙、加筋土挡土墙、土钉墙、悬臂式挡土墙、扶壁式挡土墙、锚定板挡土墙以及桩板墙等多种形式，图 4-13 列出了其中三种。

重力式挡土墙［见图4-13（a）］的特点是体积大，通常由砖、石、素混凝土等材料砌筑而成，作用于墙背上的土压力引起的倾覆力矩靠自重产生的抗倾覆力矩来平衡而保持稳定，因此墙身断面较大。其优点是结构简单，施工方便，可就地取材，故应用较广。其缺点是工程量大，沉降也较大。重力式挡土墙一般适用于小型工程，挡土墙高度一般小于5m。

悬臂式挡土墙［见图4-13（b）］由三个悬臂板组成（即立臂、墙趾悬臂和墙踵悬臂），一般用钢筋混凝土来建造。这种挡墙体积小，利用墙踵底板上的土重保持稳定，墙体内的拉力则由钢筋来承担。优点是墙体截面较小，工程量小，缺点是废钢材，技术复杂，因此一般用于重要工程。

扶壁式挡土墙［见图4-13（c）］是沿悬臂式挡墙纵向每隔一定距离设置一道扶壁而形成的挡土墙，用以增强悬臂挡墙的抗弯性能。这种挡土墙的技术更复杂。

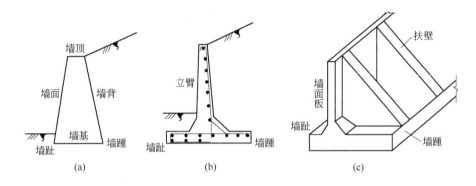

图4-13　挡土墙类型
（a）重力式挡土墙；（b）悬臂式挡土墙；（c）扶壁式挡土墙

锚杆挡土墙由钢筋混凝土板及锚固于稳定岩（土）层中的锚杆组成。锚杆可通过钻孔注浆、开挖预埋等方法设置。其作用是将墙体所承受的土压力传递到岩（土）层内部，从而维持挡土墙稳定。

锚定板挡土墙由钢筋混凝土墙板、钢拉杆和锚定板连接而成，然后在墙板和锚定板之间填土。作用在墙板上的土压力通过拉杆传至锚定板，再由锚定板的抗拔力来平衡。

本节只介绍重力式挡土墙稳定验算的基本知识。

4.4.2　重力式挡土墙稳定性验算

挡土墙设计时，一般先凭经验初步拟定挡土墙的类型和尺寸，然后进行挡土墙的稳定性验算，如不满足要求，则改变截面尺寸或采取其他措施。

挡土墙在墙后主动土压力作用下的可能破坏形式有倾覆失稳、滑移失稳、地基承载力失稳和墙身强度破坏。因此，挡土墙的验算也应包括这几个方面的内容，即：

（1）稳定性验算，包括抗倾覆和抗滑移的稳定性验算；

（2）地基的承载力验算；

（3）墙身强度验算。

在以上计算内容中，地基承载力验算与偏心荷载下基础的计算方法一样。墙身强度验算则应根据墙身材料的不同而采用砌体结构或混凝土结构的有关方法进行计算。本节仅对挡土墙抗倾覆和抗滑移稳定性做介绍。

作用在挡土墙上的力有墙身自重，墙后土压力和基底反力，如图 4-14 所示。

4.4.2.1　抗倾覆稳定验算

在以上诸力的作用下，挡土墙可能绕墙趾 O 点倾覆，因此抗倾覆稳定验算以 O 点取矩进行计算，抗倾覆力矩与倾覆力矩之比称为抗倾覆安全系数，以 K_t 表示。K_t 应符合下式要求：

$$K_t = \frac{Gx_0 + E_{ax}x_f}{E_{ax}z_f} \geqslant 1.6 \tag{4-18}$$

其中

$$E_{az} = E_a\cos(\alpha - \delta)$$
$$E_{ax} = E_a\sin(\alpha - \delta)$$
$$x_f = b - z\cot\alpha$$
$$x_f = z_f - b\tan\alpha_0$$

其他符号如图 4-14（a）所示。

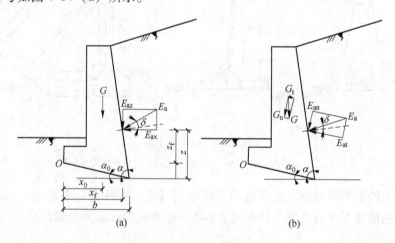

图 4-14　挡土墙稳定性验算

（a）倾覆稳定性验算；（b）滑动稳定性验算

4.4.2.2　抗滑稳定验算

在抗滑稳定验算中，将 G 和 E_a 分解为垂直和平行于基底的分力，抗滑力与滑动力之比称为抗滑安全系数 K_s，应符合下式要求：

$$K_s = \frac{(G_n + E_{an})\mu}{E_{at} - G_t} \geqslant 1.3 \tag{4-19}$$

式中　μ——土对挡土墙基底的摩擦系数。

4.5　地基破坏模式与地基承载力概念

地基上建造建筑物后，地基受荷，内部应力发生变化，一方面附加应力引起地基内土体变形，造成建筑物沉降。另一方面，引起地基内土体剪应力增加，当某一点剪应力达到土的抗剪强度时，该点即处于极限平衡状态。若土体中某一区域内各点都达到极限平衡状态，就形成极限平衡区，或称塑性区。若荷载继续增加，地基内极限平衡区的发展范围随之不断扩大，局部塑性区发展为连续贯穿到地表的整体滑动面，这时，地基失稳。

4.5.1 地基的破坏形式

地基的承载性状可通过载荷试验来研究。载荷试验实际上是一种基础受荷的模型试验，载荷板面积一般约为 $0.25 \sim 1.0\text{m}^2$，在载荷板上逐渐分级加荷，同时测读在各级荷载下载荷板的沉降量，从而得到载荷板各级压力 p 与相应沉降量 s 之间的关系曲线，即 $p-s$ 曲线，不同的地基土，会表现出不同的 $p-s$ 曲线特性，如图4-15所示。通过对该 $p-s$ 曲线特性的研究分析，可了解地基的承载性状。

研究表明地基的破坏形式有三种：整体剪切破坏，局部剪切破坏和冲剪破坏。

（1）整体剪切破坏。在载荷试验的 $p-s$ 曲线中有较明显的直线段与曲线段，如图4-15（a）中的曲线a。随着荷载增加，剪切破坏区不断增大，最终在地基中形成一连续滑动面，基础急剧下沉或向一侧倾斜，同时基础四周地面隆起。

（2）局部剪切破坏。$p-s$ 曲线从一开始就呈非线性变化，且随着 p 的增加，变形继续发展，但直至地基破坏，仍不会出现曲线a那样明显的突然急剧增加的现象，如图4-15（a）中的曲线b。相应地，荷载下土体的剪切破坏也是从基础边缘开始，随着 p 的增加，极限平衡区相应扩大，但荷载进一步增加，极限平衡区却限制在一定范围内，而不会形成延伸至地面的连续破裂面。地基破坏时，荷载板两侧地面只略微隆起，但变形速率增大，总变形量很大。局部剪切破坏是渐进的，即破坏面上土的抗剪强度未能同时发挥出来，所以，地基承载力较低。

（3）冲剪破坏。其 $p-s$ 曲线c与b类似，但变形发展速率更快，如图4-15（a）中的曲线c。试验中，荷载板几乎是垂直下切，两侧不发生土体隆起，地基土沿荷载板侧发生垂直剪切破坏面。

具体在实际工程中到底发生哪种形式的破坏取决于许多因素。其中主要是地基土的特性和基础的埋置深度。一般而言，土质较坚硬、密实，基础埋深不大时，通常会出现整体剪切破坏；如地基土质较松软，则容易出现局部剪切破坏和冲切破坏。随着埋深增加，局部剪切破坏和冲切破坏更为常见。

理论上对第一种破坏形式有较多研究，第二种破坏形式是在第一种的基础上作一些修正。设计中要尽力避免第三种破坏形式的出现。

4.5.2 地基承载力概念

根据地基载荷试验的 $p-s$ 曲线［见图4-15（a）］的特点，可将整体剪切破坏的变形分为三个阶段：相应于直线变形段（OA 段）的压密变形阶段，如图4-15（b）所示；荷载与沉降成非直线关系的塑性变形阶段，或称局部剪损阶段（AB 段），如图4-15（c）所示；荷载继续增加，变形急剧增加，形成地基的整体剪切破坏阶段（BC 段），如图4-15（d）所示。

整体剪切破坏的 $p-s$ 曲线有两个转折点 A 和 B，相应于 A 点的荷载称为临塑荷载，指地基土开始出现剪切破坏（基础边缘处的土开始发生剪切破坏）时的基底压力，用 p_{cr}

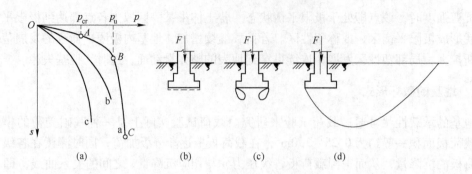

图 4-15   地基载荷试验的压力-沉降曲线和地基破坏的三个阶段

（a）$p-s$ 曲线；（b）压密阶段；（c）局部剪切阶段；（d）整体破坏阶段

表示；相应于 B 点的基底压力称为地基极限承载力，是地基承受基础荷载的极限压力，用 p_u 表示。当基底压力达到 p_u 时，地基就发生整体剪切破坏。

饱和黏性土地基承载力分短期承载力和长期承载力。采用土的不排水抗剪强度 c_u 计算得到的承载力为短期承载力，一般用于分析荷载施加快、透水性低且排水条件不良的地基（如饱和软黏土地基）在施工期间的稳定性，此时作用在地基上的荷载取相应施工期的建筑物荷载，其值要小于使用期建筑物荷载；对于具有一定透水性的地基，土体会随着荷载增加而发生排水固结，地基承载力也相应提高，因此，这种地基在施工期一般不会发生破坏，但可能在使用阶段受到最大荷载作用时破坏，这时地基承载力即为长期承载力，相应计算参数采用固结不排水剪强度指标。

在保证地基稳定条件下，应该采用具有一定的安全储备的地基允许承载力 f_a（地基承载力特征值），使基底压力限制在该允许承载力 f_a 之内，即 $p \leqslant f_a$。f_a 可以采用临塑荷载 p_{cr} 作为地基承载力，但偏于保守；也可由地基极限承载力 p_u 除以安全系数 K 确定，即 $f_a = p_u/K$，一般 K 取 $2 \sim 3$。

地基承载力的确定方法主要有理论公式计算，现场原位试验和经验方法，本章主要介绍地基极限承载力的理论计算方法。

4.6   浅基础地基临塑荷载和界限荷载

4.6.1   地基临塑荷载

地基临塑荷载 p_{cr} 是按条形基础均布荷载作用的条件下推导出来的。假设基础底面的附加压力为 p_0，基础底面下深度 z 处土的自重应力 γz，基础埋深 d。为简化计算，假定土的侧压力系数 $K_0 = 1$，则土的自重和基础埋深引起的超载在地基中任意点 M 处产生的应力各向相等，因而，M 点的最大主应力和最小主应力分别为（见图 4-16）：

$$\sigma_1 = \frac{p_0}{\pi}(\beta_0 + \sin\beta_0) + \gamma_0 d + \gamma z \tag{4-20a}$$

$$\sigma_3 = \frac{p_0}{\pi}(\beta_0 - \sin\beta_0) + \gamma_0 d + \gamma z \tag{4-20b}$$

式中 p_0——基底附加压力，$p_0 = p - \gamma_0 d$，kPa；

p——基底压力，kPa；

β_0——M 点到条形基础均布荷载两端点的夹角，弧度。

当 M 点达到极限平衡状态时，应满足极限平衡方程：

$$\frac{1}{2}(\sigma_1 - \sigma_3) = \left[c \cdot \cot\varphi + \frac{1}{2}(\sigma_1 + \sigma_3) \right] \sin\varphi$$

将式（4-20）代入上式，整理后有

$$z = \frac{p - \gamma_0 d}{\pi\gamma}\left(\frac{\sin\beta_0}{\sin\varphi} - \beta_0 \right) - \frac{c}{\gamma\tan\varphi} - \frac{\gamma_0 d}{\gamma} \tag{4-21}$$

式（4-21）为基础边缘下塑性区的边界方程，表示塑性区边界上任意一点的深度 z 与夹角 β_0 的关系。若已知基础的埋置深度 d、基底压力 p 以及土的 γ、c、φ，则可根据上式绘出塑性区的边界线，如图 4-16 所示。

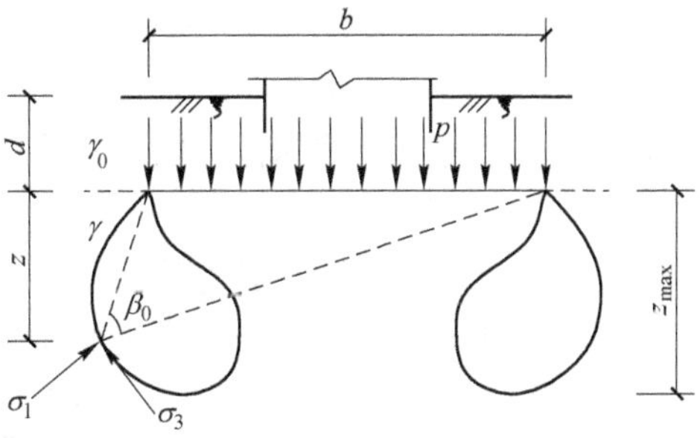

根据临塑荷载的概念，在外荷作用下地基中刚要出现塑性区时，可用塑性区的最大深度 $z_{max} = 0$ 来表示，由此即可得临塑荷载的计算公式。为此，令

$$\frac{\mathrm{d}z}{\mathrm{d}\beta_0} = \frac{p - \gamma_0 d}{\pi\gamma}\left(\frac{\cos\beta_0}{\sin\varphi} - 1 \right) = 0$$

图 4-16 均布条形荷载下基底边缘的塑性区

则有 $\cos\beta_0 = \sin\varphi$

即 $\beta_0 = \pi/2 - \varphi$

将上式代入式（4-21）即可得到 z_{max} 的表达式：

$$z_{max} = \frac{p - \gamma_0 d}{\pi\gamma}\left(\cot\varphi - \left(\frac{\pi}{2} - \varphi \right) \right) - \frac{c}{\gamma\tan\varphi} - \frac{\gamma_0 d}{\gamma} \tag{4-22}$$

由式（4-22）可见，当基底压力 p 增大时，塑性区就发展，该区最大深度也随之增大；若令 $z_{max} = 0$，表示地基中刚要出现但尚未出现塑性区，相应的基底压力 p 即为临塑荷载 p_{cr}：

$$p_{cr} = \frac{\pi(\gamma_0 d + c \cdot \cot\varphi)}{\cot\varphi + \varphi - \dfrac{\pi}{2}} + \gamma_0 d \tag{4-23}$$

4.6.2 地基界限荷载

工程实践表明，即使地基中存在塑性变形区，但只要塑性区发展范围不超过某一限度，就不致影响建筑物安全和正常使用。地基中塑性区究竟容许发展到多大范围，与建筑物重要性、荷载性质和土的性质等因素有关。对于中心荷载作用地基，可取塑性区最大深度 z_{max} 等于基础宽度的四分之一，即 $z_{max} = b/4$，相应基底压力用 $p_{1/4}$ 表示。在式（4-22）中令 $z_{max} = b/4$，得 $p_{1/4}$ 的表达式：

$$p_{\frac{1}{4}} = \frac{\pi\left(\gamma_0 d + c \cdot \cot\varphi + \dfrac{1}{4}\gamma b \right)}{\cot\varphi - \dfrac{\pi}{2} + \varphi} + \gamma_0 d \tag{4-24}$$

同样，对于偏心荷载作用地基，可用相应 $p_{1/3}$。$p_{1/4}$ 和 $p_{1/3}$ 都称为地基界限荷载。

应该指出，上述公式是条形基础均布荷载推导出来，当用于圆形基础和矩形基础时，结果偏于安全。另外，公式应用弹性理论推导，对于已出现塑性区情况的临塑荷载来说，不够严密，但也为工程所允许。

【例题 4-3】某条形基础承受中心荷载。基础埋深 1.6m。地基土分为三层：表层为素填土，天然重度 $\gamma_1 = 18.2 \text{kN/m}^3$，层厚 $h_1 = 1.6 \text{m}$；第二层为粉土，$\gamma_2 = 19.0 \text{kN/m}^3$，内摩擦角 $\varphi_2 = 20°$，黏聚力 $c_2 = 12 \text{kPa}$，层厚 $h_1 = 6.0 \text{m}$；第三层为粉质黏土，$\gamma_3 = 19.5 \text{kN/m}^3$，$\varphi_3 = 18°$，$c_3 = 22 \text{kPa}$，层厚 $h_3 = 5.0 \text{m}$。试计算此基础下地基的临塑荷载。

【解】应用式（4-23），即

$$p_{cr} = \frac{\pi(\gamma_0 d + c \cdot \cot\varphi)}{\cot\varphi + \varphi - \frac{\pi}{2}} + \gamma_0 d$$

式中　γ_0——为基础埋深范围内土的重度，此处应取 $\gamma_0 = 18.2 \text{kN/m}^3$；

　　　　d——为基础埋深，取 $d = 1.6 \text{m}$；

　　c，φ——地基土持力层的黏聚力、内摩擦角，取 $c = 12 \text{kPa}$、$\varphi = 20°$。

将这些数据代入公式，即可得临塑荷载为：

$$p_{cr} = \frac{\pi(18.2 \times 1.6 + 12 \times \cot 20°)}{\cot 20° + \frac{20}{180} \times \pi - \frac{\pi}{2}} + 18.2 \times 1.6$$

$$= 156.9 \text{kPa}$$

4.7　地基极限承载力

目前，极限承载力理论由条形基础在整体剪切破坏条件下得到。对于局部剪切破坏和冲剪破坏的情况，尚无可靠的计算方法，通常是先按整体剪切破坏形式计算，再作某些修正得到。

地基极限承载力有很多种，都是在相应的假定条件下得到。下面仅介绍普朗德尔和太沙基承载力理论。

4.7.1　普朗德尔公式

普朗德尔为使复杂问题简单化，假设条形基础作用于地基表面（$d = 0$）、地基土为无重介质（$\gamma = 0$）、基础底面光滑。在此假设下，基础下土体形成连续的塑性区而处于极限平衡状态，根据塑性理论得到基础下地基土中塑性区边界，它将地基土极限平衡区分为三个部分，如图 4-17 所示：朗肯主动区（Ⅰ区）、朗肯被动区（Ⅱ区）和过渡区（Ⅲ区）。Ⅰ区在基底下，因为假定基底光滑无摩擦，故基底平面是最大主应力面，基底竖向应力是大主应力，两组滑动面与水平面成 $45° + \varphi/2$ 角；随着基础的沉降，Ⅰ区土楔向两侧挤压，使Ⅲ区水平向应力成为大主应力，两组滑动面与水平面成 $45° - \varphi/2$ 角；Ⅱ区处于Ⅰ区和Ⅲ区之间，一组滑动线是辐射线，另一组是对数螺旋线。

在以上情况下，得到地基极限承载力的理论公式为：

$$p_u = cN_c \qquad (4\text{-}25)$$

其中，$N_c = \cot\varphi\left[e^{\pi\tan\varphi}\tan^2\left(45° + \dfrac{\varphi}{2}\right) - 1 \right]$，称为承载力因数，是仅与土的内摩擦角 φ 有关的无量纲系数，c 为土的黏聚力。

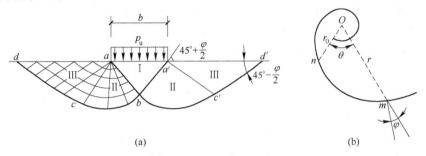

图 4-17　普朗德尔极限承载力理论的滑动面

（a）普朗德尔理论滑动面形状；（b）对数螺旋线

一般基础都有埋深，这部分土体限制了塑性区的滑动，使地基承载力得到了提高。瑞斯诺（Reissner）在普朗德尔研究的基础上，把基础两侧埋置深度内的土重用连续均布的超载 $q = \gamma_0 d$ 来代替，得到基础有埋深时地基极限承载力的表达式为：

$$p_u = cN_c + qN_q \qquad (4\text{-}26)$$

式中　$N_q = e^{\pi\tan\varphi}\tan^2\left(45° + \dfrac{\varphi}{2}\right)$，是仅与 φ 有关的另一承载力因数。

由于式（4-25）与式（4-26）均没有考虑地基土的重量和基底摩擦的影响，在某些情况下会得到不合理的结果，如对于放置在砂土地基表面上（$c = 0$，$d = 0$）的基础，按以上两式计算其地基极限承载力为零。为弥补这些缺陷，其后的不少学者根据普朗德尔和瑞斯诺的基本原理，进行了许多研究工作，得到了不同条件下各种地基极限承载力的计算方法。如 20 世纪 40 年代太沙基提出了考虑地基土重量的极限承载力计算公式；50 年代迈耶霍夫提出了考虑基底以上两侧土体抗剪强度影响的极限承载力计算公式；60 年代汉森提出了中心倾斜荷载和其他一些影响因素的极限承载力公式；70 年代魏锡克又引入一些修正系数。

4.7.2　太沙基公式

太沙基公式适用于均质地基上基底粗糙的条形基础，一般用于计算地基长期承载力。

太沙基假设地基中滑动面形状如图 4-18 所示，滑动土体分为三个区（左右对称）：

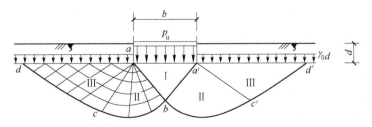

图 4-18　太沙基极限承载力公式滑动面

Ⅰ区：基础下楔形压密区（△aba'）。假定基础底面粗糙，基础底面与地基土之间的摩擦力阻止了基底处剪切位移的发生，基底以下一部分土体将随基础一起移动而始终处于弹性平衡状态，这部分弹性楔体aba'（即Ⅰ区），它处于弹性压密状态，像一"弹性核"随基础一起向下移动。

Ⅱ区：Ⅱ区的滑动面由两组曲面组成，一组由对数螺旋线形成，b点处螺旋线的切线竖直，c点螺旋线切线与水平线成（$45° - \varphi/2$）角。另一组是辐射向的曲面。

Ⅲ区：被动朗肯区，即该区处于被动极限平衡状态。该区内任一点的大主应力均是水平向的，故滑动面是平面，它与水平面的夹角为$45° - \varphi/2$。

假设在基底的极限荷载为p_u作用下发生整体剪切破坏，基底下弹性压密区（Ⅰ区）将贯入土中，向两侧挤压土体$abcd$和$a'bc'd'$。因此，作用在ab和$a'b$面上的力是被动力E_p，E_p与作用面法线成$\delta = \varphi$角，故E_p是竖直向上的。取脱离体$a\,a'b$，根据其静力平衡条件（考虑单位长基础），可求得地基极限承载力p_u为：

$$p_u = cN_c + qN_q + \frac{1}{2}\gamma bN_r \tag{4-27}$$

式中 N_c，N_q，N_r——均为无量纲的承载力因数，仅与土的内摩擦角φ有关，可由图4-19查得，也可按表4-1查取。

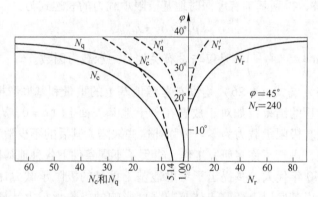

图4-19   太沙基公式的承载力因数值

表4-1   太沙基承载力因数表

$\varphi/(°)$	0	5	10	15	20	25	30	35
N_r	0	0.37	1.10	2.53	5.43	10.97	22.68	48.34
N_q	1.0	1.64	2.69	4.45	7.44	12.72	22.46	41.44
N_c	5.7	7.33	9.60	12.86	17.69	25.13	37.16	57.75

以上是在按条形基础的条件下得出的，对于方形和圆形基础，太沙基根据一些试验资料建议按以下半经验公式计算：

圆形基础：$\qquad\qquad p_u = 0.6cN_c + qN_q + 1.2\gamma bN_r \tag{4-28}$

方形基础：$\qquad\qquad p_u = 0.4cN_c + qN_q + 1.2\gamma bN_r \tag{4-29}$

以上太沙基公式只适用于地基土是整体剪切破坏的情况，即地基土较密实，其$p - s$曲线有明显转折点，破坏前沉降不大等情况。对于局部剪切破坏（土质松软，沉降较大）

的情况，其极限承载力较小，太沙基建议用经验的方法调整抗剪强度指标 $\bar{c} = \dfrac{2}{3}c$ 和 $\bar{\varphi} = \arctan(\dfrac{2}{3}\tan\varphi)$ 代替式（4-27）中的 c 和 φ。

由式（4-27）可以看出，地基极限承载力由三部分组成，分别表示了土的抗剪强度各部分对地基承载力的贡献。第一项分量是由黏聚力在滑动面上形成的抗力，与基础宽度和埋置深度无关，只与土的黏聚力成正比，比例系数为黏聚力的承载力系数；第二项分量是侧向超载（即埋深范围内的土体重力）在滑动面上形成的摩阻力所提供的抗力，与超载成正比，比例系数即为埋深项的承载力系数。基础埋深越大，这部分抗力越大，地基承载力越大，体现了承载力的深度效应；第三项分量是由滑动土体的体积力在滑动面上形成的摩阻力所提供的抗力，这部分抗力与滑动土体的体积力成正比，比例系数即为基础宽度项的承载力系数。基础宽度越大，这部分承载力分量越大，体现了地基承载力的宽度效应。

【例题 4-4】某砖混结构住宅楼采用条形基础，基础宽度 $b = 1.5\text{m}$，基础埋深 $d = 1.4\text{m}$。地基为粉土，内摩擦角 $\varphi = 30°$，黏聚力 $c = 20\text{kPa}$，天然重度 $\gamma = 18.8\text{kN/m}^3$。用太沙基公式计算此建筑物地基的极限承载力。

【解】应用太沙基极限承载力公式（4-27）

$$p_u = \frac{1}{2}\gamma b N_r + q N_q + c N_c$$

其中的承载力因数查图 4-17 中实线有

$$N_r = 19，\quad N_c = 35，\quad N_q = 18$$

将这些数据代入公式得

$$p_u = \frac{1}{2}\gamma b N_r + q N_q + c N_c$$

$$= \frac{1}{2} \times 18.8 \times 1.5 \times 19 + 18.8 \times 1.4 \times 18 + 20 \times 35$$

$$= 1441.66\text{kPa}$$

若取安全系数 $K = 3.0$，则有地基承载力特征值

$$f = \frac{p_u}{K} = \frac{1441.66}{3} = 480.5\text{kPa}$$

4.8 土坡稳定性分析

土坡就是具有倾斜坡面的土体，其简单外形和各部位名称如图 4-20 所示。土坡包括天然土坡和人工土坡，前者是指自然形成的山坡和江河湖海的岸坡，后者则是指人工开挖形成的边坡，如基坑、渠道、土坝、路堤等。对于天然土坡，必要时需要评价其稳定性；对于人工土坡，需要确定其坡度。如果坡太陡，容易发生滑坡和崩塌；而边坡太平缓，又会增加土方量，或超出建筑界限，或影响邻近建筑物与场地的使用。

由于土体自重和渗透力等在坡体内引起的剪应力大于土的抗剪强度时，使一部分土体相对另一部分土体产生滑动，即土坡失稳（滑坡）。土坡失稳通常是在外界不利因素影响

下触发和加剧的，其原因概括起来有：

（1）土坡作用力发生变化。例如由于在坡顶堆放土方、材料或建造建筑物使坡顶受荷，或由于打桩、车辆行驶、爆破、地震等引起的振动改变了原来的平衡状态。

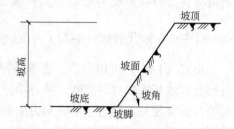

图 4-20　土坡形状及各部位名称

（2）土体抗剪强度降低。例如土体中含水量或孔隙水压力增加。

（3）静水力的作用。例如雨水或地面水流入土坡中的竖向裂缝，对土坡产生侧向压力，从而促进土坡的滑动。

（4）水的渗透力作用。这是因为渗流会引起动水力，同时土中的细小颗粒会穿过粗颗粒之间的孔隙被渗流挟带而去（即潜蚀），使土体强度降低。

（5）因坡脚挖方而导致土坡高度或坡角增大。

要了解土坡在各种因素下的稳定性情况，就需要对土坡进行稳定性分析。通常用安全系数来评价这种稳定性。根据不同情况下为使用方便，土坡安全系数可有不同的表达方式，如滑动面上抗滑力矩与滑动力矩之比，或者最危险滑动面上的抗剪强度与产生的剪应力之比，另外还有用黏聚力、摩擦角、临界高度表示的。需要注意的是，土坡稳定分析中所选用的土性指标（主要是土的抗剪强度指标 c、φ 值和土的重度 γ）必须准确，才能使计算切合实际。

影响土坡稳定的因素很多，主要有坡度、坡高、土的性质（c、φ、γ）、气象条件、地下水渗透、地震（产生地震力和孔隙水压力、使土体强度降低）等，因此，土坡稳定性分析是一个复杂的问题。以下主要介绍一些常用的土坡稳定性分析方法的基本原理。

4.8.1　无黏性土坡的稳定性分析

对于均质无黏性的砂类土土坡，破坏时的滑动面浅且接近平面，成层的砂类土土坡的破坏面往往也近于平面。因此，无黏性土坡稳定性分析时，一般均假定滑动面为平面。

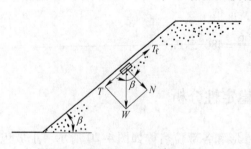

图 4-21　无黏性土坡稳定性分析

对于如图 4-21 所示的简单无黏性土坡，由于土颗粒之间没有黏聚力，只有摩擦力，只要坡面不滑动，就能保持斜坡的稳定，因此，可取斜坡上土颗粒为脱离体对其进行受力分析。设在斜坡上的土颗粒自重为 W，砂土内摩擦角 φ，则 W 在沿坡面方向的分力 T（下滑力）和与坡面垂直方向的分力 N（增加土颗粒之间的摩擦力）分别为：

$$T = W\sin\beta$$
$$N = W\cos\beta$$

而阻止土颗粒下滑的抗滑力 T_f 则是由 N 引起的摩擦力：

$$T_f = N\tan\varphi = W\cos\beta\tan\varphi$$

定义安全系数 K 为抗滑力与下滑力的比值，则有：

$$K = \frac{T_f}{T} = \frac{W\cos\beta\tan\varphi}{W\sin\beta} = \frac{\tan\varphi}{\tan\beta} \tag{4-30}$$

式（4-30）表明，砂性土坡的坡脚不可能超过土的内摩擦角，也就是说砂性土坡所能形成的最大坡脚就是内摩擦角（称为自然休止角），此时的安全系数 $K=1$，土坡处于极限平衡状态。同时可看到，砂性土坡的稳定性与坡高无关，仅取决于坡角 β，只要 $\beta<\varphi$，土坡就是稳定的。一般取安全系数 $K=1.2\sim1.5$。人工临时堆放的砂土，常比较松散，其自然休止角略小于同一级配砂土的内摩擦角。

4.8.2 黏性土坡的稳定性分析

黏性土坡的滑动面总是发生在受力最不利或者土性最不薄弱的地方，如通过下卧的软弱层面或倾斜的岩层面上。均质黏性土坡的滑动面深入土体，理论分析为对数螺旋线曲面，接近于圆弧面，因此，常常假定土坡沿着一圆弧破裂面破坏，并按平面问题进行分析，以简化分析方法。

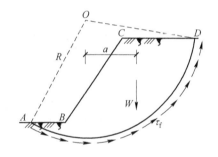

图 4-22 土坡圆弧稳定分析

对于均质简单黏性土坡（所谓简单土坡是指土坡坡顶和坡底水平，土坡土质均一、坡度不变、无地下水），如图 4-22 所示。若可能的圆弧滑动面为 AD，其圆心 O，半径 R。滑动体的重力为 W，它与滑动圆弧圆心的距离为 a，沿滑动面分布着土的抗剪强度 τ_f 抵抗土体的下滑。这两个力对圆心 O 取矩，分别得下滑力矩 M_s 和抗滑力矩 M_r：

$$M_s = W \cdot a$$
$$M_r = \tau_f \cdot L \cdot R$$

式中 L——滑动圆弧 AD 的长度。

则土坡稳定安全系数 K 为

$$K = \frac{M_r}{M_s} = \frac{\tau_f \cdot L \cdot R}{W \cdot a} \tag{4-31}$$

由于滑动面上任意点的法向应力 σ 取决于该处的自重应力，因此土的抗剪强度 τ_f 沿滑动面也不是均匀的，直接按式（4-31）计算安全系数 K 也就比较困难。此外，由于滑弧 AD 是任意假定的，需要试算多个可能的滑动弧面，对应于最小稳定安全系数 K_{min} 的滑动面就是最危险滑动面。由于不能直接用式（4-31）计算土坡的稳定安全系数，条分法就是为解决这一问题而提出的。

条分法有很多种，这里只介绍瑞典条分法，是条分法中最简单、最古老的一种。它的基本原理如图 4-23 所示，它假定土坡沿着圆弧滑动，将圆弧滑动体分成若干竖直土条，计算各土条力系对圆弧圆心的抗滑力矩与滑动力矩，由抗滑力矩与滑动力矩之比（稳定安全系数）来判断土坡稳定性。在计算土条力系时，它认为土条间的作用力对土坡的整体稳定性影响不大，可以忽略（由此而引起的误差一般在 10%～15% 之间），即假定土条两侧的作用力大小相等、方向相反且作用于同一直线上。

瑞典条分法的具体步骤如下：

（1）按比例绘出土坡截面图。

（2）任选一点 O 为圆心，以 O 点至坡脚 A 的距离 r 为半径作假设的滑动圆弧面 AD。

（3）将滑动面以上的土体竖直分成 n 个宽度相等的土条。

（4）计算各土条的重力 W_i 及滑动面上的法向反力 N_i 和切向反力 T_i。以第 i 土条为例，其受力情况如图 4-23 所示，滑动面 ef 近似取为直线，ef 直线与水平面的夹角为 α_i。假定土条两侧竖直面上的合力互相平衡抵消。由土条的静力平衡条件可得

$$N_i = W_i\cos\alpha_i$$
$$T_i = W_i\sin\alpha_i \tag{4-32}$$

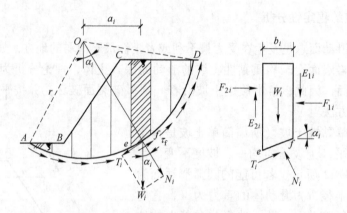

图 4-23   用条分法进行土坡稳定性分析

（5）计算各土条底面切向分力 T_i 对圆心的滑动力矩（注意：通过 O 点的竖直线左边土条所产生力矩为负值）：

$$M_s = \sum_{i=1}^{n} T_i r = r\sum_{i=1}^{n} W_i\sin\alpha_i \tag{4-33}$$

（6）计算各土条底面处抗剪力（法向分力引起的 $N_i \cdot \tan\varphi_i$ 和黏聚力引起的 $c \cdot \Delta l_i$）所产生的抗滑力矩：

$$M_r = \sum_{i=1}^{n} N_i\tan\varphi_i \cdot r + \sum_{i=1}^{n} c \cdot \Delta l_i \cdot r = r\left(\sum_{i=1}^{n} W_i \cdot \cos\alpha_i \cdot \tan\varphi_i + \sum_{i=1}^{n} c_i \cdot \Delta l_i\right)$$
$$\tag{4-34}$$

式中 Δl_i——为第 i 个土条在滑动面上弧长；

c_i，φ_i——第 i 个土条在滑动面处土的黏聚力和内摩擦角。

（7）计算稳定安全系数为

$$K = \frac{M_r}{M_s} = \frac{r\left(\sum\limits_{i=1}^{n} W_i \cdot \cos\alpha_i \cdot \tan\varphi_i + \sum\limits_{i=1}^{n} c_i \cdot \Delta l_i\right)}{r\sum\limits_{i=1}^{n} W_i\sin\alpha_i} = \frac{\sum\limits_{i=1}^{n} W_i \cdot \cos\alpha_i \cdot \tan\varphi_i + \sum\limits_{i=1}^{n} c_i \cdot \Delta l_i}{\sum\limits_{i=1}^{n} W_i\sin\alpha_i}$$

（8）假定几个可能的滑动面，分别计算相应的安全系数 K，其中最小安全系数 K_{min} 所对应的滑动面为最危险的滑动面。工程上一般要求 K_{min} 大于 $1.1 \sim 1.5$，对重要工程应取高值。

采用条分法分析实际上是假定滑弧面的圆心进行试算。由于手算繁琐费时，可编制程序借助计算机完成。

小　结

（1）土压力是挡土结构上的作用。因此，是挡土墙结构计算中首先要确定的量。

（2）根据挡土结构位移方向、大小及其后土体应力状态（主动极限平衡、完全无侧移和被动极限平衡），可将土压力分为主动土压力、静止土压力和被动土压力，前二者一般作为作用（荷载）出现，后者则通常为抗力。需要注意的是，大多数时候作用在挡土墙上土压力往往处于这三种土压力之间。

（3）计算主动土压力和被动土压力的两种传统经典理论是朗肯理论和库仑理论。二者在适用条件、计算结果等方面有所不同。

（4）当采用朗肯理论计算土压力时，更多的情况是可能成层土层、存在地下水，挡土墙后有超载。计算这些情况下主动土压力时，需要注意：

1）计算点位于哪个土层，就采用哪个土层的强度指标。

2）处于地下水位以下土层的重度应该采用有效重度。

3）挡土墙后有均布超载 q 时，由 q 引起的墙后各层土主动土压力为超载 $q \cdot K_{ai}$，其中 K_{ai} 为相应土层的主动土压力系数。

4）主动土压力沿墙高分布特点：成层土分界面处发生转折，即直线斜率变化，并且一般还会有突变；在地下水位处发生转折，较之没有地下水的相应土层主动土压力减小，但由于水压力的作用，作用在挡土墙上的总压力增加。

（5）重力式挡土墙设计时主要是验算挡土墙在墙后主动土压力作用下的抗倾覆和抗滑移稳定性。此外，挡土墙本身结构和地基也要满足要求。

（6）建筑物地基破坏模式通常有整体剪切破坏、局部剪切破坏和冲剪破坏三种，是在建筑物荷载作用下地基土强度逐渐发挥、形成至地面的连续滑裂面的结果，它们分别具有各自不同的 $p-s$ 曲线、滑裂面形状及宏观表现。具体工程中是何种破坏模式，主要取决于土层性质和基础埋深等因素，并且对地基承载力确定有影响。

（7）地基承载力不仅与地基土层性质有关，还与基础宽度、埋深、荷载类型等许多因素有关。在建筑地基中，通常主要考虑土层性质、基础宽度和埋深三个因素。由理论方法确定的地基承载力可以考虑这些因素的影响。实际工程中确定地基承载力时，可以采用不同方法。

（8）在地基承载力分析中，以整体剪切破坏模式为对象。根据该破坏模式下 $p-s$ 曲线，可将地基承载力分为临塑荷载和极限承载力。

（9）临塑荷载是地基中刚开始出现破坏点、但还没有继续发展时的基底压力，也即最大塑性区深度为零；而当塑性区最大深度为基础宽度的 1/4 时所对应的基底压力则称为 $p_{1/4}$。

（10）随着荷载继续增加，当地基中达到极限平衡的区域发展，使得形成一直延伸至地面的破裂面时，地基承载力达到最大值，此时基底压力即为地基极限承载力。

（11）地基极限承载力由三部分组成，反映了地基土强度对地基承载力的贡献。第一部分为由土黏聚力提供的承载能力，第二部分是由基础侧面超载产生的埋深项分量，第三项为地基土体积力产生的承载力分量。

（12）土坡失稳通常由外部条件变化引起，此时必定形成一连续的破裂面，在此面上，各点土都达到了极限状态。黏性土通常采用条分法进行稳定性分析。

习　题

4-1　挡土墙高5m，墙后填土由两层土组成，填土表面作用 $q = 32\text{kPa}$ 均布荷载，第一层土厚 $h_1 = 2\text{m}$，$\gamma_1 = 18.0\text{kN/m}^3$，$\varphi = 10°$，$c = 10\text{kPa}$；第二层土厚 $h_2 = 3\text{m}$，$\gamma_2 = 20\text{kN/m}^3$，$\varphi = 12°$，$c = 12\text{kPa}$。利用朗肯土压力理论，求作用在挡土墙墙背上的主动土压力分布图及合力大小。

4-2　如图4-24所示挡土墙，墙背垂直光滑、填土表面水平。墙身自重 $G = 210\text{kN/m}$，试验算挡土墙的抗倾覆性是否满足要求（抗倾覆性安全系数 $K_t \geqslant 1.5$）。

4-3　有一条形基础，底面宽度2m，作用在基础顶面的荷载 $F = 422\text{kN/m}$，已知地基土的内摩擦角 $\varphi = 20°$，黏聚力 $c = 25\text{kPa}$，地下水位在基础底面处，土的重度 $\gamma = 19\text{kN/m}^3$，饱和重度 $\gamma_{sat} = 20\text{kN/m}^3$。试按 $p_{1/4}$ 验算该地基承载力是否满足要求。

4-4　某条形基础宽4.8m，埋深6m。地基土条件：深度4m范围内黏土 $\gamma_1 = 17\text{kN/m}^3$，$c_1 = 10\text{kPa}$，其下为很厚的粗砂层，$\gamma_2 = 19\text{kN/m}^3$，$\gamma_{sat} = 21\text{kN/m}^3$，$c_2 = 0$，地下水位埋深6m。试根据太沙基承载力公式计算地基的极限承载力 p_u。太沙基承载力公式中 $N_r = 3$，$N_q = 7$，$N_c = 17$。

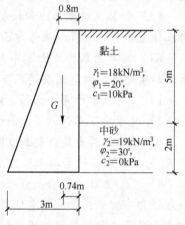

图4-24　习题4-2图

5 岩土工程勘察

5.1 概　　述

各类建设工程都离不开岩土，它们或以岩土为材料，或与岩土介质接触并相互作用。因此在进行工程设计之前，工程师应该充分了解岩土体的工程地质和水文地质情况，才能进行合理的设计和施工。了解岩土体的基本手段就是岩土工程勘察。

岩土工程勘察指根据建设工程的要求，查明、分析、评价建设场地的工程地质、水文地质、环境特征和岩土工程条件，编制勘察文件的活动。

岩土工程勘察的目的是为了查明场地工程地质条件，综合评价场地和地基安全稳定性，为工程设计、施工提供准确可靠的计算指标和实施方案。

5.1.1 岩土工程勘察的任务

岩土工程勘察基本任务包括：

（1）查明建设场地的地形、地貌以及水文、气象等自然条件。

（2）研究地区内的地震、崩塌、滑坡、岩溶、岸边冲刷等不良地质现象，判断其对工程场地稳定性的危害程度。

（3）查明地基岩土层的岩性、构造、形成年代、成因、类型及其埋藏分布情况。

（4）测定地基岩土层的物理力学性质，并研究在工程建造和使用期可能发生的变化。

（5）查明场地地下水的类型、水质及其埋藏、分布与变化情况。

（6）按照设计和施工要求，对场地和地基的工程地质条件进行综合评价。

（7）对不符合工程安全稳定性要求的不利地质条件，拟定采取的措施及处理方案。

在岩土工程勘察任务中，内容的增减及研究的详细程度，不仅取决于建设工程的类别、规模和不同设计阶段，而且还取决于场地的复杂程度以及对场地地质条件的已有研究程度和当地的建筑经验等。

5.1.2 岩土工程勘察的等级

5.1.2.1 工程重要性等级

根据工程的规模和特征，以及由于岩土工程问题造成工程破坏或影响正常使用的后果，可分为3个工程重要性等级。对于重要工程，破坏后果很严重即为一级工程；对于一般工程，破坏后果严重为二级工程；而次要工程，破坏后果不严重定义为三级工程。

5.1.2.2 场地复杂程度分级

场地等级应根据场地的复杂程度分为3个级别：

（1）一级场地（复杂场地）。对于建筑抗震危险的地段；不良地质现象强烈发育；地质环境已经或可能受到强烈破坏；地形地貌复杂；有影响工程的多层地下水、岩溶裂隙水或其他水文地质条件复杂，需专门研究的场地。

（2）二级场地（中等复杂场地）。对建筑抗震不利的地段；不良地质现象一般发育；地质环境已经或可能受到一般破坏；地形地貌较复杂；基础位于地下水位以下的场地。

（3）三级场地（简单场地）。地震设防烈度等于或小于6度，或对建筑抗震有利的地段；不良地质现象不发育；地质环境基本未受破坏；地形地貌较简单；地下水对工程无影响。

5.1.2.3　地基复杂程度分级

地基等级根据地基的复杂程度分为3个等级：

（1）一级地基（复杂地基）。岩土种类多，很不均匀，性质变化大，且需特殊处理；严重湿陷、膨胀、盐渍、污染的特殊性岩土，以及其他情况复杂，需要进行专门处理的岩土。

（2）二级地基（中等复杂地基）。岩土种类多，不均匀，性质变化较大；各种特殊性岩土。

（3）三级地基（简单地基）。岩土种类单一，均匀，性质变化不大；无特殊性岩土。

5.1.2.4　岩土工程勘察等级

《岩土工程勘察规范》GB50021—2001根据工程重要性等级、场地复杂等级和地基复杂程度等级综合分析将岩土工程勘察划分为甲、乙、丙三个级别。

在工程重要性、场地复杂程度和地基复杂程度等级中，有一项或多项为一级的情况确定为甲级；工程重要性、场地复杂程度和地基复杂程度等级均为三级的情况为丙级；除勘察等级为甲级和丙级以外的勘察项目为乙级。

5.2　勘察阶段划分及勘察方法

5.2.1　岩土工程勘察的阶段划分

为了提供各设计阶段所需的岩土工程资料，勘察工作也相应地划分为可行性研究勘察、初步勘察、详细勘察三个阶段。建筑物的岩土工程勘察宜分阶段进行，可行性研究勘察应符合选择场址方案的要求；初步勘察应符合初步设计的要求；详细勘察应符合施工图设计的要求；场地条件复杂或有特殊要求的工程，宜进行施工勘察。场地较小且无特殊要求的工程可合并勘察阶段。当建筑物平面布置已经确定，且场地或其附近已有岩土工程资料时，可根据实际情况，直接进行详细勘察。

5.2.1.1　可行性研究勘察阶段

可行性勘察目的在于从总体上判定拟建场地的工程地质条件能否适宜进行工程建设。一般通过取得几个候选场址的工程地质资料进行对比分析，对拟选场址的稳定性和适宜性作出评价。选择场址阶段应进行下列工作：

（1）搜集区域地质、地形地貌、地震、矿产、当地的工程地质、岩土工程和建筑经验等资料。

（2）在充分搜集和分析已有资料的基础上，通过勘察了解场地的地层、构造、岩性、不良地质作用和地下水等工程地质条件。

（3）当拟建场地工程地质条件复杂，已有资料不能满足要求时，应根据具体情况进行工程地质测绘和必要的勘探工作。

（4）当有两个或两个以上拟选场地时，应进行比较分析。

（5）在选址时，应避开下列地段：不良地质现象发育且对场地稳定性有直接危害或潜在威胁；地基土性质严重不良；对建筑抗震不利；洪水或地下水对建筑场地有严重不良影响；地下有未开采的有价值的矿藏或未稳定的地下采空区。

5.2.1.2 初步勘察阶段

初步勘察阶段应结合初步设计，对拟建建筑地段的稳定性作出评价。该阶段主要进行下列工作：

（1）搜集拟建工程的有关文件、工程地质和岩土工程资料以及工程场地范围的地形图等。

（2）初步查明地质构造、地层结构、岩土工程特征、地下水埋藏条件。

（3）查明不良地质现象的成因、分布、发展趋势，并对场地的稳定性做出评价。

（4）在季节性冻土地区，应调查场地土的标准冻结深度。

（5）对抗震设防烈度大于或等于 6 度的场地，应对场地和地基的地震效应做出初步评价。

（6）初步判断地下水和土对建筑材料的腐蚀性。

（7）高层建筑初步勘察时，应对可能采取的地基基础类型、基坑开挖与支护、工程降水方案进行初步分析评价。

初步勘察阶段勘探线应垂直地貌单元边界线、地质构造线及地层界线。勘探点一般按勘探线布置，在每个地貌单元和地貌交接部位均应布置勘探点，同时在微地貌和地层变化较大的地段应予加密。在地形平坦地区，勘探点可按方格网布置。勘探线、勘探点间距根据地基复杂程度等级按表 5-1 选取。

每个地貌单元勘探孔分为一般性勘探孔和控制性勘探孔，要求控制性勘探孔宜占勘探点总数的 1/5 ~ 1/3，且要到达一定深度。初步勘察勘探孔的深度可按表 5-2 确定。

表 5-1　初步勘察勘探线、勘探点间距　（m）

地基复杂程度等级	勘探线间距	勘探点间距
一级（复杂）	50 ~ 100	30 ~ 50
二级（中等复杂）	75 ~ 150	40 ~ 100
三级（简单）	150 ~ 300	75 ~ 200

表 5-2　初步勘察勘探孔深度　（m）

工程重要性等级	一般性勘探孔	控制性勘探孔
一级（重要工程）	≥15	≥30
二级（一般工程）	10 ~ 15	15 ~ 30
三级（次要工程）	6 ~ 10	10 ~ 20

5.2.1.3　详细勘察阶段

详细勘察应按单体建筑物或建筑群提出详细的岩土工程资料和设计、施工所需的岩土参数；对建筑地基做出岩土工程评价，并对地基类型、基础形式、地基处理、基坑支护、工程降水和不良地质作用的防治等提出建议。详细勘察阶段主要应进行下列工作：

（1）搜集附有坐标的地形的建筑总平面图，场地的地面整平标高，建筑物的性质、规模、载荷、结构特点，基础形式、埋置深度、地基允许变形等资料。

（2）查明不良地质现象的类型、成因、分布范围、发展趋势和危害程度，提出整治方案的建议。

（3）查明建筑范围内岩土层的类型、深度、分布、工程特点，分析和评价地基的稳定性、均匀性和承载力。

（4）对需进行沉降计算的建筑物，提供地基变形参数，预测建筑物的变形特征。

（5）查明埋藏的河道、沟浜、墓穴、防空洞、孤石等对工程不利的埋藏物。

（6）在季节性冻土地区，提供场地土的标准冻结深度。

（7）查明地下水的埋藏条件，提供地下水位及其变化幅度。

（8）判定土和水对建筑材料的腐蚀性。

详细勘察勘探点布置和勘探孔深度，应根据建筑物特性和岩土工程条件确定。对岩质地基，应根据地质构造、岩体特性、风化情况等，结合建筑物对地基的要求，按地方标准或当地经验确定。

详细勘察的勘探点布置宜按建筑物周边和角点布置，对无特殊要求的其他建筑物可按建筑物或建筑群的范围布置。详细勘察勘探点的间距可按表 5-3 确定。

表 5-3　详细勘察勘探点的间距　　　　　　　　　　　　　（m）

地基复杂程度等级	勘探点间距	地基复杂程度等级	勘探点间距
一级（复杂）	10～15	三级（简单）	30～50
二级（中等复杂）	15～30		

详细勘察勘探孔深度应能控制地基土主要受力层。勘探深度自基础底面算起，当基础底面宽度不大于 5m 时，勘探孔的深度对条形基础不应小于基础底面宽度的 3 倍，对单独柱基，不应小于 1.5 倍，且不应小于 5m；对高层建筑和需作变形计算的地基，控制性勘探孔的深度应超过地基变形计算深度；高层建筑的一般性勘探孔应达到基底下 0.5～1.0 倍的基础宽度，并深入稳定分布的地层；当有大面积地面堆载或软弱下卧层时，应适当加深控制性勘探孔的深度。

详细勘察采取土试样和进行原位测试的勘探点数量，应根据地层结构、地基土的均匀性和设计要求确定，对地基基础设计等级为甲级的建筑物每栋不应少于 3 个；每个场地每一主要土层的原状土试样或原位测试数据不应少于 6 件（组）；在地基主要受力层内，对厚度大于 0.5m 的夹层或透镜体，应采取土试样或进行原位测试；当土层性质不均匀时，应增加取土数量或原位测试工作量。

5.2.2　岩土工程勘察方法

5.2.2.1　工程地质测绘和调查

工程地质测绘和调查是通过搜集资料、调查访问、地质测量、遥感解释等方法，来查明场地的工程地质要素，并绘制相应的工程地质图件的一种工程地质勘察方法。

工程地质测绘与调查的目的是通过对场地的地形地貌、地层岩性、地质构造、地下水与地表水、不良地质现象进行调查研究与必要的测绘工作，为评价场地工程地质条件及合理确定勘探工作提供依据。对场地的稳定性进行研究是工程地质调查和测绘的重点问题。

进行工程地质测绘与调查时，在选址阶段，应搜集研究已有的地质资料进行现场踏勘；在初勘阶段，当地质条件较复杂时，应继续进行工程地质测绘；详勘阶段，仅在初勘测绘基础上，对某些专门地质问题作必要的补充。测绘与调查的范围，应包括场地及其附近与研究内容有关的地段。

常用的测绘方法是在地形图上布置一定数量的观察点或观察线，以便按点或沿线视察地质现象。观察点一般选择不同地貌单元、不同地层的交接处以及对工程有意义的地质构造和可能出现不良地质现象的地段。观察线通常与岩层走向、构造线方向以及地貌单元轴线相垂直（例如横穿河谷阶地），以便能观察到较多的地质现象。有时为了追索地层界线或断层等构造线，观察线也可以顺着走向布置。观察到的地质现象应标示于地形图上。

5.2.2.2 勘探方法

工程地质测绘和调查取得了场地的各项定性资料，要对场地的工程地质条件进行定量评价，就必须进行岩土工程勘探。岩土工程勘探是查明地基岩土性质和分布、采集岩土试样或进行原位测试采用的基本手段。勘探可分为钻探、井探、槽探、洞探和地球物理勘探等。

A 井探和槽探

当钻探方法难以准确查明地下情况时，可采用探井、探槽进行勘探。井探和槽探是用锹镐或机械来挖掘坑槽、直接观察岩土层的天然状态以及各地层之间的接触关系，并能取出原状土样，如图5-1所示。

探井、探槽断面尺寸不宜过大，一般圆形直径或方形边长为0.8~1.2m，需要适当放坡或分级开挖时，井口可大于上述尺寸。探井深度超过地下水埋深时，应能实施有效降水。在开挖探井或探槽时，应采取措施防止侧壁坍塌。当采用人工开挖时，更应采取严格措施，保证井、槽中工作人员的安全。

对探井、探槽除文字描述记录外，尚应以剖面图、展示图等反映井、槽、洞壁和底部的岩性、地层分界、构造特征、取样和原位试验位置，并辅以地表性部位的彩色照片。

B 钻探

钻探是采用钻探机具向下钻孔，用以鉴别和划分地层，也可采取原状土样以供室内试验，确定土的物理、力学性质指标。

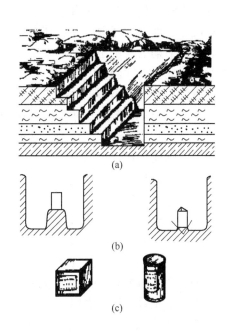

图5-1 坑探示意图

（a）探井；（b）在探井中取样；（c）取得原状土样

需要时还可以在钻孔中进行原位测试。钻探还可以揭露并量测地下水的埋藏深度，了解地下水的类型，采取水试样，分析地下水的物理化学性质。

钻探的钻进方式可以分为回转式、冲击式、振动式、冲洗式四种。每种钻进方法各有独自特点，分别适于不同的地层，可根据地层类别及勘察要求进行选择。

一般地说，各种钻探的钻孔直径与钻具的规格均应符合现行国家标准规定，尤其注意成孔直径应满足取样、测试和钻进工艺的要求，如图5-2所示。勘探浅部地层可采用小口径麻花钻钻进、小口径勺形钻钻进、洛阳铲钻进等。

C　地球物理勘探

不同成分，不同结构，不同产状的地质体（包括人工地质体），在地下半无限空间呈不同的物理场分布。这些物理场可由人工建立，如交直流电场，弹性波应力场等，也可是地质体自身所具备的，如自然电场、磁场、辐射场、重力场等。地球物理勘探简称为物探，是利用仪器在地面、空中、水上或钻孔中测量物理场的分布情况，对测得的数据分析判断，并结合有关的地质资料推断地质体性状的勘探方法。

当前常用的工程物探方法有电法、电磁法、地震波法和声波法、地球物理探井等。其中最普遍的是电

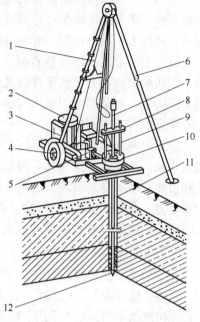

图 5-2　SH-30 型钻机
1—钢丝绳；2—汽油机；3—卷扬机；4—车轮；5—变速箱和操纵把；6—四腿支架；7—钻杆；8—钻杆夹；9—立轴；10—转盘；11—钻孔；12—螺旋钻头

法探测，常在初期的岩土工程勘察中使用，初步了解勘察地区的地下地质情况，配合工程地质测绘。此外，常用于古河道、暗浜、洞穴、地下管线等勘测的具体查明。近年来发展起来的方法主要有瞬态多道面波法、地震 CT 法、电磁波 CT 法等。

5.2.2.3　勘探记录、取样与室内试验

钻孔的记录和编录由专业技术人员承担，记录应及时真实，按钻进回次逐段填写，严禁事后追记，钻探现场采用肉眼鉴别和手触方法，有条件或勘察工作有明确要求时，可采用微型贯入仪等定量化，标准化的方法；钻探成果可用钻孔野外柱状图或分层记录表示，岩土芯样据工程要求保存（一定期限或长期），亦可拍摄岩芯、土芯彩照纳入成果资料。

钻探取样方法有击入法、压入法、回转法及振动法四种。

为取得岩土体的物理力学性质的定量指标，需要将取得的岩土试样在试验室进行试验。室内试验项目应按土质条件和工程性质确定，一般要求如下：

（1）对黏性土和粉土均应进行天然密度、天然含水量、相对密度、液限、塑限、有机质含量和压缩系数、抗剪强度等指标的测定。

（2）对砂土和粉土均要进行颗粒分析；砂土要测定天然密度、天然含水量、相对密度和最大、最小密实度等。

（3）对碎石土，必要时，可作颗粒分析；对含黏性土较多的碎石土，宜测定黏性土

的天然含水量、液限和塑限。必要时，应做现场大体积容重试验。

（4）对岩石一般不作室内试验，或只做单轴极限抗压强度试验。

在需要判定场地地下水对混凝土的侵蚀性时，一般可测定下列项目：pH、Cl^-、SO_4^{2-}、HCO_3^-、Ca^{2+}、Mg^{2+} 等离子以及游离 CO_2 和侵蚀性 CO_2 的含量。

5.2.2.4 原位测试

岩土工程是在岩土体所处的位置，基本保持岩土原来的结构、湿度和应力状态，对岩土体进行的测试。

常用的原位测试方法有静载荷试验、触探试验、标准贯入试验、十字板剪切试验、旁压试验、现场直接剪切试验、波速测试等。选择原位测试方法应根据岩土条件、设计对参数的要求、地区经验和测试方法的适用性等因素综合确定。根据原位测试成果，利用地区性经验估算岩土工程特性参数和对岩土工程问题做出评价时，应与室内试验和工程反算参数作对比，检验其可靠性。

A 静载荷试验

载荷试验是工程地质勘察工作中的一项原位测试，分为浅层和深层平板载荷试验。深层平板载荷试验适用于深部土层及大直径桩桩端土层的承载力测定。浅层平板载荷试验可适用于确定浅层地基承载板影响范围内土层承载力。

B 静力触探试验

静力触探的基本原理就是用静力将一个内部装有传感器的触探头以匀速压入土中，由于地层中各种土的软硬不同，探头所受的阻力不一样，传感器将大小不同的贯入阻力通过电信号输入到记录仪表中记录下来，再通过贯入阻力与土的工程地质特征之间的定性关系和统计相关关系，可以达到了解土层的工程性质的目的。

静力触探试验适用于软土、一般黏性土、粉土、砂土和含少量碎石的土。特别是对于地层情况变化较大的复杂场地及不易取得原状土的饱和砂土和高灵敏度的软黏土地层，更适合采用静力触探进行勘察，但不适于卵石、砾石地层。

当触探杆将探头匀速压入土层时，一方面是引起锥尖以下局部土层的压缩，产生了作用于锥尖的阻力；另一方面又在孔壁周围形成一圈挤密层。产生了作用于探头侧壁的摩阻力。探头的这两种阻力是土的力学性质的综合反映。这两种阻力通过设置于探头内的应变元件转变成电信号，并由仪表（或静探微机）量测出来。

常用的静力触探探头可分为单桥探头和双桥探头两种。

单桥探头测得的是包括锥尖阻力和侧壁阻力在内的总贯入阻力 p（kN），用比贯入阻力 p_s（kPa）表示；双桥探头可以同时分别测得锥尖阻力和侧壁阻力，用 Q_c（kN）和 p_f 分别表示锥尖总阻力和侧壁总阻力，则单位面积锥尖阻力和侧壁阻力分别用 q_c（kPa）和 f_s（kPa）表示。静力触探试验的主要成果有比贯入阻力 – 深度（p_s-H）关系曲线；锥尖阻力 – 深度（q_c-H）关系曲线；侧壁阻力 – 深度（f_s-H）关系曲线和摩阻比 – 深度（R_f-H）等。

根据静力触探试验成果贯入曲线的线性的特征，并结合相邻钻孔资料和地区经验，可以划分土层界线；对于黏性土，由于静力触探试验的贯入速度较快，因此，经过大量试验和研究，可以将探头锥尖阻力与黏性土的不排水抗剪强度建立某种确定的函数关系，而且将大量的测试数据经数理统计分析，从而间接地测定黏性土的不排水抗剪强度；用静力触探可以确定桩端持力层及单桩承载力。

C　动力触探试验

动力触探试验方法可以归为两大类，即圆锥动力触探试验和标准贯入试验。前者根据所用穿心锤的重量将其分为轻型、重型及超重型动力触探试验。常用的动力触探测试，一般将圆锥动力触探试验简称为动力触探或动探，将标准贯入试验简称为标贯。

标准贯入试验仍属于动力触探类型之一。其设备主要由触探头、触探杆和穿心锤组成。试验时，将重 63.5kg 的穿心锤，以 76cm 的落距，将标准规格的贯入器打入钻孔中待测土层。先将贯入器预打入土层 15cm，然后记录再打入 30cm 的锤击数，即为标准贯入锤击数。

标准贯入试验适用于砂土、粉土和一般黏性土。标准贯入试验设备简单，适用性广，而且通过贯入器可以采取扰动土样，对土进行直观鉴别描述和有关的室内土工试验。根据标准试验锤击数 N 值，可对砂土、粉土、黏性土的物理状态、土的强度、地基承载力、单桩承载力等作出评价，同时也可以作为判定地基土层是否为液化土层的主要方法。

圆锥动力触探试验可分为轻型、重型、超重型三种触探类型，如表 5-4 所示。试验时，先用钻机钻至试验土层预定标高位置，将一定质量的重锤，以一定高度的自由落距，将圆锥形探头贯入土中，记录每打入土层中 30cm（或 10cm）的锤击数 $N_{63.5}$（或 N_{10}、N_{120}）。圆锥动力触探的优点是设备简单、操作方便、功效高、适应性广，并且具有连续贯入的特性。对于难以取样的砂土、粉土和碎石土等，圆锥动力触探是十分有效的探测手段。

表 5-4　圆锥动力触探类型

类　型		轻　型	重　型	超　重　型
落锤	锤的质量/kg	10	63.5	120
	落距/cm	50	76	100
探头	直径/mm	40	74	74
	锥角/（°）	60	60	60
探杆直径/mm		25	42	50～60
指　标		贯入30cm 的读数 N_{10}	贯入10cm 的读数 $N_{63.5}$	贯入10cm 的读数 N_{120}
主要适用岩土		浅部的填土、砂土、粉土、黏性土	砂土、中密以下的碎石土、极软岩	密实和很密的碎石土、软岩、极软岩

根据圆锥动力触探试验指标，并结合地区经验，可以判断不同地基土的工程特性，利用轻型触探锤击数 N_{10}，可以确定黏性土和素填土的承载力以及判定砂土的密实度；采用重型动力触探头的锤击数 $N_{63.5}$可以确定砂土、碎石土的孔隙比和砂土的密实度，还可以确定地基土的承载力以及单桩承载力；采用超重型动力触探锤击数 N_{120}可以确定各类砂土和碎石土的承载力等。

5.2.3　岩土参数的分析与选取

岩土参数的分析与选定是岩土工程分析评价和岩土工程设计的基础。评价是否符合客观实际，设计计算是否可靠，很大程度上取决于岩土参数选定的合理性。岩土参数可分为两类：一类是评价指标，用以评价岩土的性状，作为划分地层鉴定类别的主要依据；另一类是计算指标，用以设计岩土工程，预测岩土体在荷载和自然因素作用下的力学行为和变化趋势，并指导施工和监测。

岩土工程勘察报告应对主要参数的可靠性和适用性进行分析，并在分析的基础上选定参数。岩土参数的可靠性和适用性在很大程度上取决于岩土体受到扰动的程度和试验标准。它涉及两个问题：

（1）取样器和取样方法问题。

（2）试验方法和取值标准问题。

为使试验资料可靠和适用，应进行正确的数据分析和整理。整理时对试验资料中明显不合理的数据，应通过研究分析原因。在有条件时，进行一定的补充试验后，可决定对可疑数据的取舍或改正，并说明数据的取舍标准。

岩土的物理力学指标，应按场地的工程地质单元和层位分别统计。一般要求每层土不应少于 6 组，计算岩土指标 x_i 的算术平均值 $\bar{x}$，并计算出相应的标准差 s 和变异系数 δ，以反映实际测定值对算术平均值的变化程度，从而判别其采用其算术平均值的可靠性。

$$\bar{x} = \frac{1}{n} \sum_{i=1}^{n} x_i \tag{5-1}$$

$$s = \sqrt{\frac{1}{n-1} \sum_{i=1}^{n} (x_i - \bar{x})^2} \tag{5-2}$$

$$\delta = \frac{s}{\bar{x}} \tag{5-3}$$

式中　　$\sum_{i=1}^{n} x_i$——指标测定值的总和；

n——指标测定的总次数。

岩土参数的标准值 x_k 可按下列方法确定

$$x_k = \gamma_s \bar{x} \tag{5-4}$$

$$\gamma_s = 1 \pm \left(\frac{1.704}{\sqrt{n}} + \frac{4.678}{n^2} \right) \delta \tag{5-5}$$

两式中 γ_s 为统计修正系数。式中正负号按不利组合考虑，如抗剪强度指标的修正系数应取负值。统计修正系数 γ_s 也可按岩土工程的类型和重要性、参数的变异性和统计数据的个数，根据经验选用。

在岩土工程勘察报告中，应按不同情况提供岩土参数值。一般情况下，应提供岩土参数的平均值、标准差、变异系数、数据分布范围和数据的数量；承载能力极限状态计算所需要的岩土参数标准值，应按式（5-4）计算。

5.3 岩土工程勘察报告

当现场勘察工作（如调查、勘探、测试等）和室内试验完成后，应对各种原始资料进行整理、检查、分析、鉴定，然后编制成岩土工程勘察报告，提供给设计和施工单位。岩土工程勘察报告一般包括文字部分和图表部分。

5.3.1 岩土工程勘察报告的基本内容

岩土工程勘察报告文字部分，应根据任务要求、勘察阶段、地质条件、工程特点等具体情况确定，并应包括下列内容：

（1）勘察目的、任务要求和依据的技术标准。

（2）拟建工程概况。

（3）勘察方法和勘察工作布置。

（4）场地地形、地貌、地层、地质构造、岩土性质及其均匀性。

（5）各种岩土性质指标、强度参数、变形参数、地基承载力的试验值及建议值。

（6）地下水埋藏情况、类型、水位及其变化。

（7）土和水对建筑材料的腐蚀性。

（8）可能影响工程稳定的不良地质作用的描述和对工程危害的评价。

（9）场地稳定性和适宜性的评价。

岩土工程勘察报告应对岩土的利用、整治和改造的方案进行分析论证，提出建议；对工程施工和使用期间可能发生的岩土工程问题进行预测，提出监控和预防措施的建议；对岩土的利用、整治和改造的建议、宜进行不同方案的技术经济论证，并提出对设计、施工和现场监测要求的建议。

岩土工程勘察报告图表部分主要为勘察成果表及常用所附图件，有勘探点平面布置图、工程地质柱状图、工程地质剖面图、原位测试成果图、室内试验成果图表。

（1）勘探点平面布置图。勘探点平面布置图是在建筑场地地形图上，把建筑物的位置、各类勘探及测试点的位置、编号用不同的图例表示出来，并注明各勘探、测试点的标高、深度、剖面线及其编号等。

（2）钻孔柱状图。钻孔柱状图是根据钻孔的现场记录整理出来的。记录中除注明钻进的工具、方法和具体事项外，其主要内容是关于地基土层的分布（层面深度、分层厚度）和地层的名称及特征的描述。在绘制柱状图之前，应根据土工试验成果及保存土样对分层情况和野外鉴别记录进行认真的校核，并做好分层和并层工作。绘制柱状图时，应从上而下对地层进行编号和描述，并用一定比例尺、图例和符号表示。在柱状图中还应标出取土深度、地下水位等资料。

（3）工程地质剖面图。柱状图只反映场地一般勘探点处地层的竖向分布情况，工程地质剖面图则反映某一勘探线上地层沿竖向和水平向的分布情况。由于勘探点的布置常与主要地貌单元或地质构造轴线垂直，或与建筑物的轴线相一致，因此，可以说工程地质剖面图能最有效地表示场地工程地质条件。

剖面图中垂直距离和水平距离可采用不同的比例尺。工程地质剖面图绘制时，首先将勘探线的地形剖面线画出，然后标出勘探线上各钻孔中的地层层面，在钻孔的两侧分别标出层面的高程和深度，再将相邻钻孔中相同土层分界点以直线相连。当某地层在邻近钻孔中缺失时，该层可假定于相邻两孔间尖灭。

在柱状图和剖面图上也可以同时附上土的主要物理力学性质指标及某些试验曲线，如静力触探、动力触探或标准贯入试验曲线等。

（4）土工试验成果表。岩土的物理力学性质指标是地基基础设计的重要数据。应该将土工试验和原位测试所得的成果汇总列表表示。由于土层自身的不均匀性，取样过程和运送过程的扰动，试验仪器及操作方法上的差异等原因，同一土层测得的同种指标，其数值往往是比较分散的。在工程地质勘察中，应取得足够多的数据，按地段及层次分别进行统计整理，以便求得具有代表性的指标，并选择合理的数理统计方法。

5.3.2 岩土工程勘察报告的阅读与使用

工程勘察报告是工程勘察阶段工作的成果，是基本建设的重要技术文件，为后续工作提供有关工程场地的工程地质条件的资料。可为工程选址可行性研究确定方案、工程设计阶段的设计计算和施工阶段采取技术措施提供依据。

工程技术人员只有充分利用工程勘察报告所提供的信息，了解工程场地的工程地质、水文地质特点，获得岩土工程性质的各种技术参数，才能对场地利用的适宜性和可能产生的问题作出正确的分析和判断。

岩土工程勘察报告常由三部分组成：

（1）岩土工程资料。包括室内试验、野外勘探工作的方法和工作量。

（2）岩土工程资料的评价。应评价岩土参数的变异性、可靠性和适用性。对不同测试手段所得的成果应进行比较分析，应指出不合格的、不相关的、不充分的或不准确的数据，凡有矛盾的测试结果均应仔细分析，以便确定是错误的还是反映真实情况的。

（3）结论和建议。包括对岩土工程主要问题的评述；地层变化情况以及岩土工程参数的选择；最简便和最可行、经济的地基基础方案的建议；对施工时预期可能出现的问题的预防或解决措施的建议。

5.4 岩土工程勘察报告实例

5.4.1 工程概况

某公司拟在某市修建滨江综合大市场，拟建层数为二至五层，一层为商铺，二层至五层为商住楼，采用砖混结构。占地100亩，总建筑面积11万平方米，共34栋。经建设方委托对拟建场地进行岩土工程勘察。

本次勘察的任务主要是查明场地地形地貌、地层结构、岩土性质、地下水情况，以及场地内有无土洞、塌陷等不良地质现象；对场地的稳定性和适宜性作出评价；推荐适宜的持力层和基础方案。

5.4.2 勘察工作量及依据

本次勘察于2003年8月21日组织人员进入场地，并着手野外工作，至2003年9月1日野外工作结束。勘察时运用的设备有一台SH-30型钻机、一台GY-50型钻机、一台静力触探仪及一台轻便动力触探仪。完成工作量如下：

（1）完成勘探孔133个，总进尺419.20m。

（2）取原状土样6件，并在室内进行了常规物理力学试验。

（3）作标准贯入试验25次，重型动力触探试验44次，轻型动探试验4次。

（4）取地下水样2件，并对地下水水质进行了监测，对场地内地下水情况进行了简易观测。

（5）用水准仪对孔口高程进行了测量。

（6）对所获资料进行了分析计算，编写了岩土工程勘察报告。

勘察依据包括：勘察合同；《岩土工程勘察规范》（GB50021—2001）；《建筑地基基础设计规范》（GB5007—2002）；《建筑桩基技术规范》（JGJ94—94）；《土工试验方法标准》（GB/T50123—1999）。

5.4.3 岩土工程地质及水文地质特征

5.4.3.1 场地位置及地形地貌

拟建场地位于×市×区荔江河畔，南临滨江大道，北临宝塔二号转盘，原地势低洼，现经人工堆填，已基本整平，场地地形开阔。

5.4.3.2 地层

在勘探深度范围内，场地上覆第四系地层依次为杂填土、耕土、粉质黏土、细砂及卵石层，下伏基岩为白云质灰岩。现将各地层自上而下分述如下：

杂填土①：黄褐色，湿，上部约 0.50m 厚，堆填时反复碾压较紧密，下部松散，以砂、砾石为主，土质不均匀堆填时间不足半年，未固结，属新填土。厚 3.80 ~ 0.30m。

耕土②：灰色，湿，含粉细砂及有机质，厚 0.5 ~ 0.20m，场地内均匀分布。

粉质黏土③：黄色，很湿至饱和，可塑，局部硬塑，具中等偏低压缩性，含粉细砂，且其含量沿纵向自上而下逐渐增大。在本土层中做标准贯入试验 21 次，实测击数 6 ~ 12 击，平均值 7.8 击，标准差 1.7 击，标准值 5 击；静力触探试验比贯入阻力 1.40 ~ 2.50MPa；从土工试验结果看，土层具较低含水量（17.0% ~ 20.1%）、低孔隙比（0.52 ~ 0.61）等特性。土层厚度 0.40 ~ 4.80m，主要分布在场地北侧。

细砂④：灰色，很湿至饱和，稍密，夹黏粒，局部夹少量卵石。土层厚 0.30 ~ 6.90m，无论在横向上，还是在纵向上土层分布很不均匀，且分布呈现出无规律性。

卵石⑤：灰色，饱和，中密至密实，顶部稍密。因场地内该地层中卵石含量高，且含漂石，冲击很困难，故在场地内布置了 12 个探井，以揭示土层结构、性质及厚度情况。通过对所挖探井的土层鉴别，场地内卵石层中卵石及漂石总含量 70% ~ 90%，其中漂石含量 10% ~ 20%，局部高达 50% 左右，漂石最大直径 40 ~ 60cm。骨粒大部分交错排列，连续接触，少量砂砾充填。骨粒成分以灰岩、石灰岩等组成，磨圆度好，分选性较好，局部较差。在本土层做重型动力触探试验 43 次，实测锤击数大都在 20 ~ 36 击，部分因试验部位在土层顶部，锤击数 8 ~ 19 击。层顶埋深 1.0 ~ 5.80m，层顶高程97.55 ~ 101.93m。

第③层粉质黏土至第⑤层卵石层属第四系全新统冲积（Q_4^{al}）。

基岩⑥。灰白色白云质灰岩，粗晶质结构，块状结构，中等风化。属较硬岩石，层顶高程 98.43 ~ 97.55m。

5.4.3.3 地下水简述

场地内地下水主要为细砂层及卵石层中的孔隙水，与南侧的荔江存在水系联系，受季节性影响大。本次勘察取 2 件地下水样，根据分析结果，地下水质对混凝土无腐蚀性。稳定水位高程在 101.53 ~ 99.24m。

5.4.4 地层承载力特征值

杂填土①、耕土②：因土质不均匀，承载力低，不能用作持力层，故不提承载力特征值。粉质黏土③：由标贯试验统计结果 $N_k = 5$ 击，承载力特征值145kPa；由静探试验值，提供承载力特征值200kPa；由土工试验 c、φ 值计算得地层承载力特征值230kPa；综合确定地层承载力特征值 $160 \sim 200$kPa。

细砂④：由土层密实度确定地层承载力特征值为120kPa。

卵石⑤：根据动力触探试验结果，并结合野外对土质的鉴别，提供地层承载力特征值为 $500 \sim 700$kPa。

5.4.5 地基评价与建议

（1）通过勘察，未发现土洞、塌陷等不良地质现象，属稳定场地，可修建该综合楼。

（2）杂填土、耕土层不能做持力层；细砂层厚度很不均匀，仅局部分布，不宜作持力层；粉质黏土、卵石及基岩均可作持力层。

（3）持力层及基础类型（建议）见表5-5。

表 5-5 持力层及基础类型

拟建楼编号	建筑物层数	可供选择的持力层及基础形式	备 注
（1）	5	粉质黏土或卵石，浅基础	粉质黏土 f_{ak} 按170kPa考虑
（2）	5	卵石，挖孔桩	
（3）~（6）	5	粉质黏土或卵石，浅基础或挖孔桩	粉质黏土 f_{ak} 按180kPa考虑，采用挖孔桩时以卵石作持力层
（7）~（9）	5	粉质黏土或卵石，浅基础或挖孔桩	粉质黏土 f_{ak} 按170kPa考虑，其中卵石层可采用两种基础形式
（11）	5	粉质黏土或卵石，浅基础	粉质黏土 f_{ak} 按180kPa考虑，若以粉质黏土作为持力层，因较薄，应局部处理
（12）	5	粉质黏土或卵石，浅基础或挖孔桩	粉质黏土 f_{ak} 按160kPa考虑，若以卵石作为持力层，基础形式为挖孔桩
（13）	5	卵石，挖孔桩	卵石层不宜挖除太多
（10）	5	卵石（局部基岩），浅基础或挖孔桩	
（17）（18）	4	粉质黏土或卵石，浅基础或挖孔桩	粉质黏土 f_{ak} 按180kPa考虑，其中卵石层可采用两种基础形式
（14）~（16）（19）~（34）	2~5	卵石，浅基础或挖孔桩	

采用挖孔桩基础时，桩的有关指标值如下：

桩的极限端阻力标准值：2000kPa（卵石）；5000kPa（基岩）。

桩的极限侧阻力标准值：f_1、f_2 忽略不计，f_3 取 45kPa，f_4 取 35kPa，f_5 取 90kPa。

（4）若以粉质黏土作持力层，因粉质黏土含砂量较大，易扰动，且扰动后承载力显著下降，因此，基础施工时应尽量减少扰动。

5.4.6 附表、附图

附表 1：勘探点主要数据一览表（略）；包括勘探点编号、类型、坐标位置、高程、孔深、地下水稳定水位深度和高程；

附表 2：土的基本性质试验成果总表（略）；

附表 3：标贯试验成果表（略）；

附表 4：重型动力触探试验成果表（略）；

附表 5：水分分析报告单（略）；

附图 1：勘探点平面位置图，如图 5-3 所示；

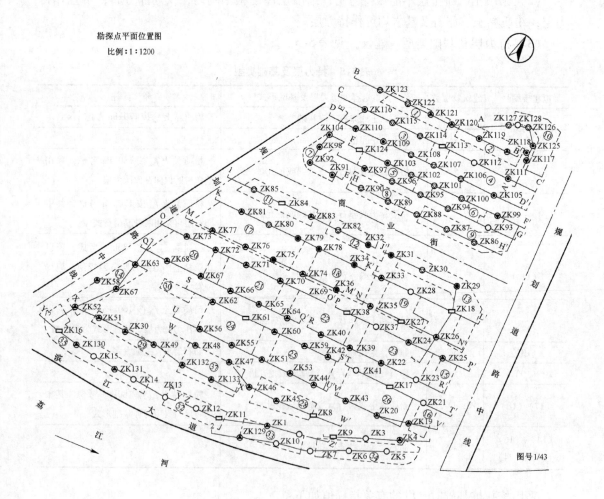

图 5-3 勘探点平面位置图

附图2：工程地质剖面图，如图5-4所示；

工程地质剖面图 $F-F'$

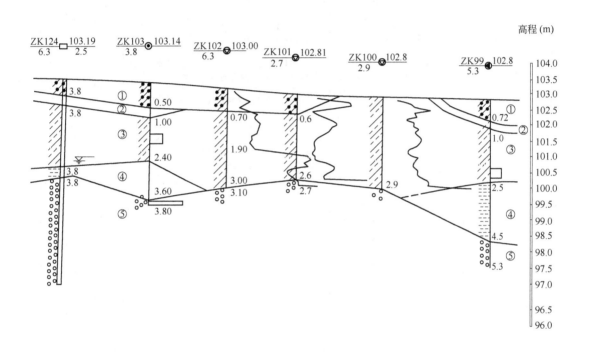

图5-4　工程地质剖面图

附图3：综合柱状图，如图5-5所示。

工程名称	某综合大市场		工程编号	2003-54		钻孔编号	2K84	孔口高程 (m)		103.08
探孔深度 (m)	4.80	X坐标(m)	1813.20	Y坐标(m)	810.60	开孔日期			终孔日期	
初始水位 (m)		稳定水位 (m)		承压水位 (m)						

地层编号	地层名称	高程(m)	深度(m)	厚度(m)	柱状图图例 1:50	地层描述	TCR	RQD	取样编号
①	杂填土	102.68	0.40	0.40		杂填土、黄褐色，以粗砂角砾为主，松散，属新填土，上部约50cm土质较紧密			
②	耕土	102.38	0.70	0.30		耕土，灰色，可塑至软塑，根湿～饱和，夹植物根系及有机质			
③	粉质黏土	101.68	1.40	0.70		粉质黏土：黄色，可塑～硬塑，很湿～饱和，具中等压缩性，含粉细砂。属冲积物			
④	细砂	101.38	1.70	0.30		细砂：黄褐色，稍密，饱和，含粘粒，属冲积物			
⑤	卵石	98.28	4.80	3.10		卵石：灰色，中密，饱和，卵石含量85%左右，含少量漂石，漂石最大粒径40cm,砂砾充填，卵石及漂石成分以灰岩，石英岩及石英砂岩为主，磨圆度及分选性好			

图 5-5 　场地钻孔柱状图

小　结

（1）岩土工程勘察的目的是为工程设计与施工提供工程地质依据。岩土工程勘察的可行性研究勘察、初步勘察、详细勘察三个阶段分别为各自阶段的工程建设提供依据。

（2）根据工程重要性等级、场地复杂等级和地基复杂程度等级综合分析将岩土工程勘察划分为甲、乙、丙三个级别。

（3）岩土工程勘察方法包括工程地质测绘和调查、勘探、室内试验与原位测试等。不同方法有不同的适用条件和目的。

（4）岩土工程参数统计分析与取值是岩土工程勘察内业工作的重要组成部分，是对原位测试和室内试验数据进行处理、加工，从中提出代表性的设计、施工参数，作为岩土工程勘察分析评价的重要依据。

（5）岩土工程参数分析内容包括对原始数据的误差分析和有效数字的取舍，数据统计特征的分析，平均值和标准值的计算等。它应该采用统计的方法获得有代表性的参数，对于所得到的岩土工程参数也只能从统计的概念上去理解，才能正确使用。

（6）岩土工程勘察报告一般包括文字部分和图表部分。它要根据勘察要求客观地描述场地岩土层的基本情况，包括一般描述、量化的物理性质与力学、工程性质的描述等，还要对具体工程提出相应的评价和建议。

习　　题

5-1　简述勘察工作的目的和任务。

5-2　岩土工程勘察的等级是怎样划分的？

5-3　岩土工程勘察分为几个阶段，各阶段的工作任务什么？

5-4　岩土工程勘察报告包括哪些内容？

6 天然地基上的浅基础

6.1 概　述

地基基础设计必须根据建筑物的用途和安全等级、建筑布置和上部结构类型，充分考虑建筑场地和地基岩土条件，结合施工条件以及工期、造价等方面要求，合理选择地基基础方案，因地制宜、精心设计，以保证建筑物的安全和正常使用。

地基基础的设计和计算应该满足下列三项基本原则：

（1）对防止地基土体剪切破坏和丧失稳定性方面，应具有足够的安全度。

（2）应控制地基的特征变形量，使之不超过建筑物的地基特征变形允许值，以免引起基础和上部结构的损坏或影响建筑物的使用功能和外观。

（3）基础的形式、构造和尺寸，除应能适应上部结构、符合使用需要、满足地基承载力（稳定性）和变形要求外，还应满足对基础结构的强度、刚度和耐久性的要求。

基础按埋置深度可分为浅基础和深基础。浅基础将上部结构传来的荷载向相对浅层的土层中传递。深基础则将荷载向深部土层传递。

如果地基土中有良好的土层，应尽量选该土层作为直接承受基础荷载的持力层，即采用天然地基。一般将天然地基上，埋置深度小于 5m 的基础及埋置深度虽超过 5m 但小于基础宽度的基础统称为天然地基上的浅基础，如图 6-1 （a）所示。

当天然地基土层较软弱或具有特殊工程性质，如湿陷性黄土、膨胀土等，不适于做天然地基时，可对上部地基土进行加固处理，从而形成人工地基，如图 6-1 （b）所示。另外，还可采用桩基础等深基础形式，将荷载向深部土层传递，如图 6-1 （c）、（d）所示。

在选择地基基础方案时，通常优先考虑天然地基上的浅基础，因为这类基础具有施工简便，用料省，工期短等优点。当这类基础难以适应较差的地基条件或上部结构的荷载、构造及使用要求时，才考虑采用人工地基上的浅基础或深基础。

天然地基上浅基础设计内容与步骤：

（1）根据上部结构形式、荷载大小，选择基础的结构形式、材料并进行平面布置。

（2）选择基础的埋置深度。

（3）确定地基承载力。

（4）根据基础顶面荷载值及持力层地基承载力，初步计算选择基础底面尺寸。

（5）若地基持力层下部存在软弱土层，则需验算软弱下卧层的承载力。

（6）甲级、乙级建筑物及部分丙级建筑物应进行地基变形验算。

（7）基础结构设计（按基础布置进行基础内力分析计算、截面计算设计，满足构造要求）。

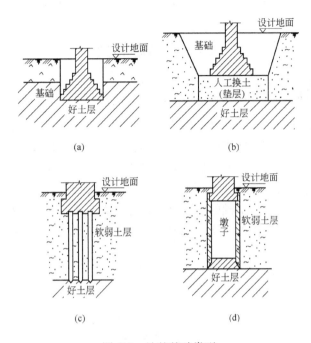

图 6-1 地基基础类型

(a) 天然地基上的浅基础；(b) 人工地基；(3) 桩基础；(d) 深基础

（8）绘制基础施工图，提出施工要求与说明。

以上浅基础设计各项内容相互关联。通常首先选择基础材料、类型和埋深，然后进行逐项计算设计。在此过程中发现前面选择不能满足要求时，则要修改设计，直至各项计算均满足要求为止。

对于位于良好均质地基上刚度大的基础和墙柱均匀布置、作用荷载对称且大小相近的上部结构的情况，在工程设计中通常把上部结构、基础和地基三者分割开来，分别对三者进行计算，视上部结构底端为固定支座或固定铰支座，不考虑各墙柱底端相对位移进行内力分析；而对地基与基础，则假定基底压力呈直线分布，分别计算基础内力和地基沉降，这种方法称为常规设计法。

事实上，上部结构、基础和地基是一个整体，三者相互影响、相互制约。基础承受上部结构荷载并对地基表面产生作用（基底压力），同时，地基表面对基础产生反力（地基反力）。地基土体因此产生附加应力及变形，而基础在上部结构和地基作用下产生内力和位移。地基与基础之间、基础与上部结构之间，除了荷载作用外，还会产生与抵抗变形能力（刚度）有关的协调变形，即它们相互连接接触的部位，在荷载、位移和刚度综合影响下，一般仍然保持连接接触，满足变形协调条件。以上概念，称为地基－基础－上部结构相互作用。在地基软弱、基础平面大、上部结构荷载分布不均等情况下，地基沉降和反力分布将受到基础和上部结构的影响，而基础和上部结构的内力和变形也将调整。若按常规设计法计算，墙柱底端位移、基础挠曲和地基沉降将各不相同，三者变形不协调，不符合实际，而且地基不均匀沉降所引起的上部结构附加内力和基础内力的变化也未能在设计中考虑，偏于不安全。

6.2　浅基础类型

6.2.1　无筋扩展基础

无筋扩展基础通常由砖、石、素混凝土、灰土和三合土等材料建成。这些材料都具有较好的抗压性能，但抗拉、抗剪强度却不高。因此，设计时必须保证基础内的拉应力和剪应力不超过材料强度的设计值。通常通过对基础构造的限制来实现这一目标，即基础的外伸宽度与基础高度的比值（称为无筋扩展基础台阶宽高比）小于基础的台阶宽高比的允许值，如图 6-2 所示。这样，基础的相对高度都比较大，几乎不发生挠曲变形，所以此类基础常称为刚性基础或刚性扩展（大）基础。基础形式有墙下条形基础和柱下独立基础。

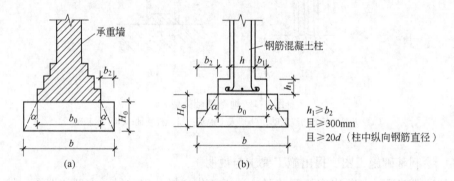

图 6-2　无筋扩展基础构造示意图

无筋扩展基础因材料特性不同而有不同的适用性。用砖、石及素混凝土砌筑的基础一般可用于六层及六层以下的民用建筑和砌体承重的厂房。在我国华北和西北环境比较干燥的地区，灰土基础广泛用于五层及五层以下的民用房屋。在南方常用的三合土及四合土（水泥、石灰、砂、骨料按 1:1:5:10 或 1:1:6:12 配比）一般用于不超过四层的民用建筑。另外，石材及素混凝土常是中小型桥梁和挡土墙的刚性扩展基础的材料。

6.2.2　钢筋混凝土基础

钢筋混凝土基础具有较强的抗弯、抗剪能力，适合于荷载大，且有力矩荷载的情况或地下水位以下的基础，常做成扩展基础、条形基础、筏形基础、箱形基础等形式。由于钢筋混凝土基础有很好的抗弯能力，因此也称为柔性基础。这种基础能发挥钢筋的抗拉性能及混凝土抗压性能，适用范围十分宽广。

根据上部结构特点，荷载大小和地质条件，钢筋混凝土基础可构成如下结构形式。

6.2.2.1　扩展基础

钢筋混凝土扩展基础一般指钢筋混凝土墙下条形基础和钢筋混凝土柱下独立基础。扩展基础的抗弯和抗剪性能良好，可在竖向荷载较大、地基承载力不高以及承受水平力和力矩荷载等情况下使用。由于这类基础的高度不受台阶宽高比的限制，适宜需要"宽基浅埋"的场合下采用。例如当软土地基表层具有一定厚度的所谓"硬壳层"，并拟采用该层作为持力层时，可考虑采用这类基础形式。墙下扩展条形基础的构造如图 6-3 所示。如地基不均匀，为增强基础的整体性和抗弯能力，可以采用有肋的墙下条形基础，如图 6-3（b）所示，肋部配置足够的纵向钢筋和箍筋。为避免地基土变形对墙体的影响，或当建筑物较轻，作用在墙上的荷载不大，基础又需要做在较深的持力层上时，做条形基础也不经济，可采用墙下独立基础，将墙体砌筑在基础梁上，如图 6-4 所示。柱下独立基础的构造如图 6-5 所示，图 6-5（a）、（b）是现浇柱基础，6-5（c）是预制柱基础。

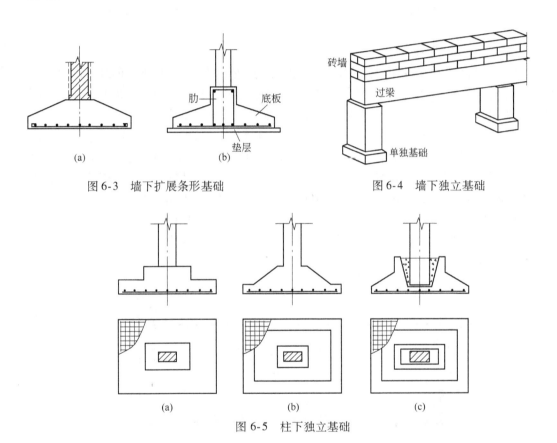

图 6-3　墙下扩展条形基础　　　　　　图 6-4　墙下独立基础

图 6-5　柱下独立基础

6.2.2.2　柱下条形基础及十字交叉基础

如果柱子的荷载较大而土层的承载力较低，若采用柱下独立基础，基底面积必然较大，在这种情况下可采用柱下单向条形基础，如图 6-6 所示。如果单向条形基础的底面积已能满足地基承载力要求，只需减少基础之间的沉降差，则可在另一方向加设联梁，形成联梁式条形基础。

如果柱网下的地基软弱，土的压缩性或柱荷载的分布沿两个柱列方向都很不均匀，一方面需要进一步扩大基础底面积，另一方面又要求基础具有较大的整体刚度以调整不均匀沉降，可沿纵横柱列设置条形基础而形成十字交叉条形基础，如图 6-7 所示。十字交叉条形基础具有较大的整体刚度，在多层厂房、荷载较大的多层及高层框架中常被采用。

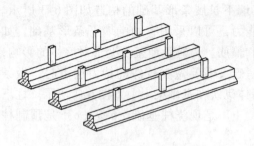

图 6-6 柱下单向条形基础

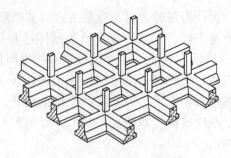

图 6-7 十字交叉条形基础

6.2.2.3 筏形基础

当柱子或墙传来的荷载很大，地基土较软，或者地下水常年在地下室的地坪以上，为了防止地下水渗入室内或有使用要求的情况下，往往需要把整个房屋（或地下室）底面做成一片连续的钢筋混凝土板作为基础，此类基础称为筏形基础或满堂基础。

图 6-8 为一例墙下筏形基础。对于柱下筏形基础常有如下两种形式：平板式和梁板式，如图 6-9 所示。平板式筏形基础是在地基上做一块钢筋混凝土底板，柱子通过柱脚支承在底板上或柱脚尺寸局部放大，如图 6-9（a）、（b）所示。梁板式基础分为下梁板式和上梁板式，如图 6-9（c）、（d）所示，下梁板式基础底板顶面平整，可作建筑物底层地面。

筏形基础，特别是梁板式筏形基础整体刚度较大，能很好地调整不均匀沉降。对于有地下室的房屋、高层建筑或本身需要可靠防渗底板的贮液结构物（如水池、油库）等，是理想的基础形式。

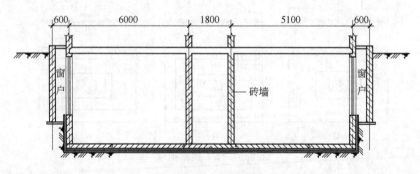

图 6-8 墙下筏形基础

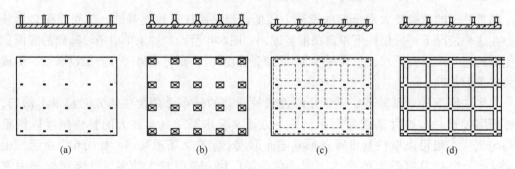

图 6-9 柱下筏形基础

6.2.2.4 箱形基础

箱形基础是由钢筋混凝土顶板、底板、纵横隔墙构成的，具有一定高度的整体性结构，如图6-10所示。箱形基础具有较大的基础底面，较深的埋置深度和中空的结构形式，使开挖卸去的土抵偿了上部结构传来的部分荷载在地基中引起的附加应力（补偿效应），所以，与一般实体基础（扩展基础和柱下条形基础）相比，它能显著减小基础沉降量。

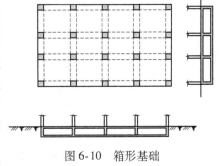

图 6-10 箱形基础

由顶、底板和纵、横墙形成的结构整体性使箱基具有比筏形基础更大的空间刚度，可抵抗地基或荷载分布不均匀引起的差异沉降和架越不太大的地下洞穴。此外，箱基的抗震性能较好。箱基形成的地下室可以提供多种使用功能。冷藏库和高温炉体下的箱基具有隔断热传导的作用，可防地基土的冻胀和干缩；高层建筑的箱基可作为商店、库房、设备层和人防之用。

6.3 基础的埋置深度

基础埋置深度是指基础底面距地面的距离。在满足地基稳定和变形的条件下，基础应尽量浅埋。确定基础埋深时应综合考虑如下因素，但对一单项工程来说，往往只是其中一两个因素起决定作用。

6.3.1 与建筑物有关的一些要求

基础埋置深度首先取决于建筑物的用途，有无地下室、设备基础和地下设施，以及基础的形式和构造，因而基础埋深要结合建筑设计标高的要求确定；高层建筑筏形和箱形基础的埋置深度应满足地基承载力、变形和稳定性要求。在抗震设防区，除岩石地基外，天然地基上的箱形和筏形基础其埋置深度不宜小于建筑物高度的1/15；桩箱或桩筏基础的埋置深度（不计桩长）不宜小于建筑物高度的1/18 ~1/20。位于基岩地基上的高层建筑物基础埋置深度，还要满足抗滑要求。对于高耸构筑物（烟囱、水塔、筒体结构），基础要有足够埋深以满足稳定性要求；对于承受上拔力的结构基础，如输电塔基础，悬索式桥梁的锚定基础，也要求有较大的埋深以满足抗拔要求。

另外，建筑物荷载的性质和大小影响基础埋置深度的选择，如荷载较大的高层建筑和对不均匀沉降要求严格的建筑物，往往为减小沉降，而把基础埋置在较深的良好土层上，这样，基础埋置深度相应较大。此外，承受水平荷载较大的基础，应有足够大的埋深，以保证地基的稳定性。

6.3.2 工程地质条件

直接支承基础的土层称为持力层，其下的各土层为下卧层。

当上层土的承载力高于下层土的承载力时宜取上层土作为持力层，特别是对于上层为"硬壳层"时，尽量做"宽基浅埋"。

对于上层土较软的地基土，视土层厚度而考虑是否挖除，或采用人工地基，或选择其他基础形式。

当土层分布明显不均匀，或建筑物各部分荷载差别较大时，同一建筑物可采用不同的埋深来调整不均匀沉降。对于持力层顶面倾斜的墙下条形基础可做成台阶状，如图6-11所示。

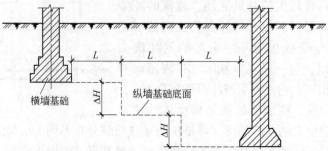

图6-11　埋置深度不同的基础及墙下台阶条形基础

位于稳定土坡坡顶上的建筑，当垂直于坡顶边缘线的基础底面边长小于或等于3m时，其基础底面外边缘线至坡顶的水平距离（见图6-12）应符合下式要求，但不得小于2.5m：

条形基础

$$a \geqslant 3.5b - \frac{d}{\tan\beta} \qquad (6-1)$$

矩形基础

$$a \geqslant 2.5b - \frac{d}{\tan\beta} \qquad (6-2)$$

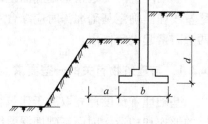

图6-12　基础底面外边缘距坡顶的
水平距离示意

式中　a——基础底面外边缘线至坡顶的水平距离；

　　　b——垂直于坡顶边缘线的基础底面边长；

　　　d——基础埋置深度；

　　　β——边坡坡角。

当基础底面外边缘线至坡顶的水平距离不满足式(6-1)、式（6-2）的要求时，根据稳定性验算方法圆弧滑动面法确定基础距坡顶边缘的距离和基础埋深。

当边坡坡角大于45°、坡高大于8m时，还应进行坡体稳定性验算。

6.3.3　水文地质条件

当地基内有潜水存在时，基础底面应尽量埋置在潜水位以上。若基础底面必须埋置在水位以下时，除应考虑施工时的基坑排水，坑壁围护（地基土扰动）等问题，还应考虑地下水对混凝土的腐蚀性，地下水的防渗以及地下水对基础底板的上浮作用。

对埋藏有承压含水层的地基，选择基础埋深时，须防止基底因挖土卸载而隆起开裂，如图6-13所示。必须

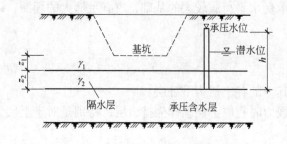

图6-13　基坑下有承压水含水层

控制基坑开挖深度，使承压含水层顶部的静水压力 u 与总覆盖压力 σ 的比值 $u/\sigma < 1$，否则应降低地下承压水水头。式中静水压力 $u = \gamma_w h$，h 为承压含水层顶部压力水头高；总覆盖压力 $\sigma = \gamma_1 z_1 + \gamma_2 z_2$，式中 γ_1、γ_2 分别为各土层的重度，水位下取饱和重度。

6.3.4 地基冻融条件

季节性冻土是冬季冻结、天暖解冻的土层。对由细粒土组成季节性冻土，冻结前的含水量较高且冻结期间地下水位低于冻结深度不足 $1.5 \sim 2.0\text{m}$，那么不仅处于冻结深度范围内的土中水将被冻结形成冰晶体，而且未冻结区的自由水和部分结合水会不断向冻结区迁移、聚集，使冰晶体逐渐扩大，引起土体发生膨胀和隆起，形成冻胀现象。位于冻胀区的基础所受到的冻胀力大于基底压力时，基础有可能被抬起。而在夏季，土体因温度升高而解冻，含水量增加，土体处于饱和及软化状态，强度降低，建筑物下陷，这种现象称为融陷。地基的冻胀与融陷一般是不均匀的，容易导致建筑物开裂损坏。因此，为避开冻胀区土层的影响，将基础底面宜设置在冻结线以下。

土体冻结后是否产生冻胀现象，主要与土的粒径、含水量、地下水位等有关。对于结合水极少的粗粒土，因不发生水分迁移。故不存在冻胀问题。处于坚硬状态的黏性土，因结合水含量少，冻胀作用很微弱。若地下水位较高或通过毛细水能使水分向冻结区补充，则冻胀会严重。《建筑地基基础设计规范》根据冻胀对建筑物的危害程度，把地基土的冻胀性分为不冻胀、弱冻胀、冻胀、强冻胀、特强冻胀五类。

对于埋置于可冻胀土中的基础，其最小埋深为：

$$d_{min} = z_d - h_{max} \tag{6-3}$$

式中，z_d（设计冻深）和 h_{max}（基底下允许残留冻土层最大厚度）可按《建筑地基基础设计规范》有关规定，根据基底压力的大小、基础形状、地基土的冻胀性和采暖情况按规范确定。

在冻胀、强冻胀、特强冻胀地基上，应采取一些防冻害措施。

6.3.5 场地环境条件

气候变化或树木生长导致的地基土胀缩，以及其他生物活动有可能危害基础的安全，因而基础底面应到达一定的深度，除岩石地基外，不宜小于 0.5m。为了保护基础，一般要求基础顶面低于设计地面至少 0.1m。

对靠近原有建筑物基础修建的新基础，其埋深不宜超过原有基础的底面，否则新、旧基础间应保留一定的净距，其值应根据原有基础荷载大小、基础形式和土质情况确定。不能满足上述要求时，应采取分段施工，设临时加固支撑、打板桩、地下连续墙等施工措施，或加固原有建筑物地基，以保证邻近原有建筑物的安全。

如果基础邻近有管道或沟、坑等设施时，基础底面一般应低于这些设施的底面。临水建筑物，为防流水或波浪的冲刷，其基础底面应位于冲刷线以下。

6.4 地基承载力的确定

地基基础设计首先应保证在上部结构荷载作用下，地基土不至于发生剪切破坏而失效。因而，要求基底压力不大于地基承载力，即基底尺寸应满足地基强度条件。

地基承载力的确定方法可归纳为三类：

（1）根据土的抗剪强度指标以理论公式计算。

（2）按现场载荷试验的 $p-s$ 曲线确定。

（3）按工程经验确定。这些方法各有长短，互为补充，可结合起来综合确定。

6.4.1　按土的抗剪强度指标以理论公式确定

土力学中介绍的地基临塑荷载 p_{cr}、临界荷载 $p_{1/4}$ 以及极限荷载 p_u 均可用来衡量地基承载力。对于给定的基础，地基从开始出现塑性区到整体破坏，相应的基础荷载有一个相当大的变化范围。实践证明，地基中出现小范围的塑性区对安全并无妨碍，而且相应的荷载与极限荷载 p_u 相比，一般仍有足够的安全度。因此，《建筑地基基础设计规范》采用以临界荷载 $p_{1/4}$ 为基础的理论公式结合经验给出计算地基承载力特征值 f_a 的公式：

$$f_a = M_b \gamma b + M_d \gamma_m d + M_c c_k \tag{6-4}$$

式中　M_b，M_d，M_c——承载力系数，按表 6-1 确定；

　　　　b——基础底面宽度，m；大于 6m 时按 6m 取值，对于砂土，小于 3m 时按 3m 取值；

　　　　c_k——基底下一倍宽深度内土的黏聚力标准值，kPa。

表 6-1　承载力系数 M_b、M_d、M_c

土的内摩擦角标准值 $\varphi_k/(°)$	M_b	M_d	M_c
0	0	1.00	3.14
2	0.03	1.12	3.32
4	0.06	1.25	3.51
6	0.10	1.39	3.71
8	0.14	1.55	3.93
10	0.18	1.73	4.17
12	0.23	1.94	4.42
14	0.29	2.17	4.69
16	0.36	2.43	5.00
18	0.43	2.72	5.31
20	0.51	3.06	5.66
22	0.61	3.44	6.04
24	0.80	3.87	6.45
26	1.10	4.37	6.90
28	1.40	4.93	7.40
30	1.90	5.59	7.95
32	2.60	6.35	8.55
34	3.40	7.21	9.22
36	4.20	8.25	9.97
38	5.00	9.44	10.80
40	5.80	10.84	11.73

注：φ_k 为基底下一倍短边宽深度内土的内摩擦角标准值。

式中的 f_a 与 $p_{1/4}$ 不同的是，当 $\varphi_k \geqslant 24°$ 时的 M_b 值是从砂土静载荷试验资料中取定的经验数值，它比理论值大得多，以便合理发挥砂土的承载力。此外，$p_{1/4}$ 计算公式是按均布条形荷载推导得出的，所以《建筑地基基础设计规范》规定，采用式（6-4）确定地基承

载力 f_a 时，要求基础偏心距 $e \leqslant b/30$，式中 b 为偏心方向基础边长。

确定地基承载力也可采用极限承载力公式，如汉森公式、魏锡克公式、太沙基公式等，这些公式在不同程度上反映了影响地基承载力的各种因素，在国外应用很广，国内一些行业和地方规范也有推荐采用。

6.4.2 按载荷试验确定地基的承载力

确定地基承载力最可靠的方法是在拟建场地进行载荷试验。

根据载荷试验的各级荷载及其相应的稳定沉降的观测数值，可采用适当比例尺绘制荷载 p 与稳定沉降 s 的关系曲线（$p-s$ 曲线），必要时还可绘制各级荷载下的沉降与时间 $(s-t)$ 的关系曲线，由 $p-s$ 曲线可确定承载力。

对于密实砂土、硬塑黏土等低压缩性土，其 $p-s$ 曲线通常有比较明显的起始直线段和陡降段，即可得到极限荷载，如图 6-14 （a）所示。考虑到低压缩性土的承载力一般由强度安全控制，故《建筑地基基础设计规范》（GB50007—2002）规定取图中的 p_1（比例界限荷载）作为承载力。此时，地基的沉降量很小，但是对于少数呈"脆性"破坏的土，p_1 与极限荷载 p_u 很接近，当 $p_u < 2p_1$ 时，取 $p_u/2$ 作为承载力。

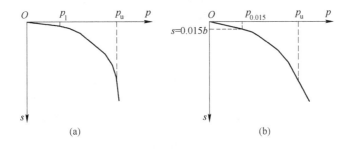

图 6-14　荷载-沉降（$p-s$）曲线

对于有一定强度的中、高压缩性土，如松砂、填土、可塑黏土等，$p-s$ 曲线无明显转折点，但是曲线的斜率随荷载的增加而逐渐增大，最后稳定在某个最大值，即呈渐进破坏的"缓变型"，如图 6-14 （b）所示。此时，极限荷载 p_u 可取曲线斜率开始到达最大值时所对应的压力。不过，要取得 p_u 值，必须把载荷试验进行到有很大的沉降才行。而实践中往往因受加荷设备的限制，或出于安全考虑，不能将试验进行到这种地步，因而无法取得 p_u 值。此外，土的压缩性较大，通过极限荷载确定的地基承载力未必能满足对地基沉降的限制。

事实上，中、高压缩性土的地基承载力，往往由沉降量控制。由于沉降量与基础（或载荷板）底面尺寸、形状有关，而试验采用的载荷板通常总是小于实际基础的底面尺寸，为此，不能直接以基础的允许沉降值在 $p-s$ 曲线上定出地基承载力。由变形计算原理得知，如果载荷板和基础下的基底压力相同，且地基土是均匀的，则它们的沉降值与各自宽度 b 的比值（s/b）大致相等。规范总结了许多实测资料，当压板面积为 $0.25 \sim 0.50\text{m}^2$ 时，规定取 $s = (0.010 \sim 0.015)b$ 所对应的压力作为承载力，但其值不应大于最大加载量的一半。

对同一土层，试验点数不应少于三个，如所得试验值的极差不超过平均值 30%，则取该平均值作为地基承载力f_{ak}，然后再按本节式（6-5）考虑实际基础的宽度b和埋深d，得到修正后的地基承载力特征值f_a。

载荷板的尺寸一般比实际基础小，影响深度较小，试验只反映这个范围内土层的承载力。如果载荷板影响深度之下存在软弱下卧层，而该层又处于基础的主要受力层内，如图6-15所示的情况，此时除非采用大尺寸载荷板做试验，否则载荷试验不能真实地揭示下卧层地基土承载力情况。

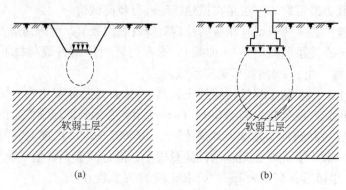

图 6-15　基础宽度对附加应力的影响
（a）载荷试验；（b）实际基础

6.4.3　按工程经验确定

我国各地区都有各自由野外鉴别、土的物理与力学指标、或现场原位测试（如旁压试验、动力触探、标准贯入试验、静力触探试验等）结果，按照经验关系或查表求取地基承载力的方法。具体工程中也可根据拟建建筑物附近已有建筑物的情况确定。

我国幅员辽阔，土层分布的特点具有很强的地域性，各地区和各部门在使用各种测试仪器的过程中积累了很多地区性或行业性的经验，建立了许多地基承载力和原位测试指标之间的经验公式。因而地基承载力的确定可结合当地或部门经验综合确定。

6.4.4　地基承载力的修正

理论分析和工程实践均已证明，基础的埋深、基础底面尺寸影响地基的承载能力。而上述原位测试中，地基承载力测定都是在一定条件下进行的。因此，必须考虑这两个因素影响。通常采用经验修正的方法来考虑实际基础的埋置深度和基础宽度对地基承载力的有利影响。《建筑地基基础设计规范》GB50007 规定采用如下公式进行计算：

$$f_a = f_{ak} + \eta_b \gamma (b - 3) + \eta_d \gamma_m (d - 0.5) \tag{6-5}$$

式中　f_a——修正后的地基承载力特征值；

f_{ak}——地基承载力，按载荷试验或其他原位测试方法确定；

η_b，η_d——基础宽度和埋深的地基承载力修正系数，按表6-2查取；

γ——基础底面以下土的重度，水位以下取有效重度；

b——基础底面宽度（m），当基宽小于3m按3m取值，大于6m按6m取值；

γ_m——基础底面以上土的加权平均重度，水位以下取有效重度；

d——基础埋置深度（m），一般自室外地面标高算起。在填方整平地区，可自填土地面标高算起，但填土在上部结构施工后完成时，应从天然地面标高算起。对于地下室，如采用箱形基础或筏基时，基础埋置深度自室外地面标高算起；当采用独立基础或条形基础时，应从室内地面标高算起。

表6-2 承载力修正系数

土 的 类 别		η_b	η_d
淤泥和淤泥质土		0	1.0
人工填土 e 或 I_L 大于等于 0.85 的黏性土		0	1.0
红黏土	含水比 $\alpha_w > 0.8$	0	1.2
	含水比 $\alpha_w \leq 0.8$	0.15	1.4
大面积压实填土	压实系数大于 0.95、黏粒含量 $\rho_c \geq 10\%$ 的粉土最大	0	1.5
	干密度大于 2.1t/m³ 的级配砂石	0	2.0
粉土	黏粒含量 $\rho_c \geq 10\%$ 的粉土	0.3	1.5
	黏粒含量 $\rho_c < 10\%$ 的粉土	0.5	2.0
e 及 I_L 均小于 0.85 的黏性土		0.3	1.6
粉砂、细砂（不包括很湿与饱和时的稍密状态）		2.0	3.0
中砂、粗砂、砾砂和碎石土		3.0	4.4

注：1. 强风化和全风化的岩石，可参照所风化的相应土类取值，其他状态下的岩石不修正；

2 地基承载力按深层平板载荷试验确定时 η_d 取 0。

对于主楼和裙楼一体的结构，主体结构地基承载力深度修正时，宜将基础底面以上范围内的荷载，按基础两侧的超载考虑，当超载宽度大于基础宽度两倍时，可将超载折算成土层厚度作为基础埋深，基础两侧超载不等时，取小值。

需要注意的是，当采用理论方法按土的抗剪强度指标确定了地基承载力后，由于它们已考虑了基础宽度和埋深的影响，因此，就不再进行承载力深度和宽度的修正。

此外，以上地基承载力都是按基础承载机理确定，对于深基础，则有所不同。

【例题6-1】某场地土层分布及各项物理力学指标如图6-16所示，若在该场地拟建下列基础：

（1）柱下扩展基础，底面尺寸为 2.6m×4.8m，基础底面设置于粉质黏土层顶面。

（2）高层箱形基础，底面尺寸 12m×45m，基础埋深为 4.2m。试确定这两种情况下经过深宽修正后的持力层承载力。

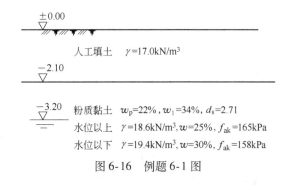

图6-16 例题6-1图

【解】（1）柱下扩展基础：

$b = 2.6m < 3m$，按 3m 考虑，$d = 2.1m$

粉质黏土层水位以上 $I_L = \dfrac{w - w_p}{w_1 - w_p} = \dfrac{25 - 22}{34 - 22} = 0.25$

$$e = \frac{d_s(1+w)\gamma_w}{\gamma} - 1 = \frac{2.71 \times (1 + 0.25) \times 10}{18.6} - 1 = 0.82$$

查表 6-2 得 $\eta_b = 0.3$、$\eta_d = 1.6$。

将各指标值代入式（6-5）中得

$$
\begin{aligned}
f_a &= f_{ak} + \eta_b\gamma(b - 3) + \eta_d\gamma_m(d - 0.5) \\
&= 165 + 0 + 1.6 \times 17 \times (2.1 - 0.5) \\
&= 211.2 \text{kPa}
\end{aligned}
$$

（2）箱形基础：

$b = 12m > 6m$，按 6m 考虑，$d = 4.2m$

基础底面位于水位以下

$$I_L = \frac{w - w_p}{w_1 - w_p} = \frac{30 - 22}{34 - 22} = 0.67$$

$$e = \frac{d_s(1+w)\gamma_w}{\gamma} - 1 = \frac{2.71 \times (1 + 0.30) \times 10}{19.4} - 1 = 0.82$$

查表 6-2 得 $\eta_b = 0.3$、$\eta_d = 1.6$。

水位以下有效重度：

$$\gamma' = \frac{d_s - 1}{1 + e}\gamma_w = \frac{(2.71 - 1) \times 10}{1 + 0.82} = 9.4 \text{ kN/m}^3$$

或 $\gamma' = \gamma_{sat} - \gamma_w = 9.4 \text{ kN/m}^3$

基底以上土的加权平均重度为

$$\gamma_m = \frac{17 \times 2.1 + 18.6 \times 1.1 + 9.4 \times 1}{4.2} = 15.6 \text{ kN/m}^3$$

将各指标代入式（6-5）

$$
\begin{aligned}
f_a &= 158 + 0.3 \times 9.4 \times (6 - 3) + 1.6 \times 15.6 \times (4.2 - 0.5) \\
&= 258.8 \text{kPa}
\end{aligned}
$$

6.5　基础底面尺寸的确定

6.5.1　按持力层承载力初步确定基础底面尺寸

在设计浅基础时，一般先确定基础的埋置深度，选定地基持力层并求出地基承载力 f_a，然后根据上部荷载，或根据构造要求确定基础底面尺寸，要求基底压力满足下列条件：

$$p_k \leqslant f_a \tag{6-6}$$

当有偏心荷载作用时，除应满足式（6-6）要求外，还需满足下式：

$$p_{kmax} \leqslant 1.2 f_a \tag{6-7}$$

式中　p_k——相应于荷载效应标准组合时的基底平均压力；

p_{kmax}——相应于荷载效应标准组合时基底边缘最大压力值；

f_a——经过深度和宽度修正后的地基持力层承载力，可按6.4节介绍的方法确定。

（1）中心荷载作用下基础底面尺寸确定。中心荷载作用下，基础通常对称布置，基底压力假定均匀分布，按下式计算

$$p_k = \frac{F_k + G_k}{A} = \frac{F_k}{A} + \gamma_G d \tag{6-8}$$

式中 F_k——相应于荷载效应标准组合时，上部结构传至基础顶面处的竖向力；

G_k——基础自重和基础上土重；

A——基础底面面积；

γ_G——基础和基础上土的平均重度；

d——基础埋深。

由式(6-6)持力层承载力的要求，得

$$\frac{F_k}{A} + \gamma_G d \leqslant f_a$$

由此可得矩形基础底面面积应满足：

$$A \geqslant \frac{F_k}{f_a - \gamma_G d} \tag{6-9}$$

对于条形基础，可沿基础长度的方向取单位长度进行计算，荷载同样是单位长度上的荷载，则基础宽度应满足：

$$b \geqslant \frac{F_k}{f_a - \gamma_G d} \tag{6-10}$$

式(6-9)和式(6-10)中的地基承载力，在基础底面未确定以前可先只考虑深度修正，初步确定基底尺寸以后，再将宽度修正项加上，重新确定承载力，直至设计出最佳基础底面尺寸。

（2）偏心荷载作用下的基础底面尺寸确定。对于偏心荷载作用下的基础底面尺寸常采用试算法确定。计算方法如下：

1）先按中心荷载作用条件，利用式(6-9)或式(6-10)初步估算基础底面尺寸。

2）根据偏心程度，将基础底面积扩大10%～40%，并以适当的比例确定矩形基础的长 l 和宽 b，一般取 $l/b = 1 \sim 2$。

3）计算基底最大压力和基底平均压力，并使其分别满足式(6-6)和式(6-7)。这一计算过程可能要经过几次试算方能确定合适的基础底面尺寸。另外为避免基础底面由于偏心过大而与地基土脱开，箱形基础还要求基底边缘最小压力值满足下式：

$$p_{kmin} \geqslant 0 \tag{6-11}$$

或

$$e = \frac{M_k}{F_k + G_k} \leqslant b/6 \tag{6-12}$$

式中 e——偏心距；

M_k——相应于荷载效应标准组合时，作用于基础底面的力矩值；

F_k，G_k——相应于荷载效应标准组合时，上部结构传至基础顶面的竖向力值、基础自重和基础上的土重；

b——偏心方向的边长。

　　若持力层下有相对软弱的下卧土层，还须对软弱下卧层进行强度验算。如果建筑物有变形验算要求，应进行变形验算。承受水平力较大的高层建筑和不利于稳定的地基上的结构还须进行稳定性验算。

6.5.2　软弱下卧层承载力验算

　　当地基受力范围内持力层下存在承载力明显低于持力层承载力的高压缩性土，如沿海沿江一些地区，地表存在一层"硬壳层"，其下一般为很厚的软土层，其承载力明显低于上部"硬壳层"承载力。若以"硬壳层"为持力层，按持力层的承载力计算出基础底面尺寸后，还必须对软弱下卧层的承载力进行验算，要求作用在软弱下卧层顶面处的附加应力和自重应力之和不超过它的承载力，即满足：

$$\sigma_z + \sigma_{cz} \leqslant f_{az} \tag{6-13}$$

式中　σ_z——相应于荷载效应标准组合时软弱下卧层顶面处的附加应力值；

　　　σ_{cz}——软弱下卧层顶面处的自重应力值；

　　　f_{az}——软弱下卧层顶面处经深度修正后的地基承载力。

　　关于附加应力 p_z 的计算，《建筑地基基础设计规范》采用应力扩散简化计算方法。当持力层与下卧层的压缩模量比值 $E_{s1}/E_{s2} \geqslant 3$ 时，对于矩形或条形基础，可按应力扩散角的概念计算，如图 6-17 所示。假设基底附加压力（$p_{0k} = p_k - p_c$）按某一角度 θ 向下传递，根据基底与扩散面积上的总附加压力相等的条件可得软弱下卧层顶面处的附加应力：

　　矩形基础

$$\sigma_z = \frac{lb(p_k - p_c)}{(b + 2z\tan\theta)(l + 2z\tan\theta)} \tag{6-14}$$

　　条形基础仅考虑宽度方向的扩散，并沿基础纵向取单位长度为计算单元，于是可得

$$\sigma_z = \frac{b(p_k - p_c)}{b + 2z\tan\theta} \tag{6-15}$$

式中　σ_z——软弱下卧层顶面处附加应力；

　　　l, b——分别为矩形基础底面的长度和宽度；

　　　σ_c——基础底面处土自重应力；

　　　z——基础底面到软弱下卧层顶面的距离；

　　　θ——地基附加应力扩散线与垂直线的夹角，可按表 6-3 采用。

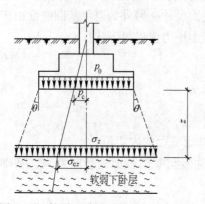

图 6-17　软弱下卧层顶面处的附加压力

表 6-3　地基附加应力扩散角 θ 值（°）

E_{s1}/E_{s2}	z/b	
	0.25	0.5
3	6	23
5	10	25
10	20	30

注：1. E_{s1} 为上层土压缩模量，E_{s2} 为下层土压缩模量；

　　2. $z/b < 0.25$ 时取 $\theta = 0°$，必要时，宜由试验确定，$z/b > 0.50$ 时 θ 值不变。

由式（6-14）可看出，若要减小作用于软弱下卧层顶面的附加应力 σ_z，可以采用加大基底面积（使扩散面积加大）或减小基础埋深（使 z 值增大）的方法。前者虽可有效减小 σ_z，但却可能使基础沉降量增加，因为 σ_z 的影响深度会随基底面积增加而增加，从而可能使软弱下卧层压缩量明显增加。而减小基础埋深可使基底到软弱下卧层顶面的距离增加，使附加应力在软弱下卧层中的影响减小，因而基础沉降随之减小。因此，当存在软弱下卧层时，基础宜浅埋，这样不仅使"硬壳层"充分发挥应力扩散作用，同时也减小了基础沉降。

【例题 6-2】 扩展基础的底面尺寸确定

某框架柱截面尺寸为 400mm×300mm，传至室内外平均标高位置处竖向力标准值为 $F_k = 700$kN，力矩标准值 $M_k = 80$kN·m，水平剪力标准值 $V_k = 13$kN；基础底面距室外地坪为 $d = 1.0$m，基底以上填土重度 $\gamma = 17.5$kN/m^3，持力层为黏性土，重度 $\gamma = 18.5$kN/m^3，孔隙比 $e = 0.7$，液性指数 $I_L = 0.78$，地基承载力 $f_{ak} = 226$kPa，持力层下为淤泥土，如图 6-18 所示，试确定柱基础的底面尺寸。

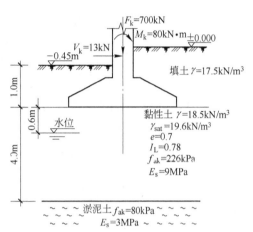

图 6-18 例题 6-2 图

【解】（1）确定地基持力层承载力。先不考虑承载力宽度修正项，由 $e = 0.7$，$I_L = 0.78$ 查表 6-2 得承载力修正系数 $\eta_b = 0.3$、$\eta_d = 1.6$，则

$$f_a = f_{ak} + \eta_d \gamma_m (d - 0.5)$$
$$= 226 + 1.6 \times 17.5 \times (1.0 - 0.5)$$
$$= 240 \text{kPa}$$

（2）试算法确定基底尺寸：

1）先不考虑偏心荷载，按中心荷载作用计算

$$A_0 = \frac{F_k}{f_a - \gamma_G d} = \frac{700}{240 - 20 \times 1.225} = 3.25 \text{m}^2$$

2）考虑偏心荷载时，面积扩大为 $A = 1.2 A_0 = 1.2 \times 3.25 = 3.90 \text{m}^2$

取基础长度 l 和基础宽度 b 之比为 $l/b = 1.5$，取 $b = 1.6$m，$l = 2.4$m，$l \times b = 3.84 \text{m}^2$。这里偏心荷载作用于长边方向。

3）验算持力层承载力。因 $b = 1.6$m < 3m，不考虑宽度修正，f_a 值不变，基底压力平均值

$$p_k = \frac{F_k}{lb} + \gamma_G \bar{d} = \frac{700}{1.6 \times 2.4} + 20 \times 1.225 = 206.8 \text{kPa}$$

基底压力最大值为

$$p_{max} = p_k + \frac{M_K}{W} = 206.8 + \frac{(80 + 13 \times 1.225) \times 6}{2.4^2 \times 1.6} = 206.8 + 62.5 = 269.3 \text{kPa}$$

$$1.2 f_a = 288 \text{kPa}$$

由结果可知 $p_k < f_a$，$p_{kmax} < 1.2 f_a$ 满足要求。

（3）软弱下卧层承载力验算。由 $E_{s1}/E_{s2}=3$，$z/b=4/1.6=2.5>0.5$，查表 6-3 得 $\theta=23°$。由表 6-2 可知，淤泥地基承载力修正系数 $\eta_b=0$、$\eta_d=1.0$，软弱下卧层顶面处的附加压力

$$
\begin{aligned}
p_z &= \frac{lb(p_k - p_c)}{(b + 2z\tan\theta)(1 + 2z\tan\theta)} \\
&= \frac{2.4 \times 1.6 \times (206.8 - 17.5 \times 1.0)}{(1.6 + 2 \times 4 \times \tan23°)(2.4 + 2 \times 4 \times \tan23°)} \\
&= 25.1 \text{kPa}
\end{aligned}
$$

软弱下卧层顶面处的自重压力

$$
\begin{aligned}
p_{cz} &= \gamma_1 d + \gamma_2 h_1 + \gamma h_2 \\
&= 17.5 \times 1 + 18.5 \times 0.6 + (19.6 - 10) \times 3.4 \\
&= 61.2 \text{ kPa}
\end{aligned}
$$

软弱下卧层顶面处的地基承载力修正特征值为

$$
\begin{aligned}
f_{az} &= f_{akz} + \eta_d \gamma_m (d - 0.5) \\
&= 80 + 1.0 \times \frac{17.5 \times 1 + 18.5 \times 0.6 + 9.6 \times 3.4}{5} \times (5 - 0.5) \\
&= 135.1 \text{kPa}
\end{aligned}
$$

由计算结果可得 $p_{cz} + p_z = 86.3$ kPa $< f_{az}$，满足要求。

6.5.3　地基变形验算

按地基承载力选择了基础底面尺寸之后，一般情况下已保证建筑物防止地基剪切破坏方面具有足够的安全度。但为了防止建筑物因地基变形或不均匀沉降过大造成建筑物的开裂与损坏，从而保证建筑物正常使用，还应对地基变形，特别是不均匀变形加以控制。

在常规设计中，一般都针对各类建筑物的结构特点、整体刚度和使用要求的不同，计算地基变形的某一特征值 Δ，验算其是否小于变形允许值 $[\Delta]$，即要求满足下列条件

$$\Delta \leqslant [\Delta] \tag{6-16}$$

在进行地基变形验算时，传至基础底面上的荷载效应按正常使用极限状态下荷载效应的准永久组合，不应计入风荷载和地震作用。这主要是考虑风荷载与地震作用属于短期作用，而地基沉降的发生是需要时间的。

6.5.3.1　要求验算地基特征变形的建筑物范围

（1）设计等级为甲级、乙级的建筑物，均应按地基变形设计。

（2）表 6-4 所列范围外、设计等级为丙级的建筑物。

（3）表 6-4 所列范围内、设计等级为丙级的建筑物可不作变形验算，如有下列情况之一时，仍应作变形验算：

1）地基承载力小于 130kPa，且体型复杂的建筑；

2）在基础上及其附近有地面堆载或相邻基础荷载差异较大，可能引起地基产生过大的不均匀沉降时；

3）软弱地基上的建筑物存在偏心荷载时；

4）相邻建筑距离过近，可能发生倾斜时；

5）地基内有厚度较大或厚薄不均的填土，其自重固结尚未完成时。

表 6-4　可不作地基变形计算设计等级为丙级的建筑物范围

地基主要受力层情况			$60 \leqslant f_{ak} < 80$	$80 \leqslant f_{ak}$ < 100	$100 \leqslant f_{ak}$ < 130	$130 \leqslant f_{ak}$ < 160	$160 \leqslant f_{ak}$ < 200	$200 \leqslant f_{ak}$ < 300
	地基承载力 f_{ak}/kPa							
	各土层坡度/%		≤5	≤5	≤10	≤10	≤10	≤10
建筑类型	砌体承重结构、框架结构（层数）		≤5	≤5	≤5	≤6	≤6	≤7
	单层排架结构（6m柱距）	单跨	吊车额定起重量/t	5 ~ 10	10 ~ 15	15 ~ 20	20 ~ 30	30 ~ 50	50 ~ 100
			厂房跨度/m	≤12	≤18	≤24	≤30	≤30	≤30
		多跨	吊车额定起重量/t	3 ~ 5	5 ~ 10	10 ~ 15	15 ~ 20	20 ~ 30	30 ~ 75
			厂房跨度/m	≤12	≤18	≤24	≤30	≤30	≤30
	烟囱	高度/m	≤30	≤40	≤50	≤75		≤100
	水塔	高度/m	≤15	≤20	≤30	≤30		≤30
		容积/m³	≤50	50 ~ 100	100 ~ 200	200 ~ 300	300 ~ 500	500 ~ 1000

注：1. 地基主要受力层系指条形基础底面下深度为 3b（b 为基础底面宽度），独立基础下为 1.5b，且厚度均不小于 5m 范围（二层以下一般的民用建筑除外）；

2. 地基主要受力层中如有承载力小于 130kPa 的土层时，表中砌体承重结构的设计，应符合《建筑地基基础设计规范》第 7 章的有关要求；

3. 表中砌体承重结构和框架结构均指民用建筑，对于工业建筑可按厂房高度、荷载情况折合成与其相当的民用建筑层数；

4. 表中吊车额定起重量、烟囱高度和水塔容积的数值系指最大值。

6.5.3.2　地基变形特征

具体建筑物所需验算的地基变形特征取决于建筑物的结构类型、整体刚度和使用要求。地基变形特征一般分为四种，即

（1）沉降量。基础某点的沉降值。

（2）沉降差。基础两点或相邻柱基中点的沉降量之差；

（3）倾斜。基础倾斜方向两端点的沉降差与其距离的比值；

（4）局部倾斜。砌体承重结构沿纵向 6 ~ 10m 内基础两点的沉降差与其距离的比值。

建筑物的地基变形允许值可按表 6-5 规定采用。对表中未包括的其他建筑物的地基变形允许值，可根据上部结构对地基变形的适应能力和使用上的要求确定。

表 6-5　建筑物的地基变形允许值

地基变形特征	地基土类别	
	中低压缩性土	高压缩性土
砌体承重结构基础的局部倾斜	0.002	0.003
工业与民用建筑相邻柱基沉降差		
（1）框架结构	0.002L	0.003L
（2）砌体墙填充的边排柱	0.0007L	0.001L
（3）当基础不均匀沉降时不产生附加应力的结构	0.005L	0.005L
单层排架结构（柱距为6m）柱基的沉降量/mm	(120)	200

续表6-5

地基变形特征	地基土类别	
	中低压缩性土	高压缩性土
桥式吊车轨面的倾斜（按不调整轨道考虑）		
纵向	0.004	
横向	0.003	
多层和高层建筑的整体倾斜		
$H_g \leqslant 24$	0.004	
$24 < H_g \leqslant 60$	0.003	
$60 < H_g \leqslant 100$	0.0025	
$H_g > 100$	0.002	
体形简单的高层建筑基础的平均沉降量/mm	200	
高耸结构基础的倾斜		
$H_g \leqslant 20$	0.008	
$20 < H_g \leqslant 50$	0.006	
$50 < H_g \leqslant 100$	0.005	
$100 < H_g \leqslant 150$	0.004	
$150 < H_g \leqslant 200$	0.003	
$200 < H_g \leqslant 250$	0.002	
高耸结构基础的沉降量/mm		
$H_g \leqslant 100$	400	
$100 < H_g \leqslant 200$	300	
$200 < H_g \leqslant 250$	200	

注：1. 本表数值为建筑物地基实际最终变形允许值；

　　2. 有括号者仅适用于中压缩性土；

　　3. L为相邻柱基的中心距离，mm；H_g为自室外地面起算的建筑物高度，m。

一般砌体承重结构房屋的长高比不太大，如图6-19所示，以局部倾斜为主，应以局部倾斜作为地基的主要特征变形，如图6-20所示。

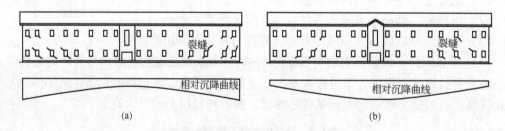

图6-19　砌体承重结构不均匀沉降

对于框架结构和砌体墙填充的边排柱，主要是由于相邻柱基的沉降差使构件受剪扭曲而损坏，所以设计计算应由沉降差来控制，如图6-21所示。

以屋架、柱和基础为主体的木结构和排架结构，在低压缩性地基上一般不因沉降而损坏，但在中、高压缩性地基上就应限制单层排架结构柱基的沉降量，尤其是多跨排架中受荷较大的中排柱基的下沉，以免支承于其上的相邻屋架发生对倾而使端部相碰。

相邻柱基的沉降差所形成的桥式吊车轨面沿纵向或横向的倾斜，会导致吊车滑行或卡轨。

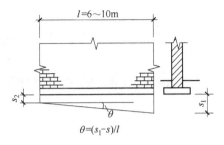

图 6-20 砌体承重结构局部倾斜

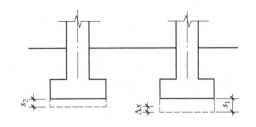

图 6-21 相邻柱基的沉降差

对于高耸结构以及长高比很小的高层建筑，应控制基础的倾斜，如图 6-22 所示。地基土层的不均匀以及邻近建筑物的影响是高耸结构物产生倾斜的重要原因。这类结构物的重心高，基础倾斜使重心侧向移动引起偏心力矩荷载，不仅使其基底边缘压力增加而影响倾覆稳定性，还会导致高烟囱等筒体的附加弯矩。因此高层、高耸结构基础的倾斜允许值随结构高度的增加而递减。

如果地基的压缩性比较均匀，且无邻近荷载影响，对高耸建筑物及体形简单的高层建筑，只验算基础中心沉降量，可不作倾斜验算。

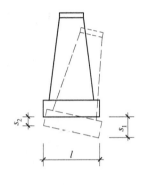

图 6-22 高耸结构物倾斜

高层高耸结构物倾斜（见图 6-22）主要取决于人们视觉的敏感程度，倾斜值达到明显可见的程度大致为 1/250，结构破坏则大致在倾斜值达到 1/150 时开始。为了使基础倾斜控制在合适的范围内，以减小结构物附加弯矩，通过分析得出倾斜允许值 $[\theta]$ 为：

$$[\theta] = \frac{b}{120H_0} \qquad (6-17)$$

式中　H_0——建筑物高度；

　　　b——基础宽度。

表 6-5 中倾斜允许值分别为 b/H_0 取为特定值而得，如高层倾斜允许值是令 $b/H_0 = 1/2, 1/3, 1/4, 1/5$ 而得到。

另外，在必要情况下，需要分别预估建筑物在施工期间和使用期间的地基变形值，以便预留建筑物有关部分之间的净空，考虑连接方法和施工顺序。一般多层建筑物在施工期间完成的沉降量，对于砂土可认为其最终沉降量已基本完成，对于低压缩黏性土可认为已完成最终沉降量的 50% ~ 80%，对于中压缩黏性土可认为已完成 20% ~ 50%，对于高压缩黏性土可认为已完成 5% ~ 20%。

6.5.4　地基稳定验算

地基失稳的形式有两种：一种是沿基底产生表层滑动，如图 6-23（a）所示；另一种是地基深层整体滑动破坏如图 6-23（b）所示。可能发生地基稳定性破坏情况：

（1）承受很大的水平力或倾覆力矩的建（构）筑物，如受风力或地震力作用的高层建筑或高耸构筑物；承受拉力的高压线塔架基础等；承受水压力或土压力的挡土墙、水坝、堤坝和桥台等。

（2）位于斜坡顶上的建（构）筑物，由于在荷载作用和环境因素的影响下，造成部分或整个边坡失稳。

（3）地基中存在软弱土（或夹）层；土层下面有倾斜的岩层面；隐伏的破碎或断裂带；地下水渗流的影响等。

表层滑动稳定安全系数 K_S 用基础底面与土之间的摩阻力的合力与作用于基底的水平力的合力之比来表示，即：

$$K_S = \frac{\mu_v \sum F_i + \mu_h E_0 + P}{\sum H_i} \geq 1.2 \tag{6-18}$$

式中 F_i——作用于基底的竖向力，kN；

H_i——作用于基底的水平力，kN；

μ_v，μ_h——基础与土的摩擦系数。

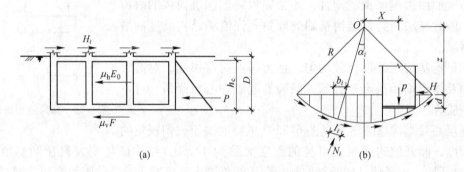

图 6-23   地基失稳的形式

地基深层整体滑动稳定问题可用圆弧滑动法进行验算。稳定安全系数指作用于最危险的滑动面上诸力对滑动中心所产生的抗滑力矩与滑动力矩的比值。即

$$K_S = \frac{M_R}{M_S} \geq 1.2 \tag{6-19}$$

当滑动面为平面时，稳定安全系数应提高到 1.3。

6.6   各种基础构造和计算简介

基础是一个承上启下的结构物，其上为上部结构，其下为支承基础的土层即地基，上部结构的荷载通过基础传递至地基。基础除受到来自上部结构的荷载作用外，同时还受到地基反力的作用，其截面内力是这两种荷载共同作用的结果。

根据基础的建造材料不同，其结构设计的内容也有所不同。由砖、石、素混凝土等材料建造的无筋扩展基础，因其截面抗压强度高而抗拉、抗剪强度低，在进行设计时采用控制基础宽高比的方法使基础主要承受压应力，并保证基础内产生的拉应力和剪应力都不超过材料强度值。由钢筋混凝土材料建造的基础，其截面的抗拉、抗剪强度较高，基础的形状布置也比较灵活，截面设计验算的内容主要包括基础底面尺寸、截面高度和截面配筋等。

6.6.1　无筋扩展基础

如6.2.1节和图6-2所示，无筋扩展基础通过控制台阶宽高比（刚性角）来保证基础内拉、剪应力不超过材料强度的设计值。按刚性角设计的基础相对高度都比较大，几乎不发生挠曲变形。基础截面可做成台阶形式，有时也可做成梯形。基础形式有墙下条形基础和柱下独立基础。

根据无筋扩展基础台阶的允许宽高比，在确定基础底面尺寸后，应使其满足下式

$$\frac{b - b_0}{2H_0} \leq [\tan\alpha] \tag{6-20}$$

则基础的高度为

$$H_0 \geq \frac{b - b_0}{2[\tan\alpha]} \tag{6-21}$$

式中　H_0——基础的高度；

$\tan\alpha$——基础台阶的允许宽高比，α 称之为刚性角，$\tan\alpha = \left[\dfrac{b_2}{H_0}\right]$，可按表6-6选取。

表6-6　无筋扩展基础台阶宽高比的允许值

基础材料	质　量　要　求	台阶宽高比的允许值		
		$p_k \leq 100$	$100 < p_k \leq 200$	$200 < p_k \leq 300$
混凝土基础	C15 混凝土	1∶1.00	1∶1.00	1∶1.25
毛石混凝土基础	C15 混凝土	1∶1.00	1∶1.25	1∶1.50
砖基础	砖不低于 MU10、砂浆不低于 M5	1∶1.50	1∶1.50	1∶1.50
毛石基础	砂浆不低于 M5	1∶1.25	1∶1.50	—
灰土基础	体积比为 3∶7 或 2∶8 的灰土其最小干密度：粉土 1.55t/m³；粉质黏土 1.50t/m³；黏土 1.45t/m³	1∶1.25	1∶1.50	—
三合土基础	体积比为 1∶2∶4 ~ 1∶3∶6（石灰∶砂∶骨料），每层约虚铺 220mm，夯至 150mm	1∶1.50	1∶2.00	—

注：1. p_k 为荷载效应标准组合时基础底面处的平均压力值，kPa；

　　2. 阶梯形毛石基础的每阶伸出的宽度，不宜大于200mm；

　　3. 当基础由不同材料叠合组成时，应对接触部分做抗压验算；

　　4. 基础底面处的平均压力值超过300kPa的混凝土基础，尚应进行抗剪验算。

采用无筋扩展基础的钢筋混凝土柱，其柱脚高度 h_1 不得小于 b_1，如图6-2（b）所示，并不应小于300mm且不小于 $20d$（d 为柱中的纵向受力钢筋的最大直径）。当柱纵向钢筋在柱脚内的竖向锚固长度不满足锚固要求时，可沿水平方向弯折，弯折后的水平锚固长度不应小于 $10d$ 也不应大于 $20d$。

若不满足上式时，可增加基础高度，或选择允许宽高比值较大的材料。如仍不满足，则需改用钢筋混凝土扩展基础。在同样荷载和基础尺寸的条件下，钢筋混凝土基础构造高

度较小，适宜"宽基浅埋"的情况。

根据不同的材料无筋扩展基础有如下构造要求：

（1）砖基础。砌基础所用砖强度
等级不低于 MU10，砂浆不低于 M5。
在砌筑基础前，一般应先做 100mm 厚
的 C10 的素混凝土垫层。砖基础常砌
筑成大放脚形式，砌法有两种，一种
是"两皮一收"砌法如图 6-24（a）
所示，一种是"二一隔收"砌法如图
6-24（b）所示，台阶宽高比分别为
1/2 和 1/1.5 均满足要求。

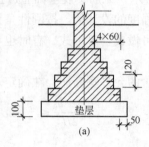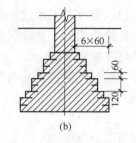

图 6-24　砖基础构造形式

（2）石料基础。料石（经过加工，
形状规则的石块），毛石和大漂石有相当高的强度和抗冻性，是基础的良好材料。特别在
山区，石料可以就地取材，应该充分利用。做基础的石料要选用质地坚硬，不易风化的岩
石。石块的厚度不宜小于 15cm。石料基础一般不宜用于地下水位以下。

（3）灰土基础。灰土是用石灰和土料配制而成的，在我国已有一千多年的使用历史。
石灰以块状为宜，经熟化 1～2 天后用 5～10mm 筛子过筛立即使用。土料宜用塑性指数较
低的粉土和黏性土，并过筛使用，粒径不得大于 15mm。石灰与土料按体积配合比 3:7 或
2:8 拌和均匀后，在基槽内分层夯实（每层虚铺 220～250mm，夯实至 150mm，称为一步
灰土）。灰土基础宜在比较干燥的土层中使用，其本身具有一定抗冻性。

（4）三合土基础。石灰、砂和骨料（炉渣、碎砖或碎石）加水混合而成。施工时石
灰、砂、骨料按体积配合比 1:2:4 和 1:3:6 拌和均匀再分层夯实。南方有的地区习惯使
用水泥，石灰、砂、骨料的四合土作为基础。所用材料体积配合比分别为 1:1:5:10
或 1:1:6:12。

（5）素混凝土基础。不设钢筋的混凝土基础常称为素混凝土基础。混凝土的耐久性，
抗冻性都比较好，强度较高，因此，同样的基础宽度，用混凝土时，基础高度可以小一
些。但混凝土造价稍高，耗水泥量较大，较多用于地下水位以下的基础或垫层。混凝土基
础强度等级一般为采用 C15，为节约水泥用量，可以在混凝土中掺入 20%～30% 的毛石，
形成毛石混凝土。

6.6.2　钢筋混凝土扩展基础

钢筋混凝土扩展基础包括钢筋混凝土柱下独立基础和墙下钢筋混凝土条形基础。这种
基础不受刚性角的限制，基础高度可以较小，用钢筋承受弯曲所产生的拉应力，但需要满
足抗弯、抗剪和抗冲切破坏的要求。

6.6.2.1　钢筋混凝土扩展基础构造要求

A　一般规定

（1）锥形基础的边缘高度，不宜小于 200mm；阶梯形基础的每阶高度宜为 300～
500 mm。

（2）垫层的厚度不宜小于 70 mm；垫层混凝土强度等级应为 C10。

（3）扩展基础底板受力钢筋的最小直径不宜小于 10 mm，间距不宜大于 200 mm 也不宜小于 100mm。墙下钢筋混凝土条形基础纵向分布钢筋的直径不小于 8mm；间距不大于 300mm；每延米分布钢筋的面积应不小于受力钢筋面积的 1/10。当有垫层时钢筋保护层的厚度不宜小于 40mm，无垫层时不小于 70mm。

（4）混凝土强度等级不应低于 C20。

（5）当基础宽度大于或等于 2.5m 时，底板受力钢筋的长度可取边长或宽度的 0.9 倍，并宜交错布置，如图 6-25（a）所示。

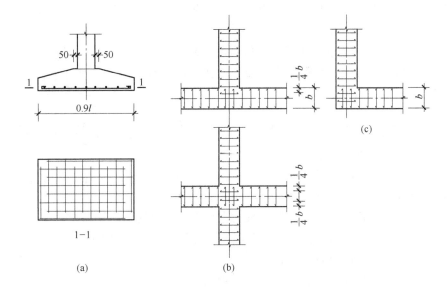

图 6-25　扩展基础底板受力钢筋布置示意图

（6）钢筋混凝土条形基础底板在 T 形及十字形交接处，底板横向受力钢筋仅沿一个主要受力方向通长布置，另一方向的横向受力钢筋可布置到主要受力方向底板宽度 1/4 处，如图 6-25（b）所示，在拐角处底板横向受力钢筋应沿两个方向布置，如图 6-25（c）所示。

B　钢筋混凝土现浇柱基础与柱的连接

（1）钢筋混凝土柱和剪力墙纵向受力钢筋在基础内的锚固长度 l_a 应根据钢筋在基础内的最小保护层厚度按现行《混凝土结构设计规范》有关规定确定。

（2）现浇柱的基础，其插筋的数量、直径以及钢筋种类应与柱内纵向受力钢筋相同。插筋的锚固长度应满足第（1）条的要求，插筋与柱的纵向受力钢筋的连接方法，应符合现行《混凝土结构设计规范》的规定。插筋的下端宜作成直钩放在基础底板钢筋网上。当符合下列条件之一时，可仅将四角的插筋伸至底板钢筋网上，其插筋锚固在基础顶面下 l_a 或 l_{aE}（有抗震设计要求时）处，如图 6-26 所示。

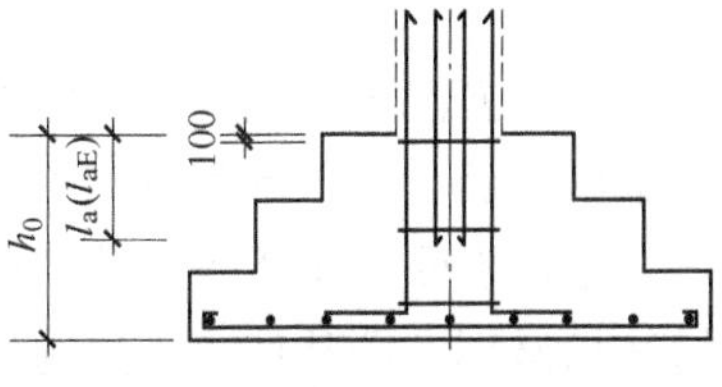

图 6-26　现浇柱的基础中插筋构造示意

柱为轴心受压或小偏心受压，基础高度大于等于 1200mm；柱为大偏心受压，基础高度大于等于 1400mm。

6.6.2.2　墙下钢筋混凝土条形基础

墙下条形扩展基础在长度方向可取单位长度计算。基础宽度由地基承载力确定，基础底板配筋则由验算截面的抗弯能力确定。在进行截面计算时，不计基础及其上覆土的重力作用产生的地基反力而只计算外荷载产生的地基净反力。

（1）地基净反力计算

$$\left.\begin{array}{c}p_{jmax}\\p_{jmin}\end{array}\right\} = \frac{F}{b} \pm \frac{6M}{b^2} \tag{6-22}$$

式中　F，M——基础单位长度竖向荷载效应基本组合值，F 的单位为 kN/m，M 的单位为
　　　　　　kN·m/m；

　　　　b——墙下钢筋混凝土条形基础宽度，m。

（2）基础高度的确定。基础验算截面 Ⅰ 处剪力设计值
（见图6-27）

$$V_{\rm I} = \frac{b_1}{2b}\big[(2b - b_1)p_{jmax} + b_{\rm I}\,p_{jmin}\big] \tag{6-23}$$

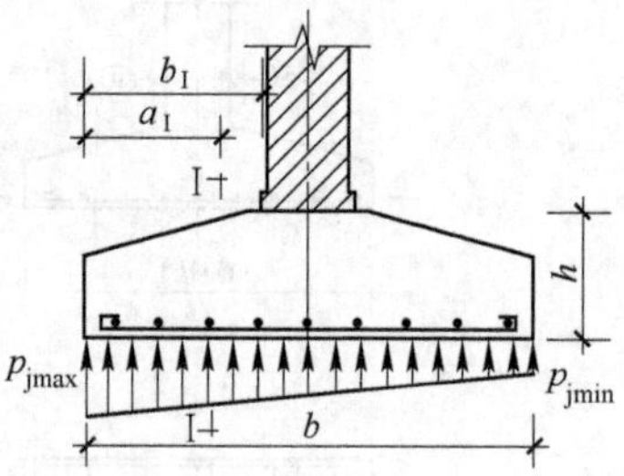

基础高度应满足如下条件

$$V_{\rm I} \leqslant 0.07 f_c h_0 \tag{6-24}$$

图 6-27　墙下条形基础计算简图

式中　p_{jmax}，p_{jmin}——相应于荷载效应基本组合时的基础底
　　　　　　　面边缘最大地基净反力设计值、最小地基净反力设计值；

　　　　$b_{\rm I}$——弯矩最大截面位置距底面边缘最大地基反力处的距离；

　　　　h_0——基础有效高度；

　　　　f_c——混凝土轴心抗压强度，MPa。

（3）底板配筋计算。基础验算截面 Ⅰ 处弯矩设计值，（见图6-27）

$$M_{\rm I} = \frac{1}{6}\,(2p_{jmax} + p_{j{\rm I}})\,a_1^2 \tag{6-25}$$

式中　a_1——弯矩最大截面位置距底面边缘最大地基反力处的距离，当墙体材料为混凝土
　　　　　　时，取 $a_1 = b_{\rm I}$ 如为砖墙且放脚不大于 1/4 砖长时，取 $a_1 = b_{\rm I} + 1/4$ 砖长；

　　　　$p_{j{\rm I}}$——相应于荷载效应基本组合时的基础验算截面 Ⅰ—Ⅰ 处地基净反力设计值。

每延米墙长的受力钢筋的截面面积为

$$A_s = \frac{M_{\rm I}}{0.9 f_y h_0} \tag{6-26}$$

式中，A_s 为钢筋面积，m^2；f_y 为钢筋抗拉强度，MPa。

6.6.2.3　柱下钢筋混凝土独立基础

柱下钢筋混凝土独立基础的基础底面积由地基承载力确定之后，应进行基础的截面设计。基础截面设计包括基础高度和配筋计算。

当基础承受柱子传来的荷载时，若柱子周边处基础的高度不够，就会发生如图6-28所示的冲切破坏，即从柱子周边起，沿45°斜面拉裂，形成冲切角锥体。在基础变阶处也可以发生同样的破坏。因此，钢筋混凝土柱下独立基础的高度由抗冲切验算确定。基础底板在地基反力作用下还会产生向上的弯曲，当弯曲应力超过基础抗弯强度时，基础底板将发生弯曲破坏，如图6-29所示。因此，基础底板应配置足够的钢筋以抵抗弯曲变形。

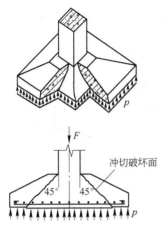

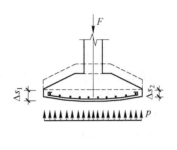

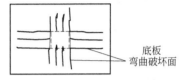

图 6-28 中心荷载作用下的柱基础冲切破坏 图 6-29 柱基础底板弯曲破坏

A 基础抗冲切验算

为保证基础不发生冲切破坏，在基础冲切锥范围以外，由地基净反力 p_j 在破坏锥面上引起的冲切力 F_l 应小于基础可能冲切面上的混凝土抗冲切强度，由此来确定基础高度。因此基础高度须满足下式

$$F_l \leqslant 0.7\beta_{hp}f_tA_2 \tag{6-27}$$

$$F_l = p_jA_1 \tag{6-28}$$

式中　p_j——扣除基础自重及其上土重后相应于荷载效应基本组合时的地基土单位面积净反力，对偏心受压基础可取基底边缘处最大净反力，kPa；

　　β_{hp}——受冲切承载力截面高度影响系数，当 h 不大于 800mm 时，取 1.0；当 h 大于等于 2000mm 时，取 0.9，其间按线性内插法取用；

　　f_t—— 混凝土轴心抗拉强度设计值，kPa；

　A_1，A_2——冲切力计算面积和冲切锥破坏面水平投影的面积，图 6-30 中阴影部分所示面积即为 A_2。

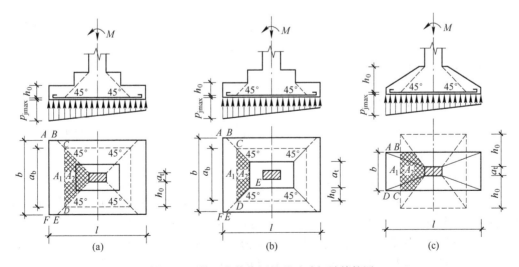

图 6-30 偏心荷载作用柱基础冲切计算简图

当式（6-27）不满足时，可适当增加基础高度再验算直至满足要求为止。

B　基础底板抗弯验算

柱下扩展基础受基底反力的作用下，产生双向弯曲。分析时可将基底按对角线分成四个区域，如图6-31所示。对于中心荷载作用或偏心作用而偏心距小于或等于1/6倍基础宽度的情况，当台阶的宽高比小于或等于2.5时，任意截面的弯矩可按下列公式计算

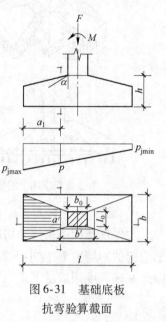

$$M_{\mathrm{I}} = \frac{1}{12} a_1{}^2 \left[(2b + a')(p_{\mathrm{jmax}} + p_{\mathrm{jI}}) + (p_{\mathrm{jmax}} - p_{\mathrm{jI}})b \right]$$

$$\tag{6-29}$$

$$M_{\mathrm{II}} = \frac{1}{48}(b - a')^2(2l + b')(p_{\mathrm{jmax}} + p_{\mathrm{jmin}}) \tag{6-30}$$

式中　M_{I}，M_{II}——任意截面 I - I，II - II 处的弯矩设计值，验算截面选取在弯矩最大的截面处或基础变阶处；

　　　a_1——任意截面 I - I 至基底边缘最大反力处的距离；

　　　l——基础底面偏心方向的边长；

　　　b——与偏心方向的边长垂直的基础边长；

图6-31　基础底板抗弯验算截面

　　p_{jmax}，p_{jmin}——相应于荷载效应基本组合时的基础底面边缘最大和最小地基净反力设计值；

　　　p_{jI}——相应于荷载效应基本组合时在任意截面 I - I 处基础底面地基净反力设计值。

底板纵横向受力钢筋面积按下式计算：

$$\left.\begin{array}{l} A_{\mathrm{sI}} \geqslant \dfrac{M_{\mathrm{I}}}{0.9 f_{\mathrm{y}} h_0} \\[2em] A_{\mathrm{sII}} \geqslant \dfrac{M_{\mathrm{II}}}{0.9 f_{\mathrm{y}}(h_0 - d_{\mathrm{I}})} \end{array}\right\} \tag{6-31}$$

式中　d_{I}——纵向钢筋直径。

6.6.3　柱下条形基础及十字交叉基础

柱下条形基础是常用于软弱地基上框架或排架结构的一种基础形式，其刚度较大，调整不均匀沉降能力较强，但造价较高。

6.6.3.1　柱下条形基础构造要求

（1）柱下条形基础梁的高度宜为柱距的 1/4～1/8。翼板厚度不应小于 200mm。当翼板厚度大于 250mm 时，宜采用变厚度翼板，其坡度宜小于或等于 1:3。

（2）条形基础端部宜向外伸出，其长度宜为第一跨距的 0.25 倍。

（3）现浇柱与条形基础梁的交接处，其平面尺寸不应小于图 6-32 的规定。

（4）条形基础梁顶部和底部的纵向受力钢筋除满足计算要求外，顶部钢筋按计算配

筋全部贯通，底部通长钢筋不应少于底部受力钢筋截面总面积的1/3。

（5）柱下条形基础的混凝土强度等级，不应低于C20。

6.6.3.2 柱下条形基础纵向内力简化计算

地基反力直线分布简化计算根据上部结构刚度与基础自身刚度情况，有静定分析法和倒梁法。这两种分析方法均假定基底反力为直线分布，因此，要求基础具有足够的相对刚度，一般认为，当条形基础梁高度不小于1/6柱距时，可满足这一要求。

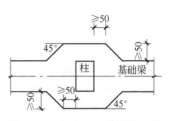

图6-32 现浇柱与条形基础梁交接处构造

当上部结构刚度很小（如单层排架结构）时，宜采用静定分析法。计算时按静力平衡条件求得地基净反力，并将其与柱荷载一起作用于基础梁，按静定梁计算各截面内力，如图6-33所示。静定分析法假定上部结构为柔性结构，即不考虑与上部结构相互作用，因而在柱荷载与基底反力作用下发生整体弯曲。与其他方法相比，其计算所得基础不利截面上的弯矩绝对值可能偏大很多。

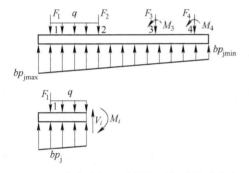

图6-33 静定分析法计算柱下条形基础内力

倒梁法假定上部结构绝对刚性，各柱之间没有差异沉降，因而可以把柱脚视为条形基础的铰支座，荷载则为直线分布的地基净反力 bp_j（kN/m）以及除去柱的竖向集中力所余下的各种作用（包括柱传来的力矩），将基础梁按倒置的普通连续梁计算，采用弯矩分配法或弯矩系数法计算截面弯矩、剪力及支座反力，如图6-34所示。按此方法求得的支座反力 R_i 一般与柱荷载 F_i 不相等，不能满足支座静力平衡条件，其原因是在计算中假设柱脚为不动铰支座，同时又规定基底反力为直线分布，两者不能同时满足。因而，对不平衡力需进行调整消除。倒梁法按基底反力线性分布假定，并将柱端视为不动铰支座，忽略了梁的整体弯曲所产生的内力以及柱脚不均匀沉降引起上部结构的次应力，计算结果与实际情况常有明显差异，且偏于不安全。因此，只有在比较均匀的地基上，上部结构刚度较好，荷载分布均匀，且基础梁接近于刚性梁（梁的高度大于柱距的1/6）才可以应用。

在不满足简化计算条件时，宜按弹性地基梁方法来计算柱下条形基础内力。弹性地基梁法与简化计算法的根本区别在于不对地基反力作线性假定，考虑基础梁与地基的协调变形，将条形基础视为放置于弹性地基上的梁。在上部结构荷载作用下，梁的内力与变形受弹性地基变形特性的影响，实际上

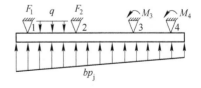

图6-34 倒梁法计算简图

是考虑了基础与地基的共同工作。因而需引入弹性地基模型，来模拟实际地基土变形。常用的弹性地基模型有文克尔地基模型、弹性半空间地基模型和有限压缩层地基模型等。

6.6.3.3 交叉条形基础的荷载分配

当上部荷载较大、以致沿柱列的一个方向上设置柱下条形基础已不能满足地基承载力要求和地基变形要求时，可考虑沿纵、横柱列的两个方向都设置条形基础，形成十字交叉基础，以增大基础底面积及基础刚度，减小基底附加压力和基础不均匀沉降。

在初步选择交叉条形基础底面积时，可假设地基反力为直线分布。若所有荷载合力对基底形心偏心很小，则可认为基底反力是均布的，由此可求出基础底面总面积，然后具体选择纵横向基础梁的长度和底面宽度。

要对交叉基础内力进行比较仔细分析是相当复杂的。在工程实际中，常采用比较简单的方法，把交叉点处柱荷载分配到纵横两个方向的基础梁上，再把交叉条形基础分离成若干单独柱下条形基础进行设计计算。荷载分配方法有两种：一种是按基础梁自身线刚度进行荷载分配，该方法满足柱节点处静力平衡条件，但不满足基础与地基的变形协调条件；另一种方法要求柱节点处不但满足静力平衡条件，还要满足基础与地基的变形协调条件。

6.6.4 筏形基础

按支承结构类型，可将筏形基础分为用于砖砌体承重结构的墙下筏形基础和用于框架、剪力墙结构的柱下筏形基础。

墙下筏形基础宜为等厚度（200~300mm）钢筋混凝土平板。柱下筏形基础可采用平板式或梁板式，筏板厚度按受冲切承载力或受剪承载力计算确定，并应满足相关的构造要求规定。

筏形基础底面尺寸的确定应遵循天然地基上浅基础设计原则。在基础底面尺寸确定时，为了减小偏心弯矩作用，应尽可能使荷载合力重心与筏基底面形心相重合。

筏形基础内力计算，应根据基础刚度、地基土性质和上部结构类型，采用简化方法或进行地基土与基础板相互作用分析。当地基土比较均匀、上部结构刚度较好、梁板式筏基梁的高跨比或板的厚跨比不小于1/6，且相邻柱荷载及柱间距的变化不超过20%时，筏形基础可仅考虑局部弯曲作用。筏形基础的内力，可按基底反力直线分布进行计算，计算时基底反力应扣除底板自重及其上填土的自重。当不满足上述要求时，筏基内力应按弹性地基梁板方法进行分析计算。

6.6.5 箱形基础

箱形基础作为一个箱形空格结构，其内、外墙应沿上部结构柱网和剪力墙纵横均匀布置，墙体水平截面总面积不宜小于箱形基础外墙外包尺寸的水平投影面积的1/10。

箱形基础设计应确定以下几方面内容：

（1）箱形基础埋置深度，根据建筑物对地基承载力、基础倾覆及滑移稳定性、建筑物整体倾斜以及抗震设防烈度等要求确定。

（2）箱形基础高度，应满足结构承载力、整体刚度和使用功能要求，其值不应小于箱形基础长度的1/20，并不宜小于3m。

（3）箱形基础顶板、底板及墙身厚度，根据各自受力情况、整体刚度及防水要求确定。一般底板厚度不小于300mm，外墙厚度不小于250mm，内墙厚度不小于200mm。顶板、底板厚度应满足受剪承载力要求，底板尚应满足受冲切承载力要求。

6.7　减小不均匀沉降危害的措施

地基的不均匀变形有可能使建筑物损坏或影响其使用功能。特别是高压缩性土、膨胀土、湿陷性黄土，以及软硬不均等不良地基上的建筑物，如果考虑欠周，就更易因不均匀沉降而开裂损坏。

不均匀沉降常引起砌体承重结构开裂，尤其在墙体窗口、门洞的角位处，裂缝位置与方向与不均匀沉降状况有关。一般表现为：斜裂缝上段对应其下的基础（或基础的一部分）沉降较大。如果墙体中间部分沉降比两端大（碟形沉降），则墙体两端部斜裂缝将呈八字形，有时（墙体长度大）还在墙体中部下方出现近乎竖直裂缝；反之，如果墙体两端头沉降大（倒碟形沉降），则斜裂缝将呈倒八字形。较高、较重的部分建筑会产生较大的沉降，并会引起相邻部分较低、较轻结构中产生斜裂缝。对于框架等超静定结构来说，各柱之间沉降差必将在梁柱等构件中产生附加应力，从而可能引起这些构件出现裂缝。

如何防止或减轻不均匀沉降造成的损害，是设计中必须考虑的问题。解决的办法有两种：一是增强上部结构对不均匀沉降的适应能力；二是减少不均匀沉降或总沉降量。具体措施；

（1）采用柱下条形基础、筏板和箱形基础等连续基础。

（2）采用各种地基处理方法。

（3）采用桩基或其他深基础。

（4）从地基、基础、上部结构相互作用的观点，在建筑、结构或施工方面采取措施。对于中小型建筑物，宜同时考虑几种措施，以期取得较好的结果。

6.7.1　建筑措施

6.7.1.1　建筑物的体型应力求简单

建筑物平面和立面上的轮廓形状，构成了建筑物的体型。复杂的体型常常是削弱建筑物整体刚度和加剧不均匀沉降的重要因素。因此，地基条件不好时，在满足使用要求的条件下，应尽量采用简单的建筑体型，如长高比小的"一"字形建筑物。

平面形状复杂（如"L""T""Ⅱ""Ⅲ"等）的建筑物，纵、横单元交叉处基础密集，地基中附加应力互相重叠，必然产生较大的沉降。加之这类建筑物的整体性差，各部分的刚度不对称，很容易遭受地基不均匀沉降的损害。

建筑物高低（或轻重）变化太大，地基各部分所受的荷载不同，也易出现过量的不均匀沉降。据调查，软土地基上紧接高差超过一层的砌体承重结构房屋，低者很易开裂如图6-35所示。因此，当高度差异或荷载差异较大时，可将两者隔开一定距离，当拉开距离后的两个单元必须连接时，应采取能自由沉降的连接构造。

6.7.1.2　控制长高比及合理布置墙体

长高比大的砌体承重房屋，其整体刚度差，纵墙很容易因挠曲过度而开裂。根据调查认为，二层以上的砌体承重房屋，当预估的最大沉降量超过120mm时，长高比不宜大于2.5；对于平面简单、内外墙贯通，横墙间隔较小的房屋，长高比的控制可适当放宽，但一般不大于3.0。不符合上述要求时，一般要设置沉降缝。

合理布置纵、横墙，是增强砌体承重结构房屋整体刚度的重要措施之一。一般房屋的纵向刚度较弱，故地基不均匀沉降的损害主要表现为纵墙的挠

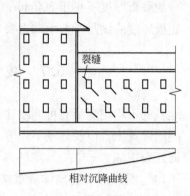

图 6-35　相邻建筑物高差大而开裂

曲破坏。内外纵墙的中断、转折，都会削弱建筑物的纵向刚度。地基不良时，应尽量使内、外纵墙都贯通。纵横墙的联结形成了空间刚度，缩小横墙的间距，可有效地改善房屋的整体性，从而增强调整不均匀沉降的能力。

6.7.1.3　设置沉降缝

用沉降缝将建筑物（包括基础）分割为两个或多个独立的沉降单元，可有效地防止不均匀沉降发生。分割出的沉降单元，原则上要求满足体型简单、长高比小以及地基比较均匀等条件。为此，沉降缝的位置通常选择在下列部位：

（1）建筑物平面转折部位。

（2）长高比过大的砌体承重结构或钢筋混凝土框架结构的适当部位。

（3）地基土的压缩性有显著变化处。

（4）建筑物的高度或荷载有很大差异处。

（5）建筑物结构或基础类型不同处。

（6）分期建造房屋的交界处。

沉降缝应有足够的宽度，以防止缝两侧的结构相向倾斜而互相挤压。缝内一般不得填塞，但寒冷地区为了防寒，可填塞松散材料。沉降缝的常用宽度为：二、三层房屋缝宽50～80mm，四、五层房屋80～120mm，五层以上应不小于120mm。沉降缝的一些构造如图6-36所示。

6.7.1.4　相邻建筑物基础间的净距要求

由地基中附加应力分布规律可知，作用在地基上的荷载，会使土中的一定宽度和一定深度范围内产生附加应力，从而使地基发生变形。在此范围之外，荷载对相邻建筑物的影响可忽略。如果建筑物之间的距离太近，同期修建会相互影响，特别是建筑物轻重差别太大时，轻者受重者的影响；非同期修建，新建重型建筑物或高层建筑物会对原有建筑物产生影响，而使被影响建筑产生不均匀沉降而开裂。

相邻建筑物基础的净距按表6-7选用。由该表可见，决定相邻建筑物的净距的主要因素是被影响建筑的长高比（即建筑物的刚度）以及影响建筑的预估沉降量值。

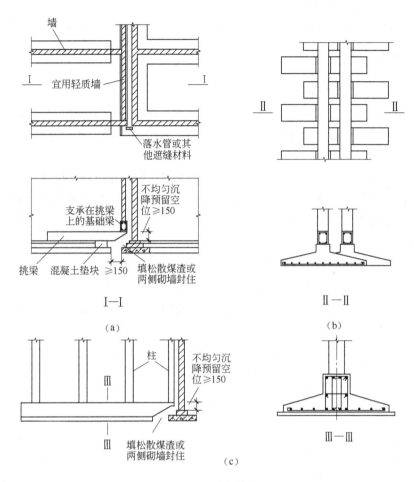

图 6-36 沉降缝构造图

表 6-7 相邻建筑物基础间的净距 　　　　　　　　　　　　　　　　　　　（m）

影响建筑的预估沉降量 s/mm	被影响建筑的长高比　　$2.0 \leqslant \dfrac{L}{H_f} < 3.0$	$3.0 \leqslant \dfrac{L}{H_f} < 5.0$
70~150	2~3	3~6
160~250	3~6	6~9
260~400	6~9	9~12
>400	9~12	≥12

6.7.1.5　调整建筑设计标高

建筑物的沉降会改变原有的设计标高，严重时将影响建筑物的使用功能。因而可以采取下列措施进行调整：

（1）根据预估的沉降量，适当提高室内地坪和地下设施的标高。

（2）将有联系的建筑物或设备中，沉降较大者的标高适当提高。

（3）建筑物与设备之间留有足够的净空。

（4）当有管道穿过建筑物时，应预留足够的尺寸的孔洞，或采用柔性管道接头等。

6.7.2 结构措施

6.7.2.1 减轻建筑物的自重

（1）在基底压力中，建筑物的自重占很大比例。据估计，工业建筑占 50% 左右；民用建筑占 60% 左右。因此，软土地基上的建筑物，常采用下列一些措施减轻自重，以减小沉降量。

（2）采用轻质材料，如各种空心砌块、多孔砖以及其他轻质材料以减少墙重。

（3）选用轻型结构，如预应力钢筋混凝土结构、轻钢结构及各种轻型空间结构等。

（4）减少基础和回填的重量，可选用自重轻、回填少的基础形式；设置架空地板代替室内回填土。

6.7.2.2 减少或调整基底附加压力

（1）设置地下室或半地下室。利用挖出的土重去抵消（补偿）一部分甚至全部的建筑物重量，以达到减小沉降的目的。如果在建筑物的某一高、重部分设置地下室（或半地下室），便可减少与较轻部分的沉降差。

（2）改变基础底面尺寸。采用较大的基础底面积，减小基底附加压力，一般可以减小沉降量。荷载大的基础宜采用较大的底面尺寸，以减小基底附加压力，使沉降均匀。不过，应针对具体的情况，做到既有效又经济合理。

6.7.2.3 设置圈梁

对于砌体承重结构，不均匀沉降的损害突出表现为墙体的开裂。因此实践中常在墙内设置圈梁来增强其承受挠曲变形的能力。这是防止出现开裂及阻止裂缝开展的有效措施。

当墙体挠曲时，圈梁的作用犹如钢筋混凝土梁内的受拉钢筋，主要承受拉应力，弥补了砌体抗拉强度不足的弱点。当墙体正向挠曲时，下方圈梁起作用，反向挠曲时，上方圈梁起作用。而墙体发生什么方式的挠曲变形往往不容易估计，故通常在上下方都设置圈梁。另外，圈梁必须与砌体结合为整体，否则便不能发挥应有的作用。

圈梁的布置，在多层房屋的基础和顶层处宜各设置一道圈梁，其他各层可隔层设置，必要时可层层设置。单层工业厂房、仓库，可结合基础梁、联系梁、过梁等酌情设置。圈梁应设置在外墙、内纵墙和主要内横墙上，并宜在平面内连成封闭系统。如在墙体转角及适当部位，设置现浇钢筋混凝土构造柱（用锚筋与墙体拉结），与圈梁共同作用，可更有效地提高房屋的整体刚度。另外，墙体上开洞时，也宜在开洞部位配筋或采用构造柱及圈梁加强。

6.7.2.4 采用连续基础

对于建筑体型复杂、荷载差异较大的框架结构，可采用筏基、箱基、桩基等加强基础整体刚度，减少不均匀沉降。

6.7.3 施工措施

在软弱地基上开挖基坑和修建基础时，合理安排施工顺序，采用合适的施工方法，以确保工程质量的同时减小不均匀沉降的危害。

对于高低、轻重悬殊的建筑部位或单体建筑，在施工进度和条件允许的情况下，一般应按照先重后轻、先高后低的顺序进行施工，或在高、重部位竣工并间歇一段时间后再修建轻、低部位。

带有地下室和裙房的高层建筑，为减小高层部位与裙房间的不均匀沉降，施工时可采用后浇带断开，待高层部分主体结构完成时再连接成整体。如采用桩基，可根据沉降情况，在高层部分主体结构未全部完成时连接成整体。

在软土地基上开挖基坑时，要尽量不扰动土的原状结构，通常可在基坑底保留大约200mm厚的原土层，待施工垫层时才临时挖除。如发现坑底软土已被扰动，可挖除扰动部分土体，用砂石回填处理。

在新建基础、建筑物侧边不宜堆放大量的建筑材料或弃土等重物，以免地面堆载引起建筑物产生附加沉降。在进行降低地下水的场地，应密切注意降水对邻近建筑物可能产生的不利影响。

小　　结

（1）一个建筑工程作为整体包括上部结构、基础和地基三部分。整个建筑物荷载通过基础传递给地基，最终由地基承受。基础直接接触坐落的岩土层称为持力层，其下各岩土层称为下卧层。在地基基础设计中，地基本身必须满足强度（承载力）和上部结构对变形的要求，这是岩土工程方面的重点。

（2）在地基工程中，天然地基浅基础是首先要考虑的对象。当天然地基浅基础不能满足要求（强度、变形）时，才考虑对地基进行加固（地基处理）或采用深基础。对地基而言，其任务就是使一定形式、埋深、底面积和基底压力的基础有一个能保证对变形、强度、抗滑移、抗倾覆具有足够稳定性的地基。

（3）天然地基浅基础通常分为无筋扩展基础（刚性基础）和钢筋混凝土基础（柔性基础）。刚性基础的材料不能承受拉应力，主要用砖、石、素混凝土、灰土等材料做成。它的设计主要需满足不同材料的不同刚性角的要求，以保证基础材料只承受压力的条件。

（4）钢筋混凝土基础包括扩展基础（柱下独立基础和墙下条形基础）、柱下条形基础（单向与双向）、筏板基础和箱型基础。设计时，根据内力计算，要满足这些基础结构抗弯、抗剪、抗冲切等要求，同时要满足一些构造上的要求。

（5）基础埋置深度取决于建筑物本身的要求、工程地质与水文地质条件、环境条件及冻融条件等。大部分情况下，由其中一、两个条件决定。

（6）基础底面尺寸的确定取决于建筑物荷载、地基条件，它要满足地基的承载力和建筑物对地基的变形要求。一般，在确定了地基承载力后，先由持力层承载力初步确定基础底面大小，再根据具体情况进行软弱下卧层承载力和地基变形验算，如果不满足要求则调整基础底面大小重新验算，直至满足要求。

（7）地基变形特征包括沉降量，沉降差、局部倾斜和倾斜。实际工程中，应根据上部结构对地基变形的适应能力和使用上的要求确定采用相应的变形特征，比如，对高层建筑和高耸结构一般采用整体倾斜作为控制的变形特征。

习　题

6-1　简述地基基础设计的基本原则和一般步骤。

6-2　浅基础有哪些类型和特点？

6-3　确定基础埋深要考虑哪些因素？

6-4　对于有偏心荷载作用的情况，如何根据持力层承载力确定基础底面尺寸？

6-5　什么情况下应进行软弱下卧层承载力验算，如何验算？

6-6　为减小建筑物不均匀沉降危害应考虑采取哪些措施？

6-7　已知某条形基础底面宽度为 $b = 2.5\mathrm{m}$，埋深 $d = 1.5\mathrm{m}$，荷载偏心距 $e = 0.04\mathrm{m}$；地基为粉质黏土，内聚力 $c_k = 12\mathrm{kPa}$，内摩擦角 $\varphi_k = 30°$；地下水位距地表 1.1m，地下水位以上土的重度 $\gamma = 18.2\mathrm{kN/m^3}$，地下水位以下土的重度 $\gamma_{sat} = 19.0\mathrm{kN/m^3}$，用《建筑地基基础设计规范》GB50007—2002 推荐的理论公式确定地基的承载力。

6-8　某筏形基础底面宽度为 $b = 15\mathrm{m}$，长度 $l = 38\mathrm{m}$，埋深 $d = 2.5\mathrm{m}$；地下水位在地表下 5.0m，场地土为均质粉土，黏粒含量 $\rho_c = 14\%$，载荷试验得到的地基承载力 $f_{ak} = 160\mathrm{kPa}$，地下水位以上土的重度 $\gamma = 18.5\mathrm{kN/m^3}$，地下水位以下土的重度 $\gamma_{sat} = 19.0\mathrm{kN/m^3}$，按《建筑地基基础设计规范》GB50007—2002 的地基承载力修正特征值公式，计算的地基承载力修正特征值。

7 桩 基 础

7.1 概 述

在选择建筑物基础形式时应该充分利用天然地基的承载能力，优先采用天然地基上的浅基础。对于软弱土或特殊土场地，应根据情况对地基进行处理后采用浅基础。而当上部软弱土层较厚、建筑物荷载较大，对变形与稳定有较高要求以及因为技术、经济、施工期限等原因无法或不宜采用人工地基时，可采用深基础形式，利用下部坚实土层或岩层作为持力层。

深基础主要有桩基础、沉井基础、墩基础和地下连续墙等几种类型，其中以历史悠久的桩基础应用最为广泛。桩基础是指通过承台把若干根桩的顶部联结成整体，共同承受动静荷载的一种深基础，如图 7-1 所示。由于桩基础具有承载力高、稳定性好、沉降稳定快和沉降变形小、抗震能力强，以及能适应各种复杂地质条件等特点，在工程中得到了广泛应用。桩基础除主要用来承受竖向抗压荷载外，还在桥梁工程、港口工程、近海采油平台、高耸和高重建筑物、支挡结构、抗震工程结构以及特殊土地基如冻土、膨胀土等中，用于承受侧向土压力、波浪力、风力、地震力、车辆制动力、冻胀力、膨胀力等水平荷载和竖向抗拔荷载等。随着现代生产水平的提高和科学技术水平的发展，桩的种类和形式、施工机具、施工工艺以及桩基础设计理论和设计方法等，都得到很大的发展。

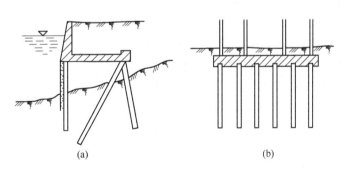

图 7-1 桩基础
(a) 高承台桩基；(b) 低承台桩基

通常对下列情况，可考虑选用桩基础方案：
(1) 软弱地基或某些特殊性土上的各类永久性建筑物。
(2) 对于高重建筑物，如高层建筑、重型工业厂房和仓库、料仓等。
(3) 对桥梁、码头、烟囱、输电塔等结构物，宜采用桩基以承受较大的水平力和上拔力时。

（4）对精密或大型的设备基础，需要减小基础振幅、减弱基础振动对结构的影响时。

（5）建筑物下存在液化土、湿陷性黄土、季节性冻土、膨胀土等时，采用桩基础将荷载传递到深部密实土层。

（6）水上基础，施工水位较高或河床冲刷较大，采用浅基础施工困难或不能保证基础安全时。

7.2　桩基础的类型

根据桩基础的承台位置、使用功能、承载性状、施工方法、桩身材料和设置效应等可以将桩分为各种不同类型。

7.2.1　按施工方法分类

按施工方法，可将桩基础分为预制桩和灌注桩两种。

7.2.1.1　预制桩

预制桩是指借助于专用机械设备将预先制作好的具有一定形状、刚度与构造的桩杆采用不同的沉桩工艺沉入土中的一类桩。主要有钢筋混凝土预制桩、钢桩及木桩等。预制桩的施工工艺包括制桩与沉桩两部分，沉桩工艺又随沉桩机械而变，沉桩方法有锤击法、振动法、静压法及射水法等。

A　钢筋混凝土预制桩

目前我国普通混凝土预制桩截面尺寸可达600mm × 600mm，预应力管桩最大直径已达1300mm，预制桩沉桩深度可达70m以上。钢筋混凝土预制桩的横截面有方、圆、管等各种形状，图7-2给出的是一方桩示意图。普通的实心方桩的截面边长一般为200～600mm。现场预制长度一般在25～30m。工厂预制的分节长度一般不超过12m，在现场沉桩时连接到所需长度。

预应力混凝土空心桩是一种采用先张法预应力工艺和离心成型法制作的预制桩，可分为管桩和空心方桩，其中，经过高压蒸汽养护设备生产的高强预应力管桩（PHC）和空心方桩（PHS），其桩身混凝土强度C80，否则为管桩（PC）和空心桩（PS）（C60）。按管桩抗弯性能及其抗裂度，可分为A、AB、B和C四类。

良好的接头构造形式，不仅应满足足够的强度、刚度及耐腐蚀性要求，而且还应符合制造工艺简单，

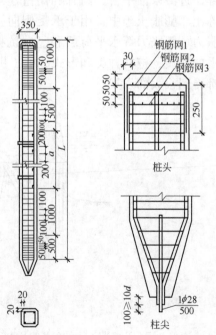

图7-2　混凝土预制桩

质量可靠，接头连接整体性强与桩材其他部分应具有相同断面和强度，在搬运、打入过程

中不易损坏，现场连接操作简便迅速等条件。此外也应做到接触紧密，以减少锤击能量损耗。接头的连接方法有焊接、法兰连接或机械快速连接（螺纹式、啮合式）法三种类型。

B　钢桩

常用的有钢桩下端开口或闭口的钢管桩和 H 型钢桩等。钢桩的主要特点是：穿透力强、承载能力高且能承受较大的水平力；桩长可任意调节，这一点尤其在遇持力层起伏较大时，接桩或截桩均较简单；重量轻、刚性好、便于装卸运输。国内钢管桩的常用直径为 400～1200mm、壁厚 9～20mm，H 型钢桩一般为 200mm×200mm～360mm×410mm、翼缘和腹板的厚度为 9～26mm。因钢桩的耗钢量大，成本相对较高，且需防腐，故一般只在重点工程中应用。作为支挡结构物的钢板桩的形式很多，其两侧带有不同形状的接口槽，第一根板桩就位后，第二根板桩则顺着前一根桩的槽口打入，连续下去可形成板桩墙，常用来做基坑支护和围堰等。

C　木桩

木桩常用松木、杉木或橡木做成，一般桩径为 160～260mm，桩长 4～6m，桩顶锯平并加铁箍，桩尖削成棱锥状。木桩自重轻、具有一定的弹性和韧性，制作、运输和施工方便，有着悠久历史，但目前已很少使用，只有在某些加固工程或就地取材的临时工程中采用。木桩在淡水中耐久性好，一般应打入地下水以下不少于 0.5m，但在海水及干湿交替的环境中极易腐烂，故只用在某些加固抢险或临时工程。

7.2.1.2　灌注桩

灌注桩是指在工程现场通过机械钻孔、钢管挤土或人力挖掘等手段在地基土中形成的桩孔内放置钢筋笼、灌注混凝土而做成的一类桩。其横截面呈圆形，可以做成大直径和扩底桩。与预制桩比较，灌注桩一般只需根据使用期间的荷载要求配置钢筋，用钢量少。保证灌注桩承载力的关键在于桩身的成型及混凝土质量。灌注桩品种较多，依照成孔方法不同，大体可归纳为沉管灌注桩、钻（冲、磨）孔灌注桩、挖孔灌注桩和爆扩孔灌注桩几大类。

A　沉管灌注桩

沉管灌注桩是指采用锤击沉管打桩机或振动沉管打桩机，将套上预制钢筋混凝土桩尖或带有活瓣桩尖（沉管时桩尖闭合，拔管时活瓣张开以便浇灌混凝土）的钢管沉入土层中成孔，然后边灌注混凝土、边锤击或边振动边拔出钢管并安放钢筋笼而形成的灌注桩，如图 7-3 所示。锤击沉管灌注桩的常用直径（指预制桩尖的直径）为 300～500mm，振动沉管灌注桩的直径一般为 400～500mm。沉管灌注桩桩长常在 20m 以内，可打至硬塑黏土层或中、粗砂层。在黏性土中，振动沉管灌注桩的沉管穿透能力比锤击沉管灌注桩稍差，承载力也比锤击沉管灌注桩低些。这种桩的施工设备简单，沉桩进度快、成本低，但很易产生缩颈（桩身截面局部缩小）、断桩、局部夹土、混凝土离析和强度不足等质量问题。

B　钻（冲、磨）孔灌注桩

钻（冲）孔灌注桩在施工时要把桩孔位置处的土排出地面，然后清除孔底残渣，安放钢筋笼，最后浇注混凝土，如图 7-4 所示。目前，桩径为 600mm 或 650mm 的钻孔灌注桩，国内常用回转机具成孔，桩长 10～30m；1200mm 以下的钻（冲）孔灌注桩在钻进时不下钢套筒，而是采用泥浆保护孔壁以防塌孔，清孔（排走孔底沉渣）后，在水下浇灌混凝土。更大直径（1500～3000mm）的钻（冲）孔桩、一般用钢套筒护壁，所用钻机具有回旋钻进、冲击、磨头磨碎岩石和扩大桩底等多种功能，钻进速度快，深度可达 80m，

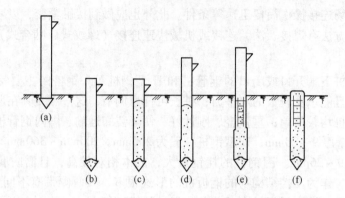

图7-3　沉管灌注桩的施工程序示意图

（a）打桩机就位；（b）沉管；（c）浇注混凝土；（d）边拔管、边振动；

（e）安放钢筋笼，继续浇灌混凝土；（f）成型

能克服流砂、消除孤石等障碍物，并能进入微风化硬质岩石。其最大优点在于能进入岩层，刚度大，因此承载力高而桩身变形很小。

　　C　挖孔桩

　　人工挖孔灌注混凝土桩采用人工挖土成孔，灌注混凝土浇捣成桩；在人工挖孔桩的底部扩大直径，称为人工挖孔扩底桩，如图7-5所示。这类桩由于其受力性能可靠，不需大型机具设备，施工操作工艺简单，可直接检查桩底岩土层情况，单桩承载力高，无环境污染，故在各地应用较为普遍。人工挖孔桩的缺点是挖孔中劳动强度较大，单桩施工速度较慢，尤其是安全性较差。挖孔桩可采用人工或机械挖掘成孔，每挖深 0.9~1.0m，就现浇或喷射一圈混凝土护壁，上下圈之间用插筋连接，然后安放钢筋笼，灌注混凝土而成。人工挖孔桩的桩身直径一般为 800~2000mm，最大可达 3500mm。当持力层承载力低于桩身混凝土受压承载力时，桩端可扩孔，视扩底端部侧面和桩端持力层土性情况，扩底端直径

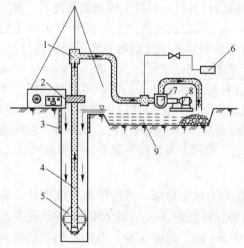

图 7-4　反循环钻进灌注桩示意图

1—水龙头；2—钻机；3—护筒；4—钻杆；5—钻头；

6—真空泵；7—砂石泵；8—电机；9—泥浆池

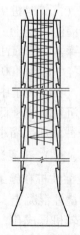

图 7-5　人工挖孔扩底桩

与桩身直径之比 D/d 不宜超过3，最大扩底直径可达4500mm。挖孔桩的桩身长度宜限制在30m内。当桩长 $L \le 8$m 时，桩身直径（不含护壁）不宜小于0.8m；当 8m $< L \le 15$m 时，桩身直径不宜小于1.0m；当 15m $< L \le 20$m 时，桩身直径不宜小于1.2m；当桩长 $L > 20$m 时，桩身直径应适当加大。

挖孔桩的优点是，可直接观察地层情况，孔底易清除干净，设备简单，噪声小，场区各桩可同时施工，桩径大，适应性强，又较经济；缺点是桩孔内空间狭小、劳动条件差，可能遇到流砂、塌孔、有害气体、缺氧、触电和上面掉下重物等危险而造成伤亡事故，在松砂层（尤其是地下水位下的松砂层）、极软弱土层、地下水涌水量多且难以抽水的地层中难以施工或无法施工。

D　爆扩灌注桩

爆扩灌注桩是指就地成孔后，在孔底放入炸药包并灌注适量混凝土后，用炸药爆炸扩大孔底，再安放钢筋笼，灌注桩身混凝土而成的桩。爆扩桩的桩身直径一般为200～350mm，扩大头直径一般取桩身直径的2～3倍，桩长一般为4～6m，最深不超过10m。这种桩的适应性强，除软土的新填土外，其他各种地层均可用，最适宜在黏土中成型并支承在坚硬密实土层上的情况。

7.2.2 按桩基的承载性状分类

根据桩侧阻力与桩端阻力的发挥程度和分担荷载比，可将桩分为摩擦型桩和端承型桩两大类型。

7.2.2.1 摩擦型桩

摩擦型桩是指在竖向极限荷载作用下，桩顶荷载全部或主要由桩侧摩阻力承受。根据桩侧阻力分担荷载的大小，摩擦型桩又可分为摩擦桩和端承摩擦桩两类。

在深厚的软弱土层中，无较硬的土层作为桩端持力层，或桩端持力层虽然较坚硬但桩的长径比 l/d 很大，传递到桩端的轴力很小，以至在极限荷载作用下，桩顶荷载绝大部分由桩侧阻力承受，桩端阻力很小可忽略不计的桩，称其为摩擦桩，如图7-6（a）所示。

当桩的 l/d 不很大，桩端持力层为较坚硬的黏性土、粉土和砂类土时，除桩侧阻力外，还有一定的桩端阻力。桩顶荷载由桩侧阻力和桩端阻力共同承担，但大部分由桩侧阻力承受的桩，称其为端承摩擦桩，如图7-6（b）所示。

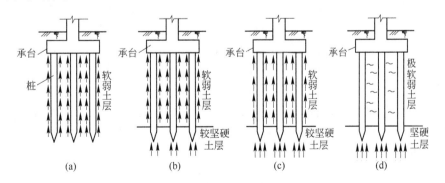

图7-6　摩擦型桩和端承型桩
（a）摩擦桩；（b）端承摩擦桩；（c）摩擦端承桩；（d）端承桩

7.2.2.2　端承型桩

端承型桩是指在竖向极限荷载作用下，桩顶荷载全部或主要由桩端阻力承受，桩侧阻力相对桩端阻力而言较小，或可忽略不计的桩。根据桩端阻力发挥的程度和分担荷载的比例，又可分为摩擦端承桩和端承桩两类。

桩端进入中密以上的砂土、碎石类土或中、微化岩层，桩顶极限荷载由桩侧阻力和桩端阻力共同承担，而主要由桩端阻力承受，称其为摩擦端承桩，如图 7-6（c）所示。

当桩的 l/d 较小（一般小于 10），桩身穿越软弱土层，桩端设置在密实砂层，碎石类土层、微风化岩层中，桩顶荷载绝大部分由桩端阻力承受，桩侧阻力很小可忽略不计时，称其为端承桩，如图 7-6（d）所示。

7.2.3　按其他方法分类

（1）按成桩的效应分类。桩的设置方法的不同，桩周土所受的排挤作用也不相同。排挤作用会引起桩周土的天然结构、应力状态和性质的变化，从而影响土的性质和桩的承载力。按桩的设置效应分为挤土桩、部分挤土桩和非挤土桩三种。

（2）按使用功能分类。桩基础根据不同的使用功能，其构造要求和计算方法有所不同。根据在使用状态下的抗力性状和工作机理可分为竖向抗压桩、竖向抗拔桩、水平受荷桩、复合受荷桩四种。

（3）按桩径大小分类。桩身直径不同，其承载性状有所不同。根据桩径可分为小直径桩、中等直径桩和大直径桩三种。

7.3　单桩竖向极限承载力

7.3.1　竖向荷载作用下单桩的工作机理

7.3.1.1　单桩竖向荷载的传递

桩侧阻力与桩端阻力的发挥过程就是桩－土体系荷载的传递过程。桩顶受竖向荷载后，桩身压缩而产生向下位移，桩侧表面受到土的向上摩阻力，桩侧土体产生剪切变形，并将荷载向桩周土层传递，从而使桩身轴力与桩身压缩变形随深度递减。随着荷载增加，桩端下土体产生压缩变形，桩端位移加大了桩身各截面的位移，并促使桩侧阻力进一步发挥。一般说来，靠近桩身上部土层的侧阻力先于下部土层发挥，由于发挥桩端阻力所需的极限位移明显大于桩侧阻力发挥所需的极限位移，侧阻力先于端阻力发挥出来。

图 7-7 表示桩顶在某级荷载 Q 作用下沿桩身截面位移、桩侧摩阻力和轴力的分布曲线。由图 7-7（b）可以看出，桩顶沉降大于桩端位移，这是由于桩身会产生较大的弹性压缩的缘故。单桩在竖向荷载 Q 的作用下，桩身任一深度处横截面上所引起的轴力为 N_z，在 z 深度处取一微元体 $\mathrm{d}z$，由微元体的竖向平衡分析可得，z 深度处的桩侧摩阻力 q_z 与桩身轴力 N_z 之间的关系如下：

$$q_z = -\frac{1}{u_\mathrm{p}}\frac{\mathrm{d}N_z}{\mathrm{d}z} \tag{7-1}$$

微元体 $\mathrm{d}z$ 的压缩量为：

$$dS(z) = \frac{N_z}{E_p A}dz \tag{7-2}$$

由式（7-1）和式（7-2）得

$$q_z(z) = -\frac{E_p A}{u_p}\frac{d^2 S(z)}{dz^2} \tag{7-3}$$

式中　u_p——桩身周长；

　　　A——桩身截面积；

　　　E_p——桩身弹性模量；

　　　$S(z)$——桩身截面位移。

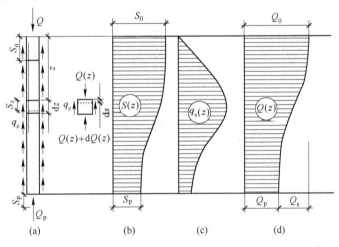

图 7-7　单桩荷载传递示意图

（a）轴向受压桩；（b）桩身截面位移；（c）桩侧摩阻力分布；（d）桩身轴力分布

根据位移与作用力的关系，不难得到任意桩身截面的位移

$$S(z) = S_0 - \frac{1}{E_p A}\int_0^z N_z dz \tag{7-4}$$

通过在桩身埋设应力或位移测试元件，即可求得轴力和侧阻力沿桩身的变化曲线。

桩侧摩阻力和桩端阻力的发挥所需位移不同。试验表明：桩端阻力的充分发挥需要有较大的位移值，在黏性土中约为桩底直径的25%，在砂性土中约为桩底直径的8%～10%，对于钻孔桩，由于孔底虚土、沉渣压缩的影响，发挥端阻极限值所需位移更大。而桩侧摩阻力只要桩土间有不太大的相对位移就能得到充分的发挥，具体数量目前认识尚没有一致的意见，但一般认为黏性土为4～6mm，砂性土为6～10mm。对大直径的钻孔灌注桩，如果孔壁呈凹凸形，发挥侧摩阻力需要的极限位移较大，可达20mm以上，甚至40mm，约为桩径的2.2%，如果孔壁平直光滑，发挥侧摩阻力需要的极限位移较小，小至只有3～4mm。

7.3.1.2　桩侧负摩阻力问题

产生桩侧负摩阻力的条件为当土体相对于桩身产生向下位移时，土体会在桩侧产生下拉的摩阻力，使桩身的轴力增大，如图7-8所示，该下拉的摩阻力称为负摩阻力。桩土之间不产生相对位移的截面位置 O_1，称为中性点。负摩阻力的存在，增大了桩身荷载和桩基的沉降。

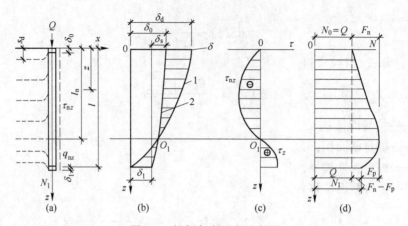

图 7-8　桩侧负摩阻力示意图

（a）单桩负摩阻力；（b）位移曲线；（c）桩侧摩阻力分布曲线；（d）桩身轴力分布曲线
1—土层竖向位移曲线；2—桩的截面位移曲线

可能产生负摩阻力的情况一般有如下几种：

（1）位于桩周欠固结的软黏土或新近堆积的填土在自重作用下固结沉降。

（2）大面积地面堆载导致桩周土体压密。

（3）正常固结或弱超固结的软黏土地区，因地下水位下降，导致桩周土中有效应力增大引起大面积沉降。

（4）自重湿陷性黄土浸水后产生湿陷变形。

（5）打入式预制桩在置入桩的过程中，后置入的桩往往会使临近的已置入桩的桩身抬升，这时会在先置入的桩的桩侧产生暂时性的负摩阻力。以上几种情况下进行桩基设计时，都应考虑桩侧负摩阻力对桩身竖向承载力的影响。

桩身负摩阻力使桩的竖向承载力减小，桩身轴力增大，因此，负摩阻力的存在对桩基础是不利的。对可能产生负摩阻力的桩基，应按下列原则处理：

（1）对填土建筑场地，先填土并确保填土密实度，等填土地面沉降基本稳定后在成桩施工。

（2）对大面积地面堆载情况，采用预压等处理措施，减少堆载引起的地面沉降。

（3）对产生负摩阻力的桩身区段进行处理，减小负摩阻力，如在预制桩表面涂抹沥青油；或者插入比钻孔直径大 $50\sim100\mathrm{mm}$ 的预制混凝土桩段，然后用高稠度膨润土泥浆填充预制桩段外围形成隔离层。对泥浆护壁成孔的灌注桩，可在浇筑完下段混凝土后，填入高稠度膨润土泥浆，然后再插入预制混凝土桩段；对干作业成孔灌注桩，可在沉降土层范围内的孔壁先铺设双层筒形塑料薄膜，然后再浇筑混凝土，从而在桩身与孔壁之间形成可自由滑动的塑料薄膜隔离层。

（4）对于自重湿陷性黄土场地，采用强夯、土或灰土挤密等消除全部或部分湿陷性的方法先行预处理。

7.3.2　单桩竖向极限承载力的确定

单桩竖向极限承载力是指单桩在竖向荷载作用下到达破坏状态前或出现不适于继续承载的变形所对应的最大荷载。

单桩的竖向承载力主要取决于两方面：一是土对桩的支承能力；二是桩身的材料强度。设计时分别按这两方面确定后取其中的较小值。按材料强度确定单桩承载力时，可把桩视为轴心受压构件，并将混凝土轴心抗压强度设计值 f_c 进行折减，且不考虑桩身纵向压屈影响，见式 (7-18) 和式 (7-19)，这是由于桩周土存在的约束作用。但对于通过很厚的软黏土层而支承在岩层上的端承桩以及高承台桩基或承台底面下存在可液化土层的桩，则应考虑压屈影响。

确定单桩竖向极限承载力的方法主要有静载荷试验法、经验参数法和静力触探法等。

单桩竖向极限承载力标准值 Q_{uk} 的确定规定如下：设计等级为甲级的建筑桩基应通过现场静载荷试验确定；设计等级为乙级建筑桩基，一般情况下，应通过单桩静载荷试验确定；地质条件简单，可参照地质条件相同的试桩资料，结合静力触探等原位测试和经验参数综合确定；对设计等级为丙级建筑桩基，可根据原位测试和经验参数确定。

7.3.2.1　静载荷试验法

静载荷试验是评价单桩承载力中可靠度较高的方法。

在同一条件下的试桩数量，不宜小于总桩数的 1%，且不应小于 3 根。当桩端持力层为密实砂卵石或其他承载力类似的土层时，对单桩承载力很高的大直径端承型桩，可采用深层平板载荷试验确定桩端土的承载力特征值。

对于挤土桩，由于打桩时对土体的扰动而降低的强度需经过一段时间才能恢复，以及打桩时土中产生的孔隙水压力也需要时间消散。为了使试验能反映真实的承载力，一般要求在挤土桩设置后间隔一段时间再进行静载荷试验，在砂土中不得少于 7 天；黏性土不得少于 15 天；对于饱和软黏土不得少于 25 天。而对灌注桩，应在桩身混凝土达到设计强度后，才能开始进行载荷试验。

A　静载荷试验装置及方法

试验装置主要由加载系统和量测系统组成。图 7-9(a) 为锚桩横梁试验装置布置图。加载系统由千斤顶及其反力系统组成，后者包括主、次梁及锚桩，所提供的反力应大于预估最大试验荷载的 1.2 倍。采用工程桩作为锚桩时，应对试验过程锚桩上拔量进行监测。反力系统也可以采用压重平台反力装置，提供的反力是压重平台，如图 7-9(b) 所示，压重应在试验开始前一次加上，并均匀稳固放置于平台上。量测系统主要由千斤顶上的压力环或应变式压力传感器（测荷载大小）及百分表或电子位移计（测试桩沉降）等组成。为准确测量桩的沉降，消除相互干扰，要求有基准系统，其由基准桩、基准梁组成，且保

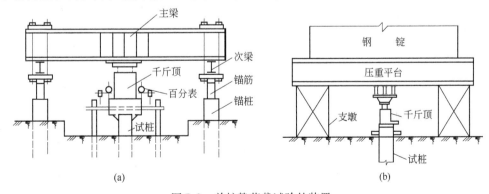

图 7-9　单桩静荷载试验的装置

（a）锚桩横梁反力装置；（b）压重反力装置

证在试桩、锚桩（或压重平台支墩）和基准桩相互之间有足够的距离，一般应大于 4 倍桩直径（对压重平台反力装置应大于 2m）。

静荷载试验的加载方式，应按慢速维持荷载法。加荷分级不应小于 8 级，每级加载量宜为预估极限荷载的 $1/8 \sim 1/10$。每级加载后，第 5min、10min、15min 时各测读沉降一次，以后每隔 15min 读一次，累计一小时后每隔半小时读一次。在每级荷载作用下，桩的沉降量连续两次在每小时内小于 0.1mm 时可视为稳定。符合下列条件之一时可终止加载：

（1）当荷载-沉降（Q-s）曲线上有可判定极限承载力的陡降段，且桩顶总沉降量超过 40mm。

（2）$\Delta_{sn}/\Delta_{sn+1} \geqslant 2$，且经 24h 尚未达到稳定。

（3）25m 以上的非嵌岩桩，Q-s 曲线呈缓变型时，桩顶总沉降量大于 $60 \sim 80$mm。

（4）在特殊条件下，可根据具体要求加载至桩顶总沉降量大于 100mm。

（5）桩顶加载达到设计规定的最大加载量。

（6）已达锚桩最大抗拔力或压重平台的最大重力。

这里 Δ_{sn} 为第 n 级荷载的沉降增量；Δ_{sn+1} 为第 $n+1$ 级荷载的沉降增量。桩底支承在坚硬岩(土)层上，桩的沉降量很小时，最大加载量不应小于设计荷载的两倍。

终止加载后进行卸载，每级基本卸载量按每级基本加载量的 2 倍控制，并按 15min、30min、60min 测读回弹量，然后进行下一级的卸载。全部卸载后，隔 $3 \sim 4$h 再测回弹量一次。

B　试验成果与极限承载力的确定

静载试验测试结果一般可整理成表示桩顶荷载与沉降关系的 $Q - s$ 以及表示对应荷载下沉降随时间变化关系 $s - \lg t$ 曲线，分别如图 7-10、图 7-11 所示。根据 $Q - s$ 曲线和 $s - \lg t$ 曲线可确定单桩极限承载力 Q_u。陡降型 $Q - s$ 曲线发生明显陡降的起始点对应的荷载或 $s - \lg t$ 曲线尾部明显向下弯曲以及符合终止加载条件第二款情况的前一级荷载值即为单桩极限承载力。$Q - s$ 曲线呈缓变型时，取桩顶总沉降量 $s = 40$mm 所对应的荷载值，当桩长大于 40m 时，宜考虑桩身的弹性压缩。

按有关统计方法，各试桩的极差不超过平均值的 30% 时，可取其平均值为单桩竖向

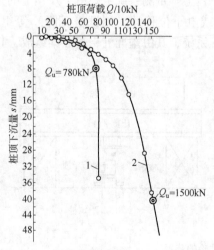

图 7-10　单桩荷载-沉降($Q - s$)曲线示例

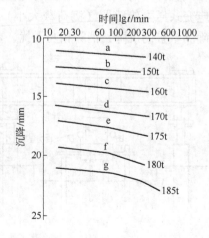

图 7-11　单桩沉降 $s - \lg t$ 曲线示例

极限承载力。极差超过平均值的 30% 时，宜增加试桩数量并分析离差过大的原因，结合工程具体情况确定极限承载力。

将单桩竖向极限承载力除以安全系数 2，为单桩竖向承载力特征值 R_a。

7.3.2.2 静力触探法

根据静力触探资料，混凝土预制桩单桩极限承载力标准值 Q_{uk} 可按下式计算：

$$Q_{uk} = Q_{sk} + Q_{pk} \tag{7-5}$$

式中，Q_{sp}、Q_{pk} 分别为单桩总极限侧阻力标准值和总极限端阻力标准值，可按单桥探头或双桥探头静力触探资料进行计算。

根据单桥静力触探资料

$$Q_{uk} = u \sum q_{ski} l_i + \alpha_p p_{sk} A_p \tag{7-6}$$

式中　u ——桩身周长；

q_{ski} ——用静力触探比贯入阻力值估算的桩周第 i 层土的极限侧阻力标准值；

l_i ——桩穿越第 i 层土的厚度；

α_p ——桩端阻力修正系数，桩入土深度小于 15m 时取 0.75，大于 15m 小于 30m 取 0.75 ~ 0.9，大于 30m 小于 60m 取 0.9；

A_p ——桩端面积；

p_{sk} ——桩端附近的静力触探比贯入阻力标准值（平均值）。

根据双桥静力触探资料

$$Q_{uk} = u \sum \beta_i f_{si} l_i + a q_c A_p \tag{7-7}$$

式中　f_{si} ——第 i 层土的探头平均侧阻力；

q_c ——桩端平面上、下探头阻力，取桩端平面以上 $4d$（d 为桩的直径或边长）范围内按土层厚度的探头阻力加权平均值，然后再和桩端平面以下 $1d$ 范围内的探头阻力进行平均；

a ——桩端阻力修正系数，对黏性土、粉土取 2/3，饱和砂土取 1/2；

β_i ——第 i 层土桩侧阻力综合修正系数，黏性土、粉土：$\beta_i = 10.04\ (f_{si})^{-0.55}$；砂土：$\beta_i = 5.05\ (f_{si})^{-0.45}$。

7.3.2.3 经验参数法

通过经验参数法确定的单桩极限承载力标准值也由总桩侧摩阻力和总桩端阻力组成，即

$$Q_{uk} = Q_{sk} + Q_{pk} = u \sum l_i q_{ski} + A_p q_{pk} \tag{7-8}$$

式中，q_{ski}、q_{pk} 分别为桩侧第 i 层土的极限侧阻力标准值和桩的极限端阻力标准值，一般按地区经验确定。

对于大直径桩（$d > 800\text{mm}$），当根据土的物理指标与承载力参数之间的经验关系确定单桩竖向极限承载力标准值时，则应考虑桩侧阻、端阻的尺寸效应系数，并按下式计算，即

$$Q_{uk} = Q_{sk} + Q_{pk} = u \sum \psi_{si} l_i q_{ski} + \psi_p A_p q_{pk} \tag{7-9}$$

式中　q_{ski} ——桩侧第 i 层土的极限侧阻力标准值，如无当地经验值时，可按表 7-1 取值，对于扩底桩变截面以下不计侧阻力；

q_{pk} ——桩径为 800mm 的极限端阻力标准值，可采用深层载荷板试验取得；当不能进行深层载荷板试验时，可采用当地经验值或按表 7-2 取值，对于干作业

（清底干净）可按表7-3取值；

ψ_{si}，ψ_p——大直径桩侧阻尺寸效应系数、端阻尺寸效应系数，可按表7-4取值。

表7-1　桩的极限侧阻力标准值 q_{ski}　　　　　（kPa）

土的名称	土的状态		混凝土预制桩	水下钻（冲）孔桩	干作业钻孔桩
填土	—		22~30	20~28	20~28
淤泥	—		14~20	12~18	12~18
淤泥质土	—		22~30	20~28	20~28
黏性土	流塑	$I_L > 1$	24~40	21~38	21~38
	软塑	$0.75 < I_L \leqslant 1$	40~55	38~53	38~53
	可塑	$0.50 < I_L \leqslant 0.75$	55~70	53~68	53~66
	硬可塑	$0.25 < I_L \leqslant 0.50$	70~86	68~84	66~82
	硬塑	$0 < I_L \leqslant 0.25$	86~98	84~96	82~94
红黏土	$0.7 < \alpha_w \leqslant 1.0$		13~32	12~30	12~30
	$0.5 < \alpha_w \leqslant 0.7$		32~74	30~70	30~70
粉土	稍密	$e > 0.9$	26~46	24~42	24~42
	中密	$0.75 \leqslant e \leqslant 0.9$	46~66	42~62	42~62
	密实	$e < 0.75$	66~88	62~82	62~82
粉细砂	稍密	$10 < N \leqslant 15$	24~48	22~46	22~46
	中密	$15 < N \leqslant 30$	48~66	46~64	46~64
	密实	$N > 30$	66~88	64~86	64~86
中砂	中密	$15 < N \leqslant 30$	54~74	53~72	53~72
	密实	$N > 30$	74~95	72~94	72~94
粗砂	中密	$15 < N \leqslant 30$	74~95	74~95	72~94
	密实	$N > 30$	95~116	95~116	92~114
砾砂	稍密	$5 < N_{63.5} \leqslant 15$	60~100	50~80	55~90
	中密（密实）	$N_{63.5} > 15$	116~138	116~130	112~130
圆砾、角砾	中密、密实	$N_{63.5} > 10$	160~200	135~150	135~150
碎石、卵石	中密、密实	$N_{63.5} > 10$	200~300	140~170	150~170
全风化软质岩	$30 < N \leqslant 50$		100~120	80~100	80~100
全风化软质硬岩	$30 < N \leqslant 50$		140~160	120~140	120~160
强风化软质岩	$N_{63.5} > 10$		160~240	140~220	140~240
强风化软质岩	$N_{63.5} > 10$		220~300	160~260	160~280

注：1. 对于还未完成自重固结的填土和以生活垃圾为主的杂填土，不计算其侧阻力；

　2. α_w 为含水比，$\alpha_w = w/w_L$；

　3. N 为标准贯入击数；$N_{63.5}$ 为重型圆锥动力触探数；

　4. 对于预制桩，根据土层埋深 h，将 q_{ski} 乘以如下修正系数：

土层埋深 h/m	$\leqslant 5$	10	20	$\geqslant 30$
修正系数	0.8	1.0	1.1	1.2

表 7-2　桩的极限端阻力标准值 q_{pk} （kPa）

土的名称	土的状态	桩型	预制桩桩长/m				水下钻（冲）孔桩桩长/m				干作业钻孔桩桩长/m		
			$h\leq9$	$9<h\leq16$	$16<h\leq30$	$h>30$	5	10	15	$h>30$	5	10	15
黏性土	软塑	$0.75<I_L\leq1$	300~950	700~1500	1200~1800	1300~1900	150~250	250~300	300~450	300~450	200~400	400~700	700~950
	可塑	$0.50<I_L\leq0.75$	950~1700	1500~2300	1900~2800	2300~3600	350~450	450~600	600~750	750~800	500~700	800~1100	1000~1600
	硬可塑	$0.25<I_L\leq0.50$	1500~2300	2300~3300	2700~3600	3600~4400	800~900	900~1000	1000~1200	1200~1400	850~1100	1500~1700	1700~1900
	硬塑	$0<I_L\leq0.25$	2500~3800	3800~5500	5500~6000	6000~6800	1100~1200	1200~1400	1400~1600	1600~1800	1600~1800	2200~2400	2600~2800
粉土	中密	$0.75\leq e\leq0.9$	950~1700	1400~2100	1900~2700	2500~3400	300~500	500~650	650~750	750~850	800~1200	1200~1400	1400~1600
	密实	$e<0.75$	1500~2600	2100~3000	2700~3600	3600~4400	650~900	750~950	900~1100	1100~1200	1200~1700	1400~1900	1600~2100
粉砂	稍密	$10<N\leq15$	1000~1600	1500~2300	1900~2700	2100~3000	350~500	450~600	600~700	650~750	500~950	1300~1600	1500~1700
	中密、密实	$N>15$	1400~2200	2100~3000	3000~4500	3800~5500	700~800	800~900	900~1100	1100~1200	900~1000	1700~1900	1700~1900
细砂	中密、密实	$N>15$	2500~4000	3600~5000	4400~6000	5300~10000	1000~1200	1200~1400	1300~1500	1400~1900	1200~1600	2000~2400	2400~2700
中砂	中密、密实	$N>15$	4000~6000	5500~7500	6500~8000	9500~12000	1300~1600	1600~1700	1700~2200	2000~2200	1800~2400	2800~3800	3600~4400
粗砂			5700~8000	7400~9000	8400~11000		2000~2200	2300~2400	2400~2600	2700~2900	2900~3600	4000~4600	4600~5200
砾砂		$N>15$	7000~10000		10000~12000		1400~2000			2000~3200	3500~5000		
角砾、圆砾	中密、密实	$N_{63.5}>10$	8000~12000		11000~14000		1800~2200			2200~3600	4000~5500		
碎石、卵石		$N_{63.5}>10$	9000~13000		12000~16000		2000~3000			3000~4000	4500~6500		
全风化软质岩		$30<N\leq50$	4000~8000				1000~1600				1200~2000		
全风化硬质岩		$30<N\leq50$	5000~9000				1200~2000				1400~2400		
强风化软质岩		$N_{63.5}>10$	6000~10000				1400~2200				1600~2600		
强风化硬质岩		$N_{63.5}>10$	8000~13000				1800~2800				2000~3000		

注：1. 砂土和碎石类土中桩的极限端阻力取值，要综合考虑土的密实度，桩端进入持力层的深度比 h_b/d，土愈密实，h_b/d 愈大，取值愈高；

2. 预制桩的岩石极限端阻力指桩端支承于中、微风化基岩表面或进入强风化岩、软质岩一定深度条件下极限端阻力；

3. 全风化、强风化软质岩和全风化、强风化硬质岩指其母岩分别为 $f_{rk}\leq15MPa$、$f_{rk}>30MPa$ 的岩石。

表 7-3 干作业（清底干净 $D = 0.8m$）极限端阻力 q_{pk} 值　　　　（kPa）

土的名称		状　态		
黏性土		$0.25 < I_L \leqslant 0.75$	$0 < I_L \leqslant 0.25$	$I_L \leqslant 0$
		800~1800	1800~2400	2400~3000
粉土		$0.75 < e \leqslant 0.9$	$e \leqslant 0.75$	
		1000~1500	1500~2000	
		稍密	中密	密实
砂土、碎石类土	粉砂	500~700	800~1100	1200~2000
	细砂	700~1100	1200~1800	2000~2500
	中砂	1000~2000	2200~3200	3500~5000
	粗砂	1200~2200	2500~3500	4000~5500
	砾砂	1400~2400	2600~4000	5000~7000
	圆砾、角砾	1600~3000	3200~5000	6000~9000
	卵石、碎石	2000~3000	3300~5000	7000~11000

表 7-4 大直径灌注桩桩侧阻、端阻尺寸效应系数 ψ_{si} 和 ψ_p

土的类型	黏性土、粉土	砂土、碎石类土
ψ_{si}	$(0.8/D)^{1/5}$	$(0.8/D)^{1/3}$
ψ_p	$(0.8/D)^{1/4}$	$(0.8/D)^{1/3}$

注：表中 D 为桩直径。

7.4 桩基承载力验算

在确定了单桩竖向承载力后，要进行桩基承载力验算，必要时还要进行桩基沉降验算。本节主要介绍桩基承载力验算中的基本内容，桩基沉降计算相关内容可参考有关资料或规范。

7.4.1 群桩效应

所谓群桩效应，是指群桩基础受竖向荷载作用后，由于承台、桩、地基土的相互作用，使其桩端阻力、桩侧阻力、沉降等性状发生变化而与单桩明显不同，承载力往往不等于各单桩之和的现象。群桩效应受土性、桩距、桩数、桩的长径比、桩长与承台宽度比、成桩类型和排列方式等多个因素的影响。

7.4.1.1 端承型群桩基础

对于端承型群桩基础，由于持力层坚硬，压缩性很低，桩顶沉降较小，桩侧摩阻力不易发挥，桩顶荷载基本上通过桩身直接传到桩端处土层上，如图 7-12 所示。桩端处压力较集中，各桩端的压力彼此互不影响，可近似认为端承型群桩基础中各基桩的工作性状与单桩基本一致，群桩基础的承载力即为单桩承载力之和。因此，端承型群桩基础无群桩效应。

7.4.1.2 摩擦型群桩基础

对于摩擦型群桩基础，群桩主要通过每根桩侧的摩擦阻力将上部荷载传递到桩周及桩端土层中，且一般假定桩侧摩阻力在土中引起的附加应力按某一角度，沿桩长向下扩散分布至桩端平面处，压力分布如图 7-13 中阴影部分所示。当桩数少，桩中心距 S_e 较大时（$S_e > 6d$），桩端平面处各桩传来的压力不重叠或重叠不多，如图 7-13（a）所示，此时群桩中各桩的工作情况与单桩一致，故群桩的承载力等于各单桩承载力之和，也无群桩效应可言。但当桩数较多，桩距较小时，桩端处地基中各桩传来的压力将相互重叠，如图 7-13（b）所示，桩端处压力比单桩时大得多，桩端以下压缩土层的影响深度也比单桩要大。此时群桩中各桩的工作状态与单桩不同，其承载力小于各单桩承载力之和，沉降量则大于单桩的沉降量。显然，若限制群桩的沉降量与单桩沉降量相同，则群桩中每一根桩的平均承载力就比单桩时要低。

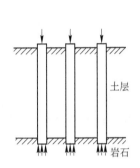

图 7-12　端承群桩

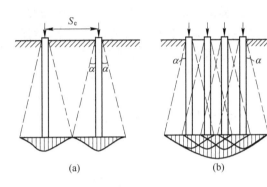

图 7-13　摩擦群桩桩端平面上的压力分布

7.4.1.3　承台下土对荷载的分担作用

对于摩擦型桩基，在竖向荷载作用下而发生沉降，承台底一般会受到土反力的作用，而使一部分荷载为承台下土来承担。而传统的方法认为，荷载全部由桩承担，承台底地基土不分担荷载，这种考虑无疑是偏于安全的。近 20 多年来的大量室内研究和现场实测表明，对于摩擦型桩基，除了承台底面存在几类特殊性质土层和动力作用的情况外，承台下的桩间土均参与承担部分外荷载，且承载的比例随桩距的增大而增大。

显然承台下桩间土的承载能力决定于桩和桩间土的刚度，而先决条件是承台底面必须与土保持接触而不能脱开。根据实际工程观测，在下列一些条件下，将出现地基土与承台脱空的现象：

（1）承受经常出现的动力作用，如铁路桥梁的桩基。

（2）承台下存在可能产生负摩阻力的土层，如湿陷性黄土、欠固结土、新填土、高灵敏度软土以及可液化土；或由于降水地基土固结而与承台脱开。

（3）在饱和软土中沉入密集桩群，引起超静孔隙水压力和土体隆起，随着时间推移，桩间土逐渐固结下沉而与承台脱离。

显然在上述这些情况下，不能考虑承台下土对荷载的分担效应。而对于那些建在一般土层上，桩长较短而桩距较大，或承台外区（桩群外包络线以外范围）面积较大的桩基，承台下桩间土对荷载的分担效应则较显著。

就实际工程而言，桩所穿越的土层往往是两种以上性质不同的土层，且水平向变化不均，分别考虑由于群桩效应引起桩侧和桩端阻力的变化过于繁琐，《建筑桩基技术规范》

（JGJ 94—2008）将桩侧和桩端的群桩效应不予考虑，而只考虑承台底土分担的承台效应。

7.4.2 基桩竖向承载力特征值

对于端承型桩基、桩数少于 4 根的摩擦型桩基以及由于地层土性、使用条件等因素不宜考虑承台效应时，基桩竖向承载力特征值取单桩竖向承载力特征值，即

$$R = R_a \tag{7-10}$$

对于下列情况，宜考虑承台下土的分担作用：

（1）上部结构整体刚度较好、体形简单的建（构）筑物，如独立剪力墙结构、钢筋混凝土筒仓等。

（2）对差异沉降适应性较强的排架结构和柔性构筑物。

（3）按变刚度调平原则设计的桩基刚度相对弱化区。

（4）软土地基的减沉复合疏桩基础。

引入承台效应系数，复合基桩竖向承载力特征值

$$R = R_a + \eta_c f_{ak} A_c \tag{7-11}$$

式中 η_c——承台效应系数，区分非挤土桩和挤土桩按有关规范取值；

     f_{ak}——承台下 1/2 承台宽度且不超过 5m 深度范围内地基承载力特征值的加权平均值；

     A_c——计算桩基所对应的承台底的净面积。

当承台底面以下存在可液化土、湿陷性黄土、高灵敏度软土、欠固结土、新填土，或可能出现震陷、降水、沉桩过程产生高孔隙水压和土体隆起时，承台与其下的地基土可能脱开，因此不考虑承台效应，$\eta_c = 0$。

7.4.3 桩基的受力验算

在初步确定桩数和布桩之后，应验算群桩中各桩所受到荷载是否超过基桩承载力特征值。桩顶荷载计算时假设承台为绝对刚性，桩身压缩变形在线弹性范围内，因此，可按材料力学方法计算。

（1）中心荷载下，单桩受力

$$N_k = \frac{F_k + G_k}{n} \tag{7-12}$$

设计要求 $N_k \leqslant R \tag{7-13}$

（2）偏心荷载下，各桩受力

$$N_{ki} = \frac{F_k + G_k}{n} \pm \frac{M_{kx} y_i}{\sum y_j^2} \pm \frac{M_{ky} x_i}{\sum x_j^2} \tag{7-14}$$

设计要求 $\begin{cases} N_{kmax} \leqslant 1.2R \\ N_k \leqslant R \end{cases} \tag{7-15}$

式中 N_{kmax}，N_k——荷载效应标准组合下，作用于基桩或复合基桩顶的竖向力；

        F_k——荷载效应标准组合下，作用于承台顶面的竖向力；

  M_{kx}，M_{ky}——荷载效应标准组合下，作用于承台底面通过桩群形心的 x、y 轴的力矩；

        G_k——桩基承台及其上覆土重标准值，对稳定水位以下部分应扣除水的

浮力；

x_i，y_i，x_j，y_j——第 i、j 基桩或复合基桩至 y 轴、x 轴的距离；

n——桩数；

R——基桩竖向承载力特征值。

7.4.4 软弱下卧层验算

当桩端持力层厚度有限，且桩端平面以下软弱土层承载力与桩端持力层承载力相差过大，如果桩长较小，桩距较小，桩基类似实体墩基础，可能引起桩端持力层发生冲切破坏，如图 7-14 所示。

为防止上述情况的发生，应验算软弱下卧层的承载力，要求桩端平面下冲剪锥体底面应力设计值不超过下卧层的承载力特征值。

实际工程中持力层以下存在相对软弱土层是常见现象，只有当桩长较小、强度相差过大时才有必要验算。因桩长很大时，桩侧阻力的扩散效应显著，传递到软弱层的应力较小，不致引起下卧层破坏。而下卧层地基承载力与桩端持力层差异过小，土体的塑性挤出和失稳一般也不会出现。

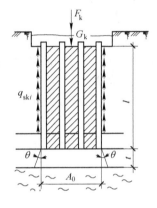

图 7-14 群桩基础软弱下卧层承载力验算

【**例题 7-1**】某柱下独立建筑桩基，采用 $400\text{mm} \times 400\text{mm}$ 预制桩，桩长 16m。建筑桩基设计等级为乙级，传至地表的竖向荷载标准值为 $F_k = 4400\text{kN}$，$M_{ky} = 800\text{kN} \cdot \text{m}$，其余计算条件如图 7-15 所示。试验算基桩的承载力是否满足要求。

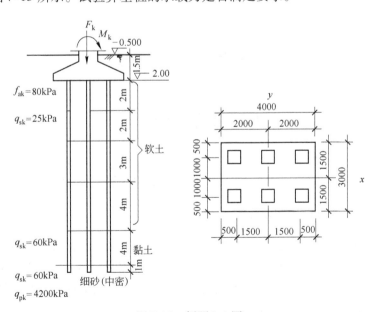

图 7-15 例题 7-1 图

【**解**】基础为偏心荷载作用的桩基础，承台面积为 $A = 3 \times 4 = 12\text{m}^2$，承台底面距地面的埋置深度为 $\bar{d} = 1.5\text{m}$。

（1）基桩顶荷载标准值计算

$$N_K = \frac{F_k + G_k}{n} = \frac{F_k + \gamma_G A\overline{d}}{n} = \frac{4400 + 20 \times 12 \times 1.5}{6} = 793\text{kN}$$

$$\frac{N_{kmax}}{N_{kmin}} = \frac{F_k + G_k}{n} \pm \frac{M_k x_{max}}{\sum x_i^2} = 793 \pm \frac{800 \times 1.5}{4 \times 1.5^2} = 793 \pm 133 = \frac{926}{660}\text{kN}$$

（2）复合基桩竖向承载力特征值计算。按规范推荐的经验参数法计算单桩极限承载力标准值。

桩周长 $u = 0.4 \times 4 = 1.6\text{m}$；桩截面面积 $A_p = 0.4^2 = 0.16\text{m}^2$。软土层、黏土层和细砂层桩极限侧阻力标准值分别为 $q_{sk} = 25\text{kPa}$、60kPa、60kPa。细砂层中桩端极限端阻力 $q_{pk} = 4200\text{kPa}$。

单桩极限承载力标准值为

$$\begin{aligned} Q_{uk} &= Q_{sk} + Q_{pk} = u\sum l_i q_{ski} + A_p q_{pk} \\ &= 1.6 \times (25 \times 11.0 + 60 \times 7.0 + 60 \times 1.0) + 0.16 \times 4200 \\ &= 1592\text{kN} \end{aligned}$$

复合基桩承载力特征值计算时考虑承台效应

$$R = R_a + \eta_c f_{ak} A_c = Q_{uk}/2 + \eta_c f_{ak} A_c$$

承台效应系数 η_c 查表，$s_a = \sqrt{A/n} = \sqrt{12/6} = 1.41\text{m}$，$B_c/l = 3.0/16 = 0.19$，$s_a/d = 1.41/0.4 = 3.53$。查《建筑桩基技术规范》得 η_c 取 0.15，对于预制桩还应乘以 0.7，即 η_c 取 $0.15 \times 0.7 = 0.105$。

$$A_c = (A - nA_p)/n = (12 - 6 \times 0.16)/6 = 1.84\text{m}^2。$$

$$R = Q_{uk}/2 + \eta_c f_{ak} A_c = 1592/2 + 0.105 \times 80 \times 1.84 = 811\text{kN}$$

（3）桩基承载力验算

$$N_k = 793\text{kN} < R = 811\text{kN}$$

$$N_{kmax} = 926\text{kN} < 1.2R = 974\text{kN}$$

承载力满足要求。

7.5　桩基础的设计

与浅基础一样，桩基设计也应做到安全、合理和经济。对桩和承台而言，应有足够的强度、刚度和耐久性。同时，还要保证地基不会产生过大的沉降变形。

7.5.1　桩基设计基本参数确定及计算步骤

（1）资料分析。在进行桩基设计之前，应进行深入的调查研究，充分掌握相关的原始资料，包括建筑物上部结构的类型、安全等级、变形要求、抗震防烈度、使用要求以及上部结构的荷载等；符合国家现行规范规定的工程地质勘探报告和现场勘察资料；当地建筑材料的供应及施工条件，包括沉桩机具、施工方法、施工经验等；施工场地及周围环境，包括交通、进出场条件、有无对振动敏感的建筑物、有无噪声限制等。

（2）桩的类型与成桩工艺选择。桩型与成桩工艺选择应根据建筑结构类型、荷载性质、桩的使用功能、穿越土层的性质、桩端持力层土类、地下水位、施工设备、施工环境、施工经验、制桩材料供应条件等，选择经济合理、安全适用的桩型和成桩工艺。

（3）桩截面的选择。桩的截面一般情况下可根据上部结构荷载大小、楼层数、现场施工条件及经济指标等初步确定桩径或桩的边长，然后验算其截面的抗压强度（按钢筋混凝土轴心受压构件验算）。

（4）桩基持力层的选择。一般应选择压缩性低而承载力高的较硬土层作为桩基持力层。当地基中存在多层可供选择的桩基持力层时，应根据桩基承载力、桩位布置和桩基沉降的要求并结合有关经济指标综合评价确定。

要注意桩端进入持力层的深度和桩端下坚实土层的厚度。桩端进入持力层的深度，应根据地质条件、荷载及施工工艺确定，一般宜为桩身直径的 1~3 倍（对于黏性、粉土不宜小于 $2d$，砂土不宜小于 $1.5d$，碎石土不宜小于 $1.0d$。当存在软弱下卧层时，桩基以下硬持力层厚度不宜小于 $3d$。当持力层较厚且施工条件许可时，桩端全断面进入持力层的深度宜达到桩端阻力的临界深度。砂与碎石类土的临界深度为 $(3~10)d$，随其密度提高而增大；粉土、黏土的临界深度为 $(2~6)d$，随土的孔隙比和液性指数的减小而增大），且应考虑特殊土、岩溶及振陷、液化的影响。桩端下坚实土层的厚度，一般不宜小于 4 倍桩径。对于嵌岩桩，嵌岩深度应综合荷载、上覆土层、基岩（基岩面是否倾斜、软硬程度、风化程度等）、桩径、桩长等诸因素确定。在嵌岩桩桩底下 3 倍桩径范围内应无软弱夹层、断裂带、洞穴和空隙分布。桩端如坐落在起伏不平、隐伏沟槽石芽密布的岩面则易招致滑动。

（5）桩数的初步确定与桩的平面布置。桩数 n 可根据荷载情况按下面的公式初步确定：

轴心荷载
$$n \geqslant \frac{F_k + G_k}{R} \tag{7-16}$$

偏心荷载
$$n \geqslant (1.1~1.2)\frac{F_k + G_k}{R} \tag{7-17}$$

桩的平面布置应根据上部结构形式与受力要求，结合承台平面尺寸情况布置成矩形或梅花形等（见图 7-16）并满足有关最小中心距的要求，见表 7-5。

表 7-5 桩的最小中心距

土类与成桩工艺		排数不少于 3 排且桩数不少于 9 根的摩擦型桩基	其 他 情 况
非挤土灌注桩		$3.0d$	$2.5d$
部分挤土桩		$3.5d$	$3.0d$
挤土桩	非饱和土	$4.0d$	$3.5d$
	饱和黏性土	$4.5d$	$4.0d$
钻、挖孔扩底桩		$2D$ 或 $D+2.0m$（当 $D>2.0m$）	$1.5D$ 或 $D+1.5m$（当 $D>2.0m$）
沉管夯扩、钻孔挤扩	非饱和土	$2.2D$	$2.0D$
	饱和黏性土	$2.5D$	$2.2D$

注：d—圆桩直径或方桩边长；D—扩大端设计直径。

布桩时应注意以下几点：

1）尽可能使群桩的截面形心与长期作用的荷载合力作用点重合，以使各桩受力均匀；

2）尽可能将桩布置在靠近承台的外围部分，以增加桩基的惯性矩；

3）桩距确定时应使布桩紧凑，减小承台的面积。

4）对于桩箱基础，宜将桩布置于墙下；对于梁筏式承台的桩基础，宜将桩布置于梁下；对于大直径桩宜采用一柱一桩。

图 7-16 给出了几种常见的桩平面布置形式。

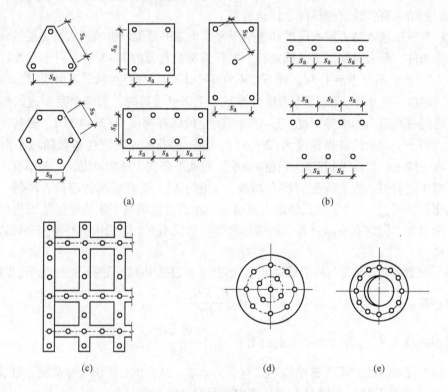

图 7-16　桩平面布置示例

（a）独立柱下桩基；（b）、（c）墙下布桩；（d）圆形承台桩基；（e）环形承台

（6）桩基计算。包括桩顶荷载验算、软弱下卧层验算、沉降验算等。

（7）承台设计计算。包括承台厚度和配筋计算。

7.5.2　桩身结构设计

在桩基设计中，应使桩身受压承载力的安全系数高于桩周土的支承阻力所确定的单桩承载力安全系数（$K=2$）。同时，应考虑桩顶 $5d$ 范围箍筋加密情况下桩身纵向主筋的作用和影响混凝土受压承载力的成桩工艺系数 ψ_c。钢筋混凝土轴心受压桩正截面受压承载力应符合：

（1）当桩顶以下 $5d$ 范围桩身螺旋式箍筋间距不大于 100mm，且满足一定构造要求（参见相关规范）时

$$N \leqslant \psi_c f_c A_{ps} + 0.9 f'_y A'_s \tag{7-18}$$

（2）当桩身配筋不符合上述要求时

$$N \leqslant \psi_c f_c A_{ps} \tag{7-19}$$

式中　N——荷载效应基本组合下桩顶轴向压力设计值；

　　　ψ_c——基桩成桩工艺系数，按相关规范规定取值；

　f_c，f'_y——混凝土轴向抗压强度设计值和纵向主筋抗压强度设计值；

　A_{ps}，A'_s——桩身截面面积和纵向主筋截面面积。

桩身构造主要应满足：

（1）桩身混凝土强度等级不得小于 C25，混凝土预制桩强度等级不宜小于 C30，预应力混凝土实心桩混凝土强度等级不应低于 C40。

（2）当混凝土灌注桩桩身直径为 300～2000mm 时，正截面配筋率可取 0.65%～0.2%（小直径桩取高值）；预制桩桩身配筋应按吊装、打桩及桩在使用中的受力等条件计算确定。采用锤击法和静压法成桩时，预制桩最小配筋率分别不宜小于 0.8% 和 0.6%，主筋直径不宜小于 14mm。

（3）灌注桩配筋长度：端承型桩和位于坡地、岸边的基桩应沿桩身通长配筋；摩擦型桩配筋长度不应小于 2/3 桩长；对于受地震作用的基桩，桩身配筋长度应穿过可液化土层和软弱土层，并进入稳定土层一定深度［对于碎石土，砾、粗、中、砂，密实粉土，坚硬黏性土不应小于 $(2～3)d$；对其他非岩石土尚不宜小于 $(4～5)d$］。

7.5.3　承台设计

承台设计是桩基设计的重要组成部分。承台应有足够的强度和刚度，以便把上部结构的荷载可靠地传给各桩，并将各桩连成整体。承台厚度应满足抗冲切、抗剪切承载力验算要求，承台钢筋的设置应满足抗弯承载力验算要求。

7.5.3.1　承台的构造要求

桩基承台的构造尺寸，除满足抗冲切、抗剪切、抗弯和上部结构需要外，尚应符合下列规定。承台埋深应不小于 600mm。承台最小宽度不应小于 500mm，条形承台和柱下独立桩基承台的厚度不应小于 300mm。筏形、箱形承台板的厚度应满足整体刚度、施工条件及防水要求。对于桩布置于墙下或基础梁下的情况，承台板厚度不宜小于 250mm，且板厚与计算区段最小跨度之比不宜小于 1/20。承台边缘至桩中心的距离不宜小于桩的直径或边长，且边缘挑出部分不应小于 150mm，对于条形承台梁边缘挑出部分不应小于 75mm。

承台的配筋，对于矩形承台其钢筋应按双向均匀通长布置，钢筋直径不宜小于 10mm，间距不宜大于 200mm；对于三桩承台，钢筋应按三向板带均匀布置，且最里面的三根钢筋围成的三角形应在柱截面范围内。承台梁的主筋直径不宜小于 12mm，架立筋不宜小于 10mm，箍筋直径不宜小于 6mm。

承台混凝土强度等级不应低于 C20，纵向钢筋的混凝土保护层厚度不应小于 70mm，当有混凝土垫层时，不应小于 40mm。

桩顶嵌入承台的长度对于大直径桩，不宜小于 100mm；对于中等直径桩不宜小于 50mm；混凝土桩的桩顶主筋应伸入承台内，其锚固长度不宜小于 30 倍主筋直径，对于抗拔桩基不应小于 40 倍主筋直径。

7.5.3.2 承台厚度确定

承台厚度应该能够抵御柱和桩可能产生的冲切破坏，因此需要对承台进行冲切验算。承台冲切极限状态时的破坏锥体面为45°斜面。要求冲切力小于承台冲切极限状态时的破坏锥体产生的抗力。

承台厚度除进行冲切验算之外还要进行斜截面抗剪验算，抗剪承载力的验算截面为通过柱边(墙边)和桩边连线形成的斜截面。

7.5.3.3 承台受弯计算

多桩矩形承台的计算截面取在桩边和承台高度变化处，垂直于 y 轴和垂直于 x 轴方向计算截面的弯矩设计值分别为

$$M_x = \sum N_i y_i \tag{7-20}$$
$$M_y = \sum N_i x_i \tag{7-21}$$

式中 N_i——扣除承台和承台上土自重后，荷载效应基本组合下第 i 桩竖向净反力设计值；

x_i, y_i——分别为第 i 桩轴线至相应计算截面的距离。

7.5.3.4 承台的局部受压验算

对于柱下桩基，当承台混凝土强度等级低于柱或桩的混凝土强度等级时，应验算柱下或桩上承台的局部受压承载力，验算方法可按《混凝土结构设计规范》的规定进行。

小   结

(1) 桩基础是最重要、最常见的一种深基础形式，是用不同方法沉入地基内的桩和承台共同构成，并将建筑物荷载传递到地基深处。

(2) 从不同角度可对桩基础进行分类，这些分类对桩基承载力性状的认识是有意义的。按承载性状可分为端承型桩和摩擦型桩；按施工方法可分为预制桩和灌注桩；按桩的设置效应分为挤土桩、部分挤土桩和非挤土桩；按桩径可分为大直径桩、中等直径桩和小直径桩。

(3) 桩基础设计就是确定桩的类型、布置，并验算桩基的强度和变形的过程。其一般步骤是先根据经验选择桩的类型，确定桩的长度和截面，然后确定单桩承载力，并在考虑群桩效应的基础上确定桩数及桩的布置，再进行桩基强度、沉降验算和承台的设计计算。

(4) 单桩竖向承载力特征值 R_a 是桩基础设计的最重要的内容。单桩极限承载力 Q_{uk} 可通过单桩静载荷试验、经验参数等方法确定，在此基础上，考虑安全度得到单桩竖向承载力特征值，即 $R = Q_{uk}/2$。

(5) 群桩效应是桩基础的重要概念，是指群桩基础受竖向荷载作用后，由于承台、桩、地基土的相互作用，使其桩端阻力、桩侧阻力、沉降等性状发生变化而与单桩明显不同，承载力往往不等于各单桩之和的现象。群桩效应受土性、桩距、桩数、桩的长径比、桩长与承台宽度比、成桩类型和排列方式等多种因素的影响。

(6) 承台设计既要满足构造要求，还要满足计算要求，其厚度由抗冲切和抗剪要求确定，而配筋则由抗弯要求确定。

习 题

7-1 桩有哪些分类,什么情况下适合采用桩基础?

7-2 轴向荷载在桩身是如何传递的?

7-3 单桩轴向承载力如何确定,哪种方法比较符合实际?

7-4 什么是群桩效应,群桩承载力如何计算?

7-5 什么是桩的负摩阻力,其产生的原因有哪些?

7-6 桩基础如何进行承载力验算?

7-7 深基础有哪些?

7-8 某工程中,地基土软弱,采用预制桩基础。地基土层:第一层土为粉质黏土,厚 2.0m,天然含水量 $w = 30.8\%$,液限 $w_L = 34.8\%$,塑限 $w_p = 18.6\%$;第二层土为淤泥质土,厚 7.0m,$w = 25.3\%$,$w_L = 24.6\%$,$w_P = 15.5\%$,$e = 1.20$;第三层为中砂,中密状态,层厚大于 60m,$e = 0.7$。求预制桩在各层土的极限侧阻力标准值 q_{ksi}。

7-9 在上述工程中,如采用干作业钻孔桩,桩端进入中砂 1m,桩端支承处土的极限端阻力标准值 q_{pk} 为多少?

7-10 在上述工程中,采用钢筋混凝土桩,截面为 $300\text{mm} \times 300\text{mm}$,桩长 9.0m,桩承台底部埋深 1.0m。计算单桩竖向极限承载力标准值。

7-11 单层工业厂房柱基下采用桩基础,承台底面尺寸为 $3.8\text{m} \times 2.6\text{m}$,埋置深度为 1.2m。作用在地面标高处的荷载 $F = 3100\text{kN}$,$M_y = 480\text{kN} \cdot \text{m}$,承台与其上回填土的平均重度取 20kN/m^3,桩的布置如图 7-17 所示。问 A,B 两根桩各受多少力?

7-12 某一般建筑有一柱下群桩基础,柱传至承台顶面的荷载为 $F = 4800\text{kN}$,$M = 1100\text{kN} \cdot \text{m}$。方形混凝土预制桩,采用截面 $300\text{mm} \times 300\text{mm}$,承台埋深 2.50m,桩端进入粉土层 1.5m。桩基平面布置和地基地质条件如图7-18所示。试验算桩基承载力是否满足要求。

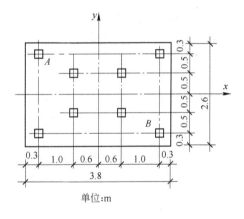

图 7-17 习题 7-11 图

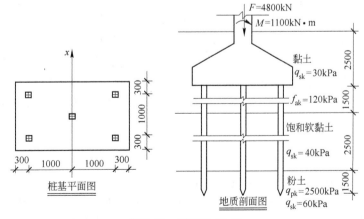

图 7-18 习题 7-12 图

8 特殊土地基与地基处理

8.1 概 述

8.1.1 地基处理的目的

天然地基通常是地基工程设计中的优先选择，但在某些情况下，天然地基不能满足建筑物对地基的要求（承载力、变形等），这既包括建筑物本身的原因（如荷载较大，或对变形要求较严等），也可能是场地地基条件的问题，如软弱土地基、湿陷性黄土地基等区域性特殊土地基、不均匀地基等。地基处理是当前解决这一问题广泛采用的有效方法，它是一种人工改善地基，使其适应建筑物安全使用要求的手段。

随着我国社会经济的快速发展，各种工程建设不仅在地质条件良好的场地上进行，而且也越来也多地在不良地质条件上进行，同时，建筑物荷载越来越大，对变形的要求也越来越严，因而对地基也提出了新的或更严的要求。地基处理就是通过各种方法在以下几方面改善地基条件，从而达到相应的目的，以满足建筑物安全和使用对地基的要求：

（1）改善地基土剪切特性，提高地基承载力。

（2）改善地基土压缩特性，减少地基沉降和不均匀沉降。

（3）改善地基土透水性。

（4）改善地基土动力特性，提高地基动力稳定性，防止地基发生液化。

（5）改善特殊土的不良性质，如消除黄土湿陷性等。

8.1.2 地基处理方法简介

地基处理的方法有许多种，可从不同角度进行分类。从加固机理上可分为置换处理（层状垫层置换、柱状桩式置换）、密实处理（夯密、挤密、振密、压密等）、胶固处理（高压喷射注浆、灌浆、深层搅拌等）、加筋处理等；从处理后地基工作特性或受力特点可分为层式处理（换填垫层、预压层、强夯层等）和桩式处理（砂石桩、挤密桩、旋喷桩、搅拌桩、CFG 桩、DDC 桩、载体桩等）。层式处理将地基在竖向剖面上分为加强层和天然层，基础直接坐落在加强层上；桩式处理将地基在平面上分为增强体（置换体）和天然土层，二者共同分担基底压力，通常形成复合地基。表 8-1 为常见地基处理方法。

8.1.3 复合地基概述

目前在地基处理中，复合地基是最常用的，它可由不同的方法形成。所谓复合地基就是部分土体被增强或被置换形成增强体，由增强体和周围地基土共同承担荷载的地基。形成复合地基的施工方法有很多种，根据桩身材料特性可分为散体桩（桩体材料没有或只

表 8-1　地基处理方法分类

编号	分 类	处理方法	简要原理	适用范围
1	换填垫层法	砂层垫层，素土垫层，灰土垫层，矿渣垫层	以砂石、素土、灰土和矿渣等强度较高的材料，置换地基浅层软弱土，提高持力层的承载力，扩散应力，减少沉降量	适用于浅层软弱土地基及不均匀地基处理
2	机械压实及强夯法	机械碾压，振动压实，强夯	利用压实原理，通过机械碾压夯击，把表层地基土压实；强夯则利用强大的夯击能，在地基中产生强烈的冲击波和动应力，迫使土动力固结密实	适用于碎石土、砂土、粉土、低饱和度的黏性土、杂填土等，对饱和黏性土应慎重采用，强夯法可有条件的处理软黏土
3	排水固结法	天然地基预压，砂井预压，塑料排水带预压，真空预压，降水预压	在地基中增设竖向排水体，加速地基的固结和强度增长，提高地基的稳定性；缩短固结时间，使地基沉降提前完成	适用于处理饱和软弱土层；对于渗透性极低的泥炭土应慎重使用
4	振密挤密法	振冲挤密，灰土挤密桩，砂石桩，石灰桩，爆破挤密桩，柱锤冲扩桩，夯实水泥土桩	采用一定的技术措施，通过振动或挤密，使土体的孔隙减少，强度提高，必要时，在振动挤密的过程中，回填砂、砾石、灰土、素土等，与地基土组成复合地基，从而提高地基的承载力，减少沉降量	适用于处理松砂、粉土、杂填土及湿陷性黄土
5	置换及拌入法	振冲置换，强夯置换，水泥搅拌桩，高压旋喷注浆	采用专门的技术措施，以砂、碎石等置换软弱土，或在部分软弱土地基中掺入水泥，石灰或砂浆等形成加固体，与未处理部分土组成复合地基，从而提高地基承载力，减少沉降量	黏性土、冲填土、粉砂、细砂等，振冲置换、强夯置换适用饱和黏性土。振冲置换法强夯置换法对于不排水剪强度 $C_u < 20kPa$ 时慎用
6	加筋法	土钉墙技术，土锚、树根桩、土工聚合物加筋	在地基或土体中埋设强度较大的土工聚合物、钢片等加筋材料，使地基或土体能承受抗拉力，防止断裂，保持整体性，提高刚度，改变地基土体的应力场和应变场，从而提高地基的承载力，改善变形特性	软弱土地基、填土及陡坡填土、砂土
7	化学加固法	渗入（压密，劈裂）灌浆，单液硅化法和碱液法	浆液渗透以填充和压实等形式将原来松散的土粒或裂隙胶结成整体；浆液与黏性土中的发生反应生成胶结体	适用于砂土、粉土、黏性土和湿陷性黄土人工填土等地基，或用于防渗堵漏。在自重湿陷性黄土场地，采用碱液法应慎重
8	其 他	坑式（锚杆）静压桩法，热加固法，冻结法，纠偏技术	通过独特的技术措施处理软弱土地基	根据实际情况确定

有很少凝聚力，如碎石桩、砂石桩等）、柔性桩（如灰土桩、水泥搅拌桩、旋喷桩等）和刚性桩（如高标号 CFG 桩、载体桩等）；按作用在复合地基上的基础刚度可分为刚性基础下复合地基和柔性基础下复合地基。复合地基的作用包括增强体（桩体）的作用、桩间土的作用，以及桩、桩间土和褥垫层相互作用，其作用机理有以下几方面：

（1）密结效应。施工成桩过程中，桩周土受到振挤或胶结而使桩周土强度增大的效应，如灰土挤密桩等。

（2）置换效应。原来较为软弱的地基土被较高强度的桩体置换，从而得到较高地基强度的效应。

（3）排水效应。散体桩具有缩短地基土排水渗流的渗径，加速基土固结，从而使地基承载能力提高的效应。

（4）加筋效应。复合地基中桩体较高的强度可以起到增强土体的抗剪强度和加筋的作用。

（5）垫层效应。加固层深度范围的桩体及桩周土对下卧层地基土能起到"垫层作用"，扩散了上部荷载，从而减少了下卧层的压缩沉降。

在复合地基设计、施工中，经常遇到以下几个概念，它们也在一定程度上可以反映复合地基的工作性状。

8.1.3.1 面积置换率

竖向增强体复合地基中，竖向增强体即为桩体，基体为桩间土体。在复合地基中，取一根桩及其所影响的桩周土所组成的单元体作为研究对象。桩体的横截面积与桩体所承担的复合地基面积之比称为复合地基面积置换率。

复合地基桩体的平面布置形式通常有两种，即等边三角形和正方形布置，其面积置换率（m）为

$$m = \frac{A_p}{A}$$

式中　A_p——单桩横截面积；

　　　　A——单桩承担的复合地基面积。

8.1.3.2 桩土应力比

桩土应力比是指复合地基中桩体竖向平均应力与桩间土的竖向平均应力之比。桩土应力比是复合地基的一个重要设计参数，它关系到复合地基承载力和变形的计算。

假设桩顶应力为 σ_p，桩间土的表面应力为 σ_s，则桩土应力比 n 为：

$$n = \frac{\sigma_p}{\sigma_s}$$

影响桩土应力比的因素有荷载水平、桩土模量比、复合地基面积置换率、原地基土强度、桩长、固结时间和垫层情况等。其他条件相同时，桩体材料刚度越大，桩土应力比就越大；桩越长，桩土应力比就越大；面积置换率越小，桩土应力比就越大。

8.1.3.3 复合模量

在复合地基计算中，为了简化计算，将加固区视作一均质的复合土体，那么与原非均质复合土体等价的均质复合土的模量称为复合地基的复合模量。一般复合压缩模量 E_{sp} 可按下式计算

$$E_{sp} = mE_p + (1 - m)E_s \tag{8-1}$$

或
$$E_{sp} = [1 + m(n-1)]E_s \qquad (8-2)$$

式中　E_{sp}——复合地基压缩模量;

　　　E_p——桩体的压缩模量;

　　　E_s——桩间土体的压缩模量。

　　复合地基设计时,主要通过调整桩长、桩间距、桩身材料特性等来达到设计目的,以满足地基承载力和沉降要求。复合地基承载力一般要通过复合地基载荷试验确定,而在初步设计时,通常采用简化公式,它考虑桩的承载力和桩间土的承载力,并考虑二者在复合地基中的发挥程度和贡献,其一般表达式如下式:

$$f_{spk} = m f_{pk} + \beta (1-m) f_{sk} = m \frac{R_a}{A_p} + \beta (1-m) f_{sk} \qquad (8-3)$$

式中　f_{spk}, f_{pk}, f_{sk}——复合地基、单桩(单位截面积)和桩间土承载力特征值;

　　　m——复合地基面积置换率;

　　　β——桩间土承载力折减系数,受增强体施工方法、成桩效应、桩间土性质,以及桩身材料、刚度、桩长等不同的影响。《建筑地基处理技术规范》(JGJ79—2002)按照不同的成桩方式形成的复合地基,对 β 的取值做了相应建议值范围;

　　　R_a——单桩竖向承载力特征值,受桩身强度和桩周土性质等影响。

　　本章主要介绍地基处理中经常遇到的各种软弱土地基和特殊土地基的基本力学与工程特性,以及地基处理的主要方法。

8.2　软弱土地基与特殊土地基

8.2.1　软弱土地基

　　软弱土一般指土质疏松、压缩性高、抗剪强度低的软土、松散砂土和未经处理的填土。由软弱土组成的地基称为软弱土地基。

8.2.1.1　软土

　　软土是天然孔隙比大于1.0、天然含水量通常大于其液限的细粒土,包括淤泥、淤泥质土、泥炭、泥炭质土等。软土形成于第四纪晚期,属于海相、泻湖相、河谷相、湖沼相、溺谷相、三角洲相等的黏性沉积物或河流冲积物。软土多呈深灰色,含有机质,含水量较高,一般大于35%(通常在45%~80%之间),有些甚至高达200%多。其中 $1.0 < e \leqslant 1.5$ 的称为淤泥质土,孔隙比大于1.5时称为淤泥,是软土的主要土类。当土中含有不同的有机质时,将形成不同的有机质土,在有机质含量超过一定含量时就形成泥炭土。

　　软土压缩性较高,其压缩系数 $a_{1\sim2}$ 在 $0.5 \sim 1.5 MPa^{-1}$ 之间,有的高达 $4.5MPa^{-1}$,且其压缩性往往随液限的增大而增大。

　　软土强度低,不排水抗剪强度一般小于20kPa,其大小与土层排水固结条件密切相关。在荷载作用下,若土层有条件排水固结,其强度随有效应力增大而增加;若没有条件排水,随荷载增加,其强度可能随剪切变形的增大而减小。因此,在实际工程中,要根据地基土层排水条件和加载时间的长短,采用不同排水条件的试验(不排水剪、固结不排水剪、固结排水剪）得到相应条件下的抗剪强度指标。随深度不同，软土在不同自重应力下固结，其强度随深度而增加。10m 以内软土层平均十字板剪切试验强度一般在 5～20kPa。

软土渗透性差，渗透性系数一般在 $10^{-5} \sim 10^{-8}$ cm/s 之间，渗透系数小。因此，软土层固结速率就很慢，软土层在自重或荷载作用下达到完全固结所需的时间很长。

软土具有显著的结构性。特别是滨海相软土，一旦受到扰动（振动、搅拌等），其絮状结构受到破坏，强度显著降低，甚至呈流动状态。我国沿海滨海相软土的灵敏度约为 4～10。因此，在高灵敏度的软土地基上进行地基处理、开挖基坑或打桩时，应力求减弱或避免对土的扰动。

软土还有明显的流变性，在不变的剪应力作用下，将连续产生缓慢的剪切变形，并导致抗剪强度的减小，受流变性影响的软土其长期强度往往低于短期强度。流变性表现在实际工程中，就是当土中孔隙水压力完全消散后，基础还会继续沉降。

软土力学与工程特点可归纳为"三高三低"，即含水量、压缩性和灵敏度高，强度、密度和透水性低。因此在软土地基上建造建筑物，必须重视地基沉降和稳定问题。软土地基承载力很低，一般小于 100kPa，如不做任何处理，不能承受较大的建筑物荷载，否则可能出现局部剪切甚至整体滑动的危险。此外，软土地基上建筑物的沉降和不均匀沉降也较大，据统计，四层以上砌体承重结构房屋的最终沉降可达 200～500mm，而大型构筑物沉降量可达 500，甚至达到 1.5m 以上。沉降量和不均匀沉降大，以及沉降持续时间过长，会给建筑物标高确定、设备安装带来麻烦，也可能造成建筑物构件或结构损坏、开裂，影响其使用。

8.2.1.2　杂填土

杂填土主要出现在一些老的居民区和工矿区内，是人们的生活和生产活动所遗留或堆放的垃圾土，一般分为建筑垃圾土、生活垃圾土和工业生产垃圾土。不同类型、不同时间堆放的垃圾土很难用统一的强度指标、压缩指标、渗透性指标加以描述。杂填土的主要特点是无规划堆积、成分复杂、性质各异、厚薄不均、规律性差。填土性质随堆填时间而变化，堆填时间较短的杂填土的沉降变形一般尚未完成，在水的作用下，细粒土有被冲刷和塌陷的可能。一般认为，堆填时间超过五年的填土，其性质才逐渐趋于稳定。在大多数情况下，杂填土是比较疏松和不均匀的，同一场地不同位置的承载力和压缩性往往有较大差异，极易造成建筑物不均匀沉降，通常都需要进行地基处理。

8.2.1.3　冲填土

冲填土是用水力冲填方式而沉积的土，其成分和分布规律与所冲填泥沙来源及冲填时的水力条件有关。大多数情况下，冲填物质为黏土和粉砂，在充填出口处，沉积土粒较粗，顺着出口方向逐渐变细，反映了水力分选作用的特点。冲填土往往呈现分布的不均匀性，由于颗粒不均匀，含水量也不均匀，颗粒越细，排水越慢，含水量越大。冲填土含水量较大，一般大于液限。冲填土工程性质与其颗粒组成密切相关，含砂量较多时，固结情况和力学性质较好；含黏土颗粒多的冲填土往往是欠固结土，其强度和压缩性都比同类天然沉积土差。以粉土或粉细砂为主的冲填土通常容易液化。冲填土地基一般要经过人工处理才能作为建筑物地基。

8.2.1.4　松散砂土

对于某些天然形成的松砂，其密实度不均匀，压缩性较高，强度较低，作为建筑物地基容易产生过量沉降和发生地基剪切破坏而失稳。不仅受压时产生较大压缩变形，而且剪应力也会使其体积减小。当土中水向上渗流，水力梯度达到临界值时，细、粉砂将产生流砂现象。在振动（如地震）作用下，饱和砂土，特别是松散或稍密细、粉砂可能会液化。处于液化状态的土完全失去抗剪强度。强烈的液化可使地表喷水冒砂，如地基下发生大范围砂土液化，则建筑物会产生大量沉降，甚至失稳，轻型地下构筑物可能会浮出地表。在抗震设防区，当地表下一定深度范围存在较为松散的饱和砂土时，应判别其发生液化的可能性；若存在液化土层，应采取措施防止液化的发生。

8.2.2 湿陷性黄土地基

8.2.2.1 黄土分布与组成

黄土是一种第四纪地质历史时期干旱气候条件下的沉积物。一般认为黄土应具备如下特征：为风力搬运沉积，无层理；颜色以黄色、褐黄色为主，有时呈灰黄色；颗粒组成以粉粒为主，含量一般在60%以上，几乎没有粒径大于0.25mm的颗粒；富含碳酸钙盐类；垂直节理发育；一般有肉眼可见的大孔隙。当缺少其中的一项或几项特征时，称为黄土状土或次生黄土，满足前述所有特征的称为原生黄土或典型黄上。一般将原生黄土和次生黄土统称为黄土。

黄土在我国的分布有63万余平方公里，主要分布在我国的黄河流域的甘、陕、晋大部分地区以及河南、河北、山东、宁夏、内蒙古等省和自治区。以甘肃的陇西、陇东地区，陕西的陕北地区、关中地区的黄土性质最为典型。

湿陷性黄土的颗粒组成以粉粒为主，一般占总质量的60%以上，小于0.005mm的黏粒含量较少，大于0.1mm的细砂颗粒含量在5%以内，大于0.25mm的中砂以上的颗粒则很少见到。黄土中含有大量的碳酸盐、硫酸盐和氯化物等可溶盐类。从区域特点上看，黄土颗粒有从西北向东南逐渐变细的趋势。

黄土是在干旱半干旱的气候条件下形成的，少量的水分以及溶于水中的盐类都集中到较粗颗粒的表面和接触点处，可溶盐逐渐浓缩沉淀而成为胶结物，形成以粗粉粒为主体骨架的蜂窝状大孔隙结构。同时，黄土在干旱季节因失去大量水分而体积收缩，形成许多竖向裂隙，使黄土具有了柱状构造。

干旱地区的雨季集中而短促。每年雨季来临，大气降水将黄土中的水溶性盐类物质溶解并沿着土中的孔隙下渗，干旱季节来临时土中的水分蒸发逃逸，溶解的盐类物质在水分蒸发的同时于下渗线附近重新结晶并残存下来。来年这样的过程重新出现。如此年复一年的淋滤使地表的土体因失去大量碳酸钙类可溶盐物质而逐渐变红（不溶性的铁、铝等元素含量相对增加的结果），并使以碳酸钙为主的可溶性盐类物质在下渗线不断富集并形成钙质结核。淋滤时间更长时就会在黄土中形成钙质结核层。结核构造是黄土的一个重要构造特征，结核层也常是黄土地层划分的重要判别标志。

非饱和黄土在天然含水状态下一般具有较高的强度和较小的压缩性，但遇水浸湿后，有的即使在自身重力作用下也会发生剧烈而大量的变形，强度也随之迅速降低。黄土在一定压力下受水浸湿后结构迅速破坏而发生附加下沉的现象称为湿陷。浸水后发生湿陷的黄土称为湿陷性黄土。湿陷性黄土按其湿陷起始压力的大小又可分为自重湿陷性黄土和非自重湿陷性黄土。

在湿陷性黄土地区进行工程建设，必须了解黄土的工程特性，查明黄土的湿陷性质、湿陷性土的厚度及其分布变化，确定湿陷性黄土场地的湿陷类型和湿陷性黄土地基的湿陷等级。

8.2.2.2 湿陷性黄土地基的评价

A 湿陷系数和自重湿陷系数

衡量黄土是否具有湿陷性及湿陷性大小的指标是湿陷系数 δ_s，它是单位厚度的黄土土样在给定的工程压力作用下，受水浸湿后所产生的湿陷量，由室内压缩试验测定。在压缩仪中将高度为 h_0 的原状试样逐级加压到规定的压力 p，等土样压缩稳定后测得试样高度 h_p，然后加水浸湿土样，测得下沉稳定后的高度 h'_p，则土样湿陷系数 δ_s 为

$$\delta_s = \frac{h_p - h'_p}{h_0} \tag{8-4}$$

当 $\delta_s < 0.015$ 时，应定其为非湿陷性黄土；$\delta_s \geqslant 0.015$ 时，应定其为湿陷性黄土。

在上述实验中，若压力 p 取为该土样在地层中的上覆饱和自重应力时，所测得的湿陷系数称为自重湿陷系数，用符号 δ_{zs} 表示。

当土的自重湿陷系数 $\delta_{zs} < 0.015$ 时，定其为自重湿陷性黄土；$\delta_{zs} \geqslant 0.015$ 时，定其为非自重湿陷性黄土。

B 湿陷起始压力

黄土的湿陷量是压力的函数，如图 8-1 所示。湿陷性黄土，存在着一个压力界限值，压力低于这个数值，黄土即使浸水也不会发生湿陷变形（$\delta_s < 0.015$），只有当压力超过某个界限值时，黄土才开始产生湿陷变形（$\delta_s \geqslant 0.015$），这个界限压力值被称为湿陷起始压力 p_{sh}。

在非自重湿陷性黄土地基上进行荷载不大的基础和土垫层设计时，在经济、可能的情况下，可以适当加宽基础底面尺寸

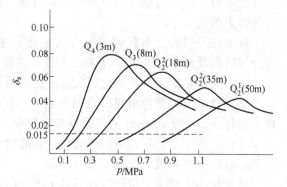

图 8-1 黄土湿陷性与压力的关系示意图

或加厚土垫层厚度，使基底压力或垫层底面总压力（自重应力与附加应力之和）不超过受力层黄土的湿陷起始压力，这样既使地基浸水也可以避免湿陷事故的发生。

C 黄土建筑场地的湿陷类型

自重湿陷性黄土在没有外荷载的作用下，浸水后也会迅速发生剧烈的湿陷。这使得一些很轻的建筑物也难免遭受破坏，而非自重湿陷性黄土地区这种情况却相对少见。因此，对于湿陷类型不同的黄土地基，所采取的设计和施工措施也应有所区别。在黄土地区地基勘察中，应用场地的实测自重湿陷量或计算自重湿陷量来判定建筑场地的湿陷类型。建筑场地的实测自重湿陷量应根据现场试坑浸水试验确定，计算自重湿陷量则按下式计算：

$$\Delta_{zs} = \beta_0 \sum_{i=1}^{n} \delta_{zsi} h_i \tag{8-5}$$

式中 δ_{zsi}——第 i 层土自重湿陷系数；

       h_i——第 i 层土的厚度，cm；

       β_0——因地区土质而异的修正系数，它从各地区湿陷性黄土地基试坑浸水试验实

             测结果与这些地区的室内侧限试验结果基础上的计算结果比较得出，对陇

西地区可取1.5，对陇东陕北地区可取1.2，对关中地区可取0.9，对其他地区可取0.5；

n——总计算厚度内自重湿陷性土层的数目。总计算厚度应自天然地面算起（当挖、填方厚度及面积较大时，应自设计地面算起）至其下全部自重湿陷性黄土层的底面为止，其中自重湿陷系数 $\delta_{zs} < 0.015$ 的土层不应累计。

当 $\Delta_{zs} \leqslant 7\text{cm}$ 时，该建筑场地被判定为非自重湿陷性黄土场地；$\Delta_{zs} > 7\text{cm}$ 时，判定为自重湿陷性黄土场地。当自重湿陷量的实测值和计算值出现矛盾时，应按自重湿陷量的实测值判定。

D 湿陷性黄土地基的湿陷等级

湿陷性黄土地基的湿陷等级应根据基底下各土层累计的总湿陷量（计算所得）和计算自重湿陷量的大小综合判定。总湿陷量按下式计算：

$$\Delta_s = \beta \sum_{i=1}^{n} \delta_{si} h_i \tag{8-6}$$

式中 δ_{si}，h_i——第 i 层土的湿陷系数和厚度，cm；

β——考虑黄土地基侧向挤出和浸水几率等因素的修正系数，缺乏实测资料时，基础底面下5.0m（或压缩层）深度范围内可取1.5，基底下 5 ~ 10m 深度内，取 $\beta = 1$，基底下10m以下至非湿陷性黄土层顶面，在自重湿陷性黄土场地，可取工程所在地区的 β_0 值。

湿陷量的计算值 Δ_s 的计算深度，应自基础底面（如基底标高不确定时，自地面下1.50m）算起；在非自重湿陷性黄土场地，累计至基底下10m（或地基压缩层）深度止；在自重湿陷性黄土场地，累计至非湿陷黄土层的顶面止。其中湿陷系数 δ_s（10m以下为 δ_{zs}）小于0.015的土层不累计。

湿陷性黄土地基的湿陷等级划分见表8-2。

表8-2 湿陷性黄土地基的湿陷等级

湿陷类型 计算自重湿陷量 Δ_{zs}/mm 总湿陷量 Δ_s/mm	非自重湿陷性场地	自重湿陷性场地	
	$\Delta_{zs} \leqslant 70$	$70 < \Delta_{zs} \leqslant 350$	$\Delta_{zs} > 350$
$\Delta_s \leqslant 300$	I（轻微）	II（中等）	—
$300 < \Delta_s \leqslant 700$	II（中等）	II（中等）或III（严重）[①]	III（严重）
$\Delta_s > 700$	II（中等）	III（严重）	IV（很严重）

①当总湿陷量 $\Delta_s > 300\text{mm}$、自重湿陷量的计算值 $\Delta_s > 300\text{cm}$ 时，可判为III级；其他情况为可判为II级。

8.2.2.3 湿陷性黄土地基的工程措施

在湿陷性黄土地区的工程建设中，针对湿陷性问题的主要措施有地基处理、防水与结构措施三类。地基处理的目的是消除黄土的湿陷性，它又可分为全部消除和部分消除两种。防水措施是为了防止雨水和其他来源的水渗入地基中。结构措施的作用是使建筑物有一定的适应变形的能力，在建筑物因地基浸水出现附加的不均匀沉降时能减轻对结构的损害。经验表明，上述三类措施中主要的是地基处理措施，它带有根本性。

选择地基处理方法，应根据建筑物的类别和湿陷性黄土的特性，并考虑施工设备、施工进度、材料来源和当地环境等因素，经技术经济综合分析比较后确定。湿陷性黄土地基常用的处理方法，可按表 8-3 选择其中一种或多种相结合的最佳处理方法。

表8-3 湿陷性黄土地基常用的处理方法

地基处理方法	适用范围	处理湿陷性土层厚度/m
垫层法	地下水位以上	1~3
强夯法	地下水位以上，$S_r \leqslant 60\%$ 的湿陷性黄土	3~12
挤密法（土或灰土挤密桩、孔内深层强夯法）	地下水位以上，$S_r \leqslant 65\%$ 的湿陷性黄土	5~15
预浸水法	可消除地面下1m以下湿陷性黄土层的全部湿陷性	6m 以上，尚应采用垫层或其他处理方法

8.2.3 其他特殊土

膨胀土的黏粒含量很高，粒径小于 0.002mm 的胶体颗粒含量往往超过 20%，塑性指数 $I_P > 17$，且多在 22~35 之间；天然含水量与塑限接近，液性指数 I_L 常小于零，呈坚硬或硬塑状态；膨胀土的颜色有灰白、黄、黄褐、红褐等色，并在土中常含有钙质或铁锰质结核。膨胀土的矿物成分主要是蒙脱石和伊利石，它具有很强的亲水性，具有吸水体积剧烈膨胀失水体积明显收缩的特性，这种较大的胀缩变形极易对轻型建筑物造成损坏。

膨胀土地区的山前或高阶阶地前的坡度较陡地带，常形成浅层滑坡。这些滑坡多为古滑坡，有的已趋于稳定，有的尚在间歇性的向下缓慢滑移。在浅层滑坡形成的初期阶段岩土发生蠕变，斜坡上部的膨胀土向斜坡下方移动，移动的距离随深度渐减，而使土中的垂直节理呈向斜坡下方的弯曲状。

膨胀土地区浅埋基础的建筑物，其变形特征直接反映了地基的变形。在斜坡上的建筑物，常因斜坡的滑动或蠕动而产生破坏，这种破坏随着斜坡运动而发展，建筑物的破坏日趋严重。斜坡上建筑物破坏机制的复杂性，还在于斜坡运动的同时，地基土也在发生膨胀或收缩，且两者常相伴发生，在调查其破坏原因时，常使问题复杂化而混淆不清。

膨胀土反复的吸水膨胀和失水收缩会造成围墙、室内地面以及轻型建、构筑物的破坏。在膨胀土地区易于破坏的大多为低层建筑物，一般在三层以下，四层以上的房屋及构筑物发生破坏的极为罕见。这是由于低层建筑物一般基础埋置较浅、基底压力较小以及建筑物刚度较差的缘故。

膨胀土地区建筑物的裂缝具有其特殊性。建筑物的角端常产生斜向裂缝，表现为山墙上的对称或不对称的倒八字形裂缝，伴随有一定的水平位移或转动；建筑物纵墙上常出现水平裂缝，一般在窗台下或地坪以上两、三皮砖处出现的较多，同时伴有墙体外倾、外鼓、基础外转和内墙脱开，以及内横墙倒八字裂缝；常造成独立柱的水平断裂，并伴随有水平位移和转动；底层室内地坪隆起开裂，距室内中心点越近隆起越多，沿四周隔墙一定距离出现裂缝，长而窄的地坪则出现纵长裂缝，有时出现网格状裂缝；地裂通过房屋处，墙上出现竖向或斜向裂缝。

对膨胀土地基处理应根据土的胀缩等级、材料供给和施工工艺等情况确定处理方法。一般可采用灰土、砂石等非膨胀土进行换土处理，同时做好防水处理。

其他特殊土，如红黏土、山区地基土、盐渍土、多年冻土等会对工程建设造成直接或潜在的威胁。一般要考虑是否采用合适的地基处理方法，以防止对工程造成危害。

8.3 土的压（夯）实及预压固结

地基内附加应力分布主要在基础下浅层分布，其下越来越小，地基剪切破坏首先在基础底面，并随应力增加向深部发展，另一方面，沉降也主要由地基浅层变形引起，如在条形基础中，相当于基础宽度的深度范围内沉降量约占总沉降量的一半左右。因此，若基础浅层一定范围内土层若得以加固，就会防止地基发生剪切破坏，并显著减少地基沉降。

改善基础底面下一定深度范围内土层力学与工程性质的方法，可采用原土直接压实、换填垫层、强夯等，对于饱和软黏土（淤泥、淤泥质土），可采用预压固结法。

8.3.1 土的压实原理

大量工程实践证明，黏性土进行压实时，只有在适当的含水量范围内才能压实。黏性土在某种压实功能作用下，达到最密时的含水量，称为最优含水量，对应的干密度称为最大干密度。各类土的矿物成分与粒径级配不同，其最大干密度和最优含水量也不相同，可用击实试验测定其数值。击实试验通过配制若干份不同的含水量的试样，采用相同的夯击能量在击实筒里进行击实，计算干密度，绘制干密度 ρ_d 与含水量 w 关系曲线，称为击实曲线，曲线峰值相应的纵坐标为试样的最大干密度 ρ_{dmax}，其对应的横坐标即为试样的最优含水量 w_{op}，如图 8-2 所示。根据研究，黏性土的最优含水量可采用 $w_{op} = w_p + (1\sim2)\%$ 近似计算。

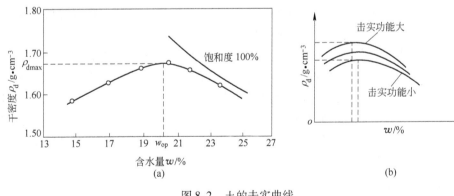

图 8-2 土的击实曲线

对于同类土，随着压实功能大小的变化，最大干密度和最优含水量也随之变化，如图 8-2(b)所示。当压实功能较小时，土压实后的最大干密度较小，对应的最优含水量则较大，反之亦然。所以，若要把土压实到工程要求的干密度，必须合理控制压实时土的含水量，选用适合的压实功能，才能获得预期的效果。

在实际过程中，用压实系数控制压实质量。压实系数 λ_c 是控制干密度 ρ_d 与最大干密

度 ρ_{dmax} 的比值，即 $\lambda_\mathrm{c} = \rho_\mathrm{d}/\rho_{\mathrm{dmax}}$。压实原理及压实系数在各类工程有广泛应用，如素土及灰土碾压、土与灰土挤密桩中的桩间土挤密效果和桩体内压（夯）实效果等。

砂土的击实性能与黏性土不同。由于砂土的粒径大，孔隙大，结合水的影响微小，总的来说比黏性土容易压实。例如，干砂在压力与振动作用下容易压实；稍湿的砂土，因水的表面张力作用，使砂粒相互靠紧，阻止其移动，压实效果稍差，如充分洒水，饱和砂土表面张力消失，振动压实效果又变良好。

8.3.2　换填垫层法

8.3.2.1　换填垫层及其作用

换填垫层法是将基础底面下一定范围内的软弱土层部分或全部挖除，然后分层换填强度大、压缩性低且性能稳定、无侵蚀性的材料，压实至要求的密实度，将此人工换填的密实土层作为地基持力层。这种地基处理方法简称为换填法。换填法适用于淤泥、淤泥质土、湿陷性黄土、填土地基等的浅层处理，换填材料可选用回填砂、碎石、灰土、粉煤灰、矿渣等，并应分层压(夯)实振密。

根据使用的目的和场地地层情况，换填垫层的作用主要有以下几方面：

（1）提高持力层的承载力。由于置换材料抗剪强度较高，因此，垫层作为持力层要比置换前土层承载力高许多。垫层承载力宜通过现场载荷试验确定。

（2）减少沉降量。一般情况下，基础下浅层的沉降量在总沉降量中所占的比例较大。因而以垫层材料代替软弱土层，可以大大减少沉降量。此外，由于垫层的应力扩散作用，传递到垫层以下下卧层上的压力减少，也会使下卧层压缩量减小。

（3）加速软弱土层的排水固结。砂及砂石垫层透水性大，在地基受压后成为下卧饱和软土的排水面，使下卧层上部中孔隙水压力容易消散，从而加速软土的固结和抗剪强度的提高。

（4）防止冻胀。采用颗粒粗大的材料如碎石、砂等作为垫层，可以降低甚至不产生毛细水上升现象，因此可防止土体冻胀的发生。

（5）消除地基湿陷性黄土的湿陷性和膨胀土的胀缩作用。采用素土或灰土垫料，在湿陷性黄土地基中，置换了基础底面下一定范围内的湿陷性土层，可避免土层浸水后湿陷变形的发生或减少土层湿陷沉降量。同时，垫层还可以作为地基的防水层，减少下卧天然黄土层浸水的可能性。采用非膨胀性的黏性土、砂、碎石、灰土以及矿渣等置换膨胀土，可以减少地基的胀缩变形量。但需指出，砂垫层不宜用于处理湿陷性黄土地基，因为砂垫层的良好透水性反而容易引起黄土湿陷。

8.3.2.2　垫层的设计及施工要点

垫层设计主要是确定其厚度 z 和底宽 b_m，如图 8-3 所示。一般垫层的厚度为 $1\sim2\mathrm{m}$ 左右。太薄（$z<0.5\mathrm{m}$）垫层作用很小，太厚（$z>3\mathrm{m}$）垫层则施工困难，也并不经济。计算时先假定垫层厚度 z 再进行验算。如不合适，则应改变厚度重新验算，直至满足为止。验算的要求原则上与浅基础的软弱下卧层验算相同，根据下卧土层的承载力确定，并符合下式要求：

$$\sigma_z + \sigma_{cz} \leqslant f_{az} \tag{8-7}$$

式中 σ_z——相应于荷载效应标准组合时，垫层底面处的附加压力值（kPa），其中扩散角可按表8-4采用；

σ_{cz}——垫层底面处土的自重压力值（kPa），垫层厚度范围内的土层的重度宜取垫层材料的重度；

f_{az}——垫层底面处软弱土层经深度修正后的地基承载力特征值，kPa，其中深度修正系数取 $\eta_d = 1.0$。

表8-4 压力扩散角 θ （°）

z/b	换填材料 中砂、粗砂、砾砂、圆砾、角砾、石屑、卵石、碎石、矿渣	粉质黏土、粉煤灰	灰土
0.25	20	6	28
≥0.5	30	23	

注：1. 当 $z/b < 0.25$ 时，除灰土仍取 $\theta = 28°$ 外，其余材料均取 $\theta = 0°$；

2. 当 $0.25 < z/b < 0.5$ 时，θ 值可内插求得。

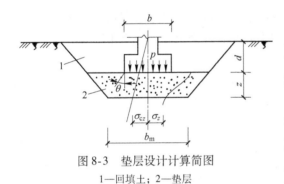

图8-3 垫层设计计算简图
1—回填土；2—垫层

砂垫层的底面宽度应满足基础底面应力扩散的要求，即按 $b_m \geq b + 2z\tan\theta$ 进行控制，且垫层顶面超出基础底边不宜小于300mm，如图8-3所示。

垫层施工应根据换填材料选择施工机械，如机械碾压法、夯实法和平板振动等，施工时分层铺填、压实，一般分层铺填厚度可取 $200 \sim 300$mm。垫层压实质量应满足相关规范的要求。

【例题8-1】 某砖混结构办公楼，承重墙下为条形基础，宽1.2m，埋深1m，承重墙传至基础荷载 $F = 180$kN/m，地表为1.5m厚的杂填土，$\gamma = 16$kN/m³，如图8-4所示。下面为淤泥层，含水量 $w = 50\%$，$\gamma_{sat} = 19$kN/m³，地基承载力特征值 $f_{ak} = 69$kPa，地下水距地表深1m。试设计该基础的垫层。

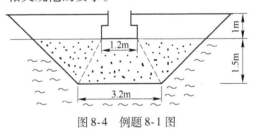

图8-4 例题8-1图

【解】（1）垫层材料选中砂，并设垫层厚度 $z = 1.5$m，则垫层的应力扩散角 $\theta = 30°$。

（2）垫层厚度的验算，据题意，基础底面平均压力为：

$$p_k = \frac{F + G}{b} = \frac{180 + 1.2 \times 1 \times 20}{1.2} = 170\text{kPa}$$

基底处的自重应力 $\sigma_c = 16 \times 1 = 16$kPa

垫层底面处的附加应力

$$p_z = \frac{(p_k - \sigma_c)b}{b + 2 \times z\tan\theta} = \frac{(170 - 16) \times 1.2}{1.2 + 2 \times 1.5\tan 30°} = 63.0\text{kPa}$$

垫层底面的自重应力 $\sigma_{cz} = 16 \times 1.0 + (19 - 10) \times 1.5 = 29.5$kPa

经深度修正得地基承载力特征值

$$f_{az} = f_{ak} + \eta_d \gamma_0 (d - 0.5) = 69 + 1 \times [16 \times 1 + (19 - 10) \times 1.5] \times (2.5 - 0.5)/2.5 = 92.6 \text{kPa}$$

则 $\qquad\qquad\qquad\qquad \sigma_z + \sigma_{cz} = 63.0 + 29.5 = 92.5 \text{kPa} < f_{az} = 92.6 \text{kPa}$

说明满足强度要求，垫层厚度选定为 1.5m 合适。

（3）确定垫层宽度 b'

$$b' \geqslant b + 2z \cdot \tan\theta = 1.2 + 2 \times 1.5 \times \tan 30° = 2.93 \text{m}$$

取 b' 为 3.2m，按 1:1.5 边坡开挖。

8.3.3 强夯法

强夯法是将重锤（一般为 10~40t，世界最大的锤重高达 200t）以 8~40m 落距下落，进行强力夯实加固地层的深层密实方法。此法可提高土的强度、降低其压缩性、减轻甚至消除砂土振动液化和消除湿陷性黄土的湿陷性等，适用于碎石土、砂土、粉土、黏土、人工填土和湿陷性黄土等地基的处理。经强夯处理的地基，其承载力可提高 2~5 倍，有效加固深度可达 5~10m。

强夯的设计，根据现场的地质条件和工程的使用要求，正确地选用强夯法各项技术参数。这些参数包括单击夯实能、夯击遍数、间隔时间、加固范围、夯点布置等。

8.3.3.1 有效加固深度

根据梅那公式及工程实践，有效加固深度 D 与单击夯实能（单击夯实能是指锤重 W 与落距 H 之积）有关，可采用如下经验公式计算

$$D = K \sqrt{\frac{WH}{10}} \tag{8-8}$$

式中 D——有效加固深度，m；

        W——锤重，kN；

        H——落距，m；

        K——加固深度系数，根据经验大约在 0.35~0.7 之间，松散新填土取较高值，黄土、饱和黏性土取较低值。

根据大量实测资料总结，强夯有效加固深度也可按表 8-5 预估。

表 8-5   强夯法的有效加固深度   (m)

单击夯实能/kN·m	碎石土、砂土等	粉土、黏性土、湿陷性黄土等
1000	5.0~6.0	4.0~5.0
2000	6.0~7.0	5.0~6.0
3000	7.0~8.0	6.0~7.0
4000	8.0~9.0	7.0~8.0
5000	9.0~9.5	8.0~8.5
6000	9.5~10.0	8.5~9.0
8000	10.0~10.5	9.0~9.5

8.3.3.2 强夯夯锤和落距的选用

确定土层加固深度后，可根据施工设备的条件选择锤重和落距。夯实能应根据地基土的类别、结构类型、荷载大小和要求处理的深度等综合考虑，并通过现场试夯确定。实践表明，在单夯击能相同的情况下，增加落距比锤重更有效。

8.3.3.3 夯击要求

夯击遍数应根据地基土的性质确定，可采用点夯 2～3 遍，对于渗透性较差的细颗粒土，必要时夯击遍数可适当增加。最后再以低能量满夯 2 遍，满夯可采用轻锤或低落距锤多次夯击，锤印搭接。

两遍夯击之间应有一定的时间间隔，间隔时间取决于土中超静孔隙水压力的消散时间。当缺少实测资料时，可根据地基土的渗透性确定，对于渗透性较差的黏性土地基，间隔时间不应少于 3～4 周；对于渗透性好的地基可连续夯击。

夯击点位置可根据基底平面形状，采用等边三角形、等腰三角形或正方形布置。第一遍夯击点间距可取夯锤直径的 2.5～3.5 倍，第二遍夯击点位于第一遍夯击点之间。以后各遍夯击点间距可适当减小。强夯处理范围应大于建筑物基础范围，每边超出基础外缘的宽度宜为基底下设计处理深度的 1/2～2/3，并不宜小于 3m。

8.3.4 预压法

在荷载作用下，如果饱和软土中的孔隙水压力能够不断排出，土体就会逐渐固结，土中有效应力逐步增加，则软土的抗剪强度将会得到提高，地基沉降也会相应减少。预压法正是利用饱和软土这一特性，在建筑物建造以前，在场地先行加载预压，或利用构筑物自身荷载逐级加载，并增加各种排水条件（砂井或排水砂垫层），以加速饱和软土排水固结，从而提高地基承载力，减少沉降量。

预压法加固原理。饱和软黏土地基在荷载作用下，孔隙中的水被慢慢地排出，孔隙体积慢慢减小，地基发生固结变形，同时，随着超静孔隙水压力逐渐消散，有效应力逐渐提高，地基土的强度逐渐增长。现以图 8-5 为例作一说明。当土样的天然固结压力为 σ_0' 时，其孔隙比为 e_0，在 $e-\sigma_c'$ 曲线上其相应的点为 a 点，当压力增加 $\Delta\sigma'$，固结终了时，变为 c 点，孔隙比减小 Δe，曲线 abc 称为压缩曲线。与此同时，抗剪强度与固结压力成比例地由 a 点提高到 c 点。所以，土体在受压固结时，一方面孔隙比减小产生压缩，一方面抗剪强度也得到提高。如从 c 点卸除压力 $\Delta\sigma'$，则土样回弹，图中 cef 为回弹曲线，如从 f 点再加压 $\Delta\sigma'$，土样发生再压缩，沿虚线变化到 c' 点。从再压缩曲线 fgc' 可清楚地看出，固结压力同样从 σ_0' 增加 $\Delta\sigma'$，而孔隙比减小值 $\Delta e'$ 比 Δe 小得多。这说明，如果在建筑场地先加一个和上部

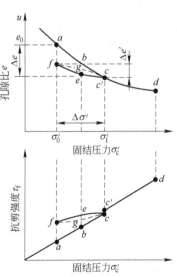

图 8-5 预压固结法的加固原理

建筑物相同的压力进行预压，使土层固结（相当于压缩曲线上从 a 点变化到 c 点），然后卸除荷载（相当于在回弹曲线上从 c 点变化到 f 点），再建造建筑物（相当于再压缩曲线上从 f 点变化到 c' 点），这样，建筑物所引起的沉降即可大大减小。如果预压荷载大于建筑物荷载，即所谓超载预压，则效果更好，因当土层的固结压力大于使用荷载下的固结压力时，原来的正常固结黏土层将处于超固结状态，而使土层在使用荷载下的变形大为减小。

　　预压法包括堆载法和真空预压法，适用于处理淤泥、淤泥质土和冲填土等饱和黏性土地基。

8.3.4.1　堆载预压法

　　堆载预压法一般采用填土、砂石等堆载材料，制定出分级加载计划，并控制加载速度，以防地基在预压过程中丧失稳定性，因而一般工期较长。也可利用地基表面的砂垫层作为水平排水体，当加载后，土层中的孔隙水沿竖向排水体流入砂垫层而排出。

　　砂井堆载预压法是在地基中置入排水体，竖向排水体可用就地灌筑砂井、袋装砂井、塑料排水板等做成，如图8-6所示。对于厚度大、透水性又很差的软黏土，需同时用水平排水体和竖向排水体构成排水系统，使土层孔隙水由竖向排水体流入水平排水体。

　　堆载预压应分级逐渐加载，确保每级荷载下地基的稳定性。

8.3.4.2　真空预压法

　　真空预压法是在需要加固的软黏土地基内设置砂井，然后在地面铺设砂垫层，其上覆盖不透气的密封膜，使地基与大气隔绝，通过埋设于砂垫层中的吸水管道，用真空装置进行抽气，将膜内空气排出而产生负压力，使孔隙水从砂井排出，达到固结目的。

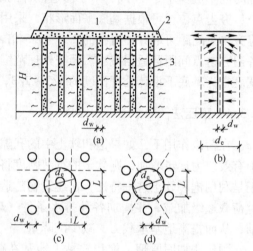

图8-6　砂井布置图
（a）剖面图；（b）砂井排水途径；（c）正方形布置；
（d）等边三角形布置
1—堆载；2—砂垫层；3—砂井

　　真空预压法适用于一般软黏土地基，但对于透水性较好的地基，抽真空时地下水会大量流入，可能得不到规定的负压，故不宜采取此法。

8.4　水泥土搅拌法与高压喷射注浆法

8.4.1　水泥土搅拌法

8.4.1.1　水泥土搅拌法加固机理及其应用

　　水泥土搅拌法是利用水泥等材料作为固化剂通过特制的搅拌机械，就地将软土和固化剂（浆液或粉体）强制搅拌，使软土硬结成具有整体性、水稳性和一定强度的水泥加固土。

　　水泥土搅拌法分为深层搅拌法（湿法）和粉体喷搅法（干法）。水泥土搅拌法适用于处理正常固结的淤泥与淤泥质土、粉土、饱和黄土、素填土、黏性土以及无流动地下水的饱和松散砂土等地基。当地基土的天然含水量小于30%（黄土含水量小于25%）、大于70%或地下水的pH值小于4时不宜采用干法。

　　用水泥加固饱和软土地基时，水泥颗粒表面的矿物（普通硅酸盐水泥成分为CaO、

SiO_2、Al_2O_3、Fe_2O_3 及 SO_3 等）很快与软土中的水发生水解和水化反应，生成氢氧化钙、含水硅酸钙、含水铝酸钙及含水铁酸钙等化合物。当水泥的各种水化物生成后，有的自身继续硬化、形成水泥石骨架，有的则与其周围土颗粒发生离子交换，团粒化反应、硬凝作用以及碳酸化反应等一系列物理化学反应，形成具有一定强度和水稳定性的水泥加固土，从而提高地基承载力和增大变形模量。加固体形状可分为柱状、壁状、格栅状或块状等。

水泥土搅拌桩法可用于：

（1）形成复合地基，提高地基承载力，改善地基变形性状。桩体加固土强度及模量比天然地基土体提高数十倍至数百倍，在工业与民用建筑各个工程领域广泛应用于 10 ~ 12 层以下的住宅及一般的办公楼、厂房，以及各种公路、铁路、机场等的地基处理。

（2）形成水泥土重力式围护结构，同时起到挡土及隔水的作用。

（3）作为防渗帷幕，水泥土的渗透系数小于 10^{-7}cm/s，具有较好的防渗能力，因此常将水泥土桩搭接施工组成连续的水泥土帷幕墙，用于粉土、夹砂层、砂土地基的防渗工程。

对不同土类、不同深度的加固体应分别采用不同的机具和工艺流程，包括：搅拌机的功率，搅拌头的类型，喷浆的压力和搅拌的流程等。

对于打入深度在 8 ~ 12m 的搅拌桩，搅拌机的功率可用 35 ~ 45kW 和轴杆直径 ϕ50 ~ 70mm 的单轴和双轴搅拌头。对于深度超过 20m 的搅拌桩，搅拌机的功率应增大至 55 ~ 60kW，搅拌头的直径、喷射压力也相应增大。

水泥土搅拌法施工步骤由于湿法和干法的施工设备不同而略有差异，施工步骤为：

（1）搅拌机就位、调平，启动电机，见图 8-7 中步骤一。

（2）预搅下沉至设计加固深度，见图 8-7 中步骤二。

（3）边喷浆（粉）、边搅拌提升直至预定的停浆（灰）面，见图 8-7 中步骤三。

（4）重复搅拌下沉至设计加固深度，见图 8-7 中步骤四。

（5）根据设计要求，喷浆（粉）或仅搅拌提升直至预定的停浆（灰）面，见图 8-7 中步骤五。

（6）关闭搅拌机械，见图 8-7 中步骤六。

8.4.1.2　水泥土搅拌桩复合地基承载力与变形计算

复合地基是桩体和桩周土体根据各自的刚度共同承担荷载的作用。水泥土搅拌桩复合地基的承载力特征值应通过现场单桩或多桩复合地基荷载试验确定。初步设计时可采用公式（8-3）进行估算，其中 f_{sk} 可取天然地基承载力特征值；β 取值：当桩端土未经修正的承载力特征值大于桩周土承载力特征值平均值时，可取 0.1 ~ 0.4，差值大时取低值；当桩端土未经修正的承载力特征值小于或等于桩周土承载力特征值平均值时，可取 0.5 ~ 0.9，差值大时或设褥垫层时取高值。

单桩竖向承载力特征值 R_a 由桩身材料强度和桩周土及桩端土抗力提供，并应使由前者确定的单桩承载力［式（8-9）］大于由后者确定的单桩承载力［式（8-10）］：

$$R_a = \eta f_{cu} A_p \tag{8-9}$$

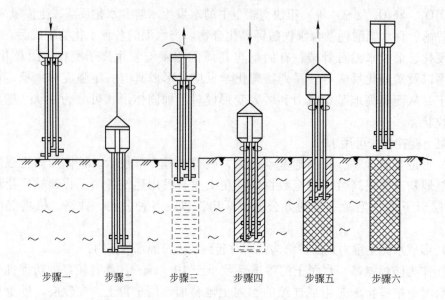

步骤一　　步骤二　　步骤三　　步骤四　　步骤五　　步骤六

图 8-7　深层搅拌法施工示意图

$$R_a = u_p \sum_{i=1}^{n} q_{si} l_i + \alpha q_p A_p \tag{8-10}$$

式中　f_{cu}——与搅拌桩桩身水泥土配比相同的室内加固土试块在标准养护下 90d 龄期的立方体抗压强度平均值，一般在 300 ~ 4000kPa 之间；

　　　η——桩身强度折减系数，干法可取 0.20 ~ 0.30，湿法可取 0.25 ~ 0.33；

　　　u_p——桩的周长，m；

　　　q_{si}——桩周第 i 层土的侧阻力特征值；

　　　q_p——桩端地基土未经修正的承载力特征值，kPa；

　　　α——桩端天然地基土的承载力折减系数，可取 0.4 ~ 0.6，承载力高时取低值。

复合地基的变形为加固区土层压缩变形量与加固区下卧层土体压缩变形量之和。计算加固区压缩量可采用复合模量法计算。

8.4.2　高压喷射注浆法

8.4.2.1　高压喷射注浆法加固机理及其应用

高压喷射注浆法是利用钻机把带有喷嘴的注浆管钻进至土层的预定位置后，将喷射管插入钻孔中预定深度，以高压设备使浆液以高压射流从嘴中喷射出，冲击破坏土体，同时钻杆以一定速度渐渐向上提升，浆液与土粒强制搅拌混合，浆液凝固后，在土中形成一个强度高，压缩性低的不透水固结桩体。

高压喷射注浆法适用于处理淤泥、淤泥质土、流塑、软塑或可塑黏性土、粉土、砂土、黄土、素填土和碎石土等地基。对于硬黏性土、含较多的块石或大量植物根茎的地基，因喷射流可能受到阻挡或削弱，切削范围小或影响处理效果。

在高压高速的条件下，能量高度集中的喷射流冲击切割土体，使土与浆液搅拌混合，凝固成柱状加固体。同时高压喷射流能对有效射程的边界土产生挤压力，对四周土有压密作用，并使部分浆液进入土粒之间的孔隙里，使加固体与四周土紧密结合。

单管法施工时，以水泥浆液作为喷射流，由于压力在土中急剧衰减，冲击切割土的有效射程较短，致使旋喷固结体的直径较小。二重管法以高压浆液喷射流及其外部环绕的压缩空气喷射流组成复式高压喷射流；三重管喷射法注浆，以水汽为复合喷射流并注浆填空；多重管喷射注射的高压水射流把土冲空以浆液填充。

旋喷时，高压喷射流在地基中，把土体切削破坏。其加固范围就是喷射距离加上渗透部分或压缩部分的长度为半径的圆柱体。一部分细小的土粒喷射的浆液所置换，随着液流被带到地面上，其余的土粒与浆液搅拌混合，形成了分别为浆液主体搅拌混合区、压缩区和渗透区的横断面构造。水泥与水拌和后，会发生一系列的化学反应并连续不断地进行，析出一种胶质物体，从而产生下列现象：

（1）胶凝体增大并吸收水分，使凝固加速，结合更密。

（2）由于微晶（结晶核）的产生进而生出结晶体，结晶体与胶凝体相互包围渗透并达到一种稳定状态，这就是硬化的开始。

（3）水化作用继续深入到水泥微粒内部，使未水化部分再参加以上的化学反应，直到完全没有水分以及胶质凝体和结晶充盈为止。但无论水化时间持续多久，很难将水泥微粒内核全部水化完了，所以水化过程是一个长久的过程。

高压喷射注浆法，适用新建工程和既有建筑地基加固，深基础、地铁等地下工程的土层加固或防水。如：形成复合地基、提高地基承载力，减少建筑物沉降；基坑开挖时保护邻近建（构）筑物作为挡土结构，等等。

8.4.2.2 高压喷射注浆法设计和施工

竖向承载旋喷桩复合地基宜在基础和桩顶之间设置褥垫层。褥垫层厚度可取 200～300mm，其材料可选用中砂、粗砂、级配砂石等，最大粒径不宜大于30mm。旋喷桩的平面布置可根据上部结构和基础特点确定。独立基础下的桩数一般不应少于4根。

形成的复合地基承载力特征值应通过现场复合地基载荷试验确定。初步设计时，也可按公式（8-3）估算。公式中 β 为桩间土承载力折减系数，可根据试验或类似土质条件工程经验确定，当无试验资料或经验时，可取 0～0.5，承载力较低时取低值。单桩竖向承载力特征值 R_a 的确定与水泥土搅拌法类似，即采用式（8-9）、式（8-10），但桩身强度折减系数 η，可取 0.33，桩端天然地基土的承载力不予折减。

高压喷射注浆法的施工工序如图 8-8 所示，钻机就位、钻孔、插管、喷射注浆作业、拔管、清洗机具、移开机具、回填注浆。

高压喷射注浆的施工参数应根据土质条件和加固要求通过试验或根据工程经验确定，并在施工中严格加以控制。单管法及二重管法的高压水泥浆和三重管法高压水的压力应大于20MPa，注浆材料宜选用强度等级为32.5级及以上的普通硅酸盐水泥。水泥浆液的水灰比应按工程要求确定，可取 0.8～1.5，常用1.0。

喷射孔与高压注浆泵的距离不宜大于50m，钻孔的位置与设计位置的偏差不得大于50mm。当处理既有建筑地基时，应采用速凝浆液或跳孔喷射和冒浆回灌等措施，以防喷射过程中地基产生附加变形和地基与基础间出现脱空现象。

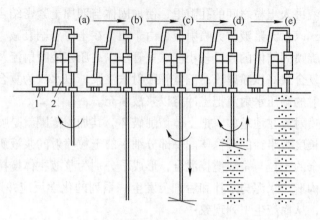

图 8-8 喷射注浆施工顺序

（a）开始钻进；（b）钻进结束；（c）高压旋喷开始；（d）边旋转边提升；（e）喷射完毕，桩体形成

1—超高压水力泵；2—钻机

8.5 挤 密 法

挤密法是以不同方法在成孔或填料过程中，对桩周围土体形成挤密的地基加固方法，这类方法主要有砂石桩法、振冲法、土或灰土挤密桩法、孔内深层强夯法等，适用于处理松软砂类土、素填土、杂填土、湿陷性黄土等。

8.5.1 砂石桩法

碎石桩、砂桩和砂石桩总称为砂石桩，是指用振动、冲击沉管或振冲等方法在软弱地基中成孔后，再将碎石或砂挤压入已成的孔中，形成大直径的砂石密实桩体。

砂石桩法适用于处理松散砂土、粉土、黏性土、素填土、杂填土等地基，主要靠桩的挤密和施工中的振动作用使桩周围土的密度增加，从而使地基承载力提高、压缩性降低。

砂石桩法加固砂土地基的主要目的是提高地基土承载力、减少变形和增强抗液化能力，其加固机理主要有：

（1）挤密作用，采用沉管法在成桩过程中桩管对周围砂层产生很大的横向挤压力，拔管时采用边拔边振，将桩管中的砂粒挤向桩管周围的砂层，使桩管周围的砂层孔隙比减小，密实度增大，这就是挤密作用。有效挤密范围可达 3~4 倍桩直径。

（2）排水作用，砂石桩加固砂土时，桩孔内充填碎石（卵石、砾石）等反滤性好的粗颗粒料，在地基中形成渗透性能良好的人工竖向排水减压通道，可有效地消散和防止超孔隙水压力的增高和砂土产生液化，并可加快地基的排水固结。

（3）砂基预震作用，施工过程使填土料和地基土在挤密的同时获得强烈的预震，这对砂土增强抗液化能力是极为有利的。

对黏性土地基（特别是饱和软土），由于软黏土含水量高、透水性差、砂石桩很难发挥挤密作用，其主要作用是部分置换作用并与软黏土形成复合地基。由于砂石桩的刚度比桩周黏性土的刚度大，而地基中应力按材料变形模量进行重新分配，桩土应力比一般为 2~4，因此，大部分荷载将由砂石桩承担。但要注意，由于砂石桩是由散体材料构成，如果黏性土的强度过低，不能使碎石桩和砂桩得到所需的径向支持力，桩体就会产生鼓胀破坏，置换率不够高时，可能很难获得可靠的处理效果。此外，对没经过预压的软黏土地基，砂石桩处理后地基仍可能会有较大沉降，对变形要求较严的建筑物难以满足要求。

砂石桩设计内容包括桩位布置、桩径、处理范围、灌砂石量及处理地基的承载力、稳定或变形验算。砂石桩桩位宜采用等边三角形或正方形布置。砂石桩直径可采用300 ~ 800mm，可根据地基土质情况和成桩设备等因素确定。对饱和黏性土地基宜选用较大的直径，以减小对原地基土的扰动，同时置换率较大可提高处理效果。

砂石桩间距，对粉土和砂土地基，不宜大于砂石桩直径的4.5倍；对黏性土地基不宜大于砂石桩直径的3倍。初步设计时，砂石桩的间距也可按挤密后要求达到的孔隙比按理论推导公式计算确定，该挤密孔隙比从满足建筑物地基承载力、变形或防止液化所要求的密实度确定。

砂石桩加固范围应根据建筑物的重要性和场地条件及基础形式而定。对一般基础，在基础外应扩大1 ~ 3排，对可液化地基，在基础外缘扩大宽度不应小于可液化土层厚度的1/2，并不应小于5m。

砂石桩桩长可根据工程要求和工程地质条件通过计算确定：当松软土层厚度不大时，砂石桩桩长宜穿过松软土层；当松软土层厚度较大时，对按稳定性控制的工程，砂石桩桩长应不小于最危险滑动面以下2m的深度；对按变形控制的工程，砂石桩桩长应满足处理后地基变形量不超过建筑物的地基变形允许值并满足软弱下卧层承载力的要求；对可液化的地基，砂石桩桩长应按现行国家标准《建筑抗震设计规范》有关规定采用；桩长不宜小于4m。

挤密砂桩复合地基承载力特征值 f_{spk} 应通过现场复合地基载荷试验确定，初步设计时也可用单桩和处理后桩间土承载力特征值按下式估算：

$$f_{spk} = mf_{pk} + (1 - m)f_{sk} \tag{8-11}$$

式中，f_{pk}、f_{sk} 分别为桩体、处理后桩间土承载力特征值，前者宜按单桩静载荷试验确定，后者宜按当地经验取值，如无经验时，可取天然地基承载力特征值。

8.5.2 振冲法

振冲法是利用一个振冲器（为圆筒形，筒内由一组偏心铁块、潜水电机和通水管三部分组成。潜水电机带动偏心铁块使振冲器产生高频振动，通水管接通高压水流从喷水口喷出，形成振动水冲作用）。在高压水流的帮助下边振边冲，使松砂地基变密，或在黏性土中成孔，在孔中填入碎石制成碎石桩。桩体和原来的土构成比原来抗剪强度高和压缩性小的复合地基。振冲法的施工过程是用吊车或卷扬机把振冲器就位后，打开喷射水口，开动振冲器，在振冲作用下振冲器沉到需要加固的深度，然后边往孔内回填碎石，边喷水振动，逐渐上提，全孔形成振冲桩。孔内的填料越密，振动消耗的电量越大，常通过观察电流的变化，控制振密的质量。孔内成桩的同时孔周围一定范围内土也在不同程度被加固。

在中、粗砂层中振冲，由于周围砂料能自行塌入孔内，也可采用不加填料进行原地振冲加密方法，适用于纯净的中、粗砂层，施工简便，加密效果好。

振冲法在黏性土中应用时，振动不能使黏性土液化。除了部分非饱和土或黏粒含量较少的黏性土在振动挤压作用下可能被压密外，对于饱和黏性土，特别是饱和软土，振动挤压不但难以使土密实，反而会搅动土的结构，引起土中孔隙水压力的升高，降低有效应力，使土的强度降低。所以振冲法在黏性土中的作用主要是振冲时在孔中填入碎石制成碎石桩，置换软弱土层，碎石桩与周围土体组成复合地基。

在碎石桩复合地基中，碎石桩的变形模量远大于桩周黏性土变形模量，因而碎石桩承受较多的荷载，相应桩周土的附加应力相对减小，从而改善地基受力状况。但在振冲器制成碎石桩的过程中，桩周土必须具有一定的强度，以便抵抗振冲器对土产生的振动挤压力和支撑碎石桩的侧向挤压。工程实践证明，具有一定的抗剪强度（$C_u > 20\text{kPa}$）的地基土采用碎石桩的处理地基的效果较好，反之，处理效果就不显著，甚至不能采用。振动挤压可能引起饱和软土强度的衰减，但经过一段间歇期后，土的抗剪强度是可以部分或全部恢复的。所以，在比较软弱的土层中，如能用振冲法制成碎石桩，应间歇一段时间，待强度恢复后，才能用作建筑地基。

振冲法砂石桩法适用于挤密松散砂土、粉土、黏性土、素填土、杂填土等地基。对饱和黏土地基上对变形控制要求不严的工程也可采用砂石桩置换处理。砂石桩法也可用于处理可液化地基。

振冲法加固处理的范围应根据建筑物的重要性和场地条件及基础形式而定。当用于多层建筑和高层建筑时，宜在基础外缘扩大 1~2 排桩；当要求消除地基液化时，在基础外缘扩大宽度不应小于基底下可液化土层厚度的 1/2。桩位的布置，对大面积满堂处理宜采用等边三角形布置；对独立或条形基础，宜采用正方形、矩形或等腰三角形布置。桩的间距可采用 1.3~3.0m，具体间距大小应根据荷载大小和场地的土层情况，并结合所采用的振冲器功率大小综合考虑确定。

桩长的确定，当相对硬层埋深较大时，按建筑物地基变形允许值确定；在可液化地基中，桩长应按要求的抗震处理深度确定。桩长不宜小于 4m。

振冲法复合地基在基础与桩顶之间应铺设一层 300~500mm 厚的碎石垫层。

振冲桩复合地基承载力特征值应通过现场复合地基载荷试验确定，初步设计时也可用单桩和处理后桩间土承载力特征值按式(8-11)估算。

8.5.3　土桩和灰土桩挤密法

土桩和灰土桩法适用于处理地下水位以上的湿陷性黄土、素填土、杂填土等地基，可处理地基的深度为 5~15m。当地基土的含水量大于 24%、饱和度大于 65% 时，不宜选用土桩法或灰土桩法。土桩和灰土挤密桩法具有原位处理、深层挤密和以土治土的特点，在我国西北和华北地区广泛用于处理深厚湿陷性黄土、素填土和杂填土地基时，具有较好的经济效益和社会效益。

土桩和灰土桩挤密法一般采用等边三角形排列桩孔，其设计计算一般包括下述几方面：

（1）桩孔直径宜为 300~450mm，并可根据所选用的成孔设备或成孔方法确定。

（2）桩孔间距可为桩孔直径的 2.0~2.5 倍，也可根据对桩间土的挤密要求按规范有关公式估算。

（3）加固范围。当采用局部处理时，超出基础底面的宽度：对非自重湿陷性黄土、素填土和杂填土等地基，每边不应小于基底宽度的 0.25 倍，并不应小于 0.50m；对自重湿陷性黄土地基，每边不应小于基底宽度的 0.75 倍，并不应小于 1.00m。

当采用整片处理时，超出建筑物外墙基础底面外缘的宽度，每边不宜小于处理土层厚度的 1/2，并不应小于 2m。

采用土桩或灰土桩处理后形成的复合地基的承载力特征值，应通过现场单桩或多桩复合地基载荷试验确定。初步设计当无试验资料时，可按当地经验确定，但对灰土挤密桩复合地基的承载力特征值，不宜大于处理前的 2.0 倍，并不宜大于 250kPa；对土挤密桩复合地基的承载力特征值，不宜大于处理前的 1.4 倍，并不宜大于 180kPa。

8.5.4 孔内深层强夯法

一种深层地基处理方法。该方法先成孔至预定深度，然后自下而上分层填料强夯或边填料边强夯，形成高承载力的密实桩体和强力挤密的桩间土，简称 DDC 法。由 DDC 法形成的复合地基较之原土地基，其承载性状有很大改善，适合于素填土、杂填土、砂土、粉土、湿陷性黄土、淤泥质土等地基。

DDC 法的成孔方法根据土质条件而定，宜选用钻孔、掏孔方法。当场地土为含块石松散土层时，可采用冲击成孔或机械挖孔，成孔直径一般为 400 ~ 2000mm，桩中心距一般为 2.0 ~ 3.5d。孔内填料可为素土、碴土、碎石、灰土、水泥土等，经过孔内强夯后桩身直径可达 550 ~ 3000mm。

8.6 水泥粉煤灰碎石桩法

水泥粉煤灰碎石桩是由水泥、粉煤灰、碎石、石屑或砂加水拌和形成的高粘结强度桩（简称 CFG 桩），桩、桩间土和褥垫层一起构成复合地基。CFG 桩与素混凝土桩的区别仅在于桩体材料构成不同，而在受力和变形特性方面没有什么区别。水泥粉煤灰碎石桩复合地基具有承载力提高幅度大、地基变形小等特点，具有较大的适用范围。

水泥粉煤灰碎石桩可只在基础范围内布置，桩径宜取 350 ~ 600mm，桩间距应根据设计要求的复合地基承载力、土性、施工工艺等确定，宜取 3 ~ 5 倍桩径。桩顶和基础之间应设置褥垫层，其厚度 150 ~ 300mm，当桩径大或桩距大时取高值。

水泥粉煤灰碎石桩复合地基承载力应通过现场载荷试验确定，初步设计时也可按式 (8-3) 估算，其中桩间土承载力折减系数 β 可取 0.75 ~ 0.95。

按照对桩间土是否产生扰动或挤密，水泥粉煤灰碎石桩施工工艺可分为两大类，一是如振动沉管打桩机成孔制桩，属于挤土成桩工艺；其二如长螺旋钻孔灌注成桩，属于非挤土成桩工艺。

在水泥粉煤灰碎石桩复合地基中，褥垫层具有以下作用：

（1）保证桩、土共同承担荷载，它是水泥粉煤灰碎石桩形成复合地基的重要条件。

（2）通过改变褥垫层厚度，调整桩垂直荷载的分担，通常褥垫层越薄桩承担的荷载占总荷载百分比越高。

（3）减少基础底面应力集中。

（4）调整桩、土水平荷载的分担，褥垫层越厚，桩分担的水平荷载占总荷载的百分比越小。

小　结

（1）用人工方法改善和处理天然地基，使其满足建筑物安全使用对地基的要求（强度、变形等）。地基处理的方法很多，它们分别适用于不同的地基土层和工程情况。

（2）特殊土地基包括软土、湿陷性黄土、膨胀土、填土、红黏土等地基，由于其各自的特殊性质，勘察和工程措施也有其自身特点。

（3）湿陷性黄土的湿陷性评价指标有湿陷系数和自重湿陷系数、湿陷起始压力。根据黄土自重湿陷量，可将黄土场地分为自重湿陷性黄土场地和非自重湿陷性黄土场地；根据黄土湿陷量可将黄土地基分为轻微（Ⅰ级）、中等（Ⅱ级）、严重（Ⅲ级）和很严重（Ⅳ级）四级。

（4）消除黄土地基湿陷性的方法主要有换土垫层、灰土挤密桩、强夯、DDC和预浸水法。

（5）黏性土的压实原理对实际工程有重要意义，一定压实能量下的最优含水量和最大干密度是两个主要指标，由实验室的击实试验确定。实际工程的压实效果通过压实系数评价。

（6）复合地基是部分土体被增强或被置换形成增强体，由增强体和周围地基土共同承担荷载的地基。形成复合地基的施工方法有很多种，根据桩身材料特性可分为散体桩（桩体材料没有或只有很少凝聚力，如碎石桩、砂石桩等）、柔性桩（如灰土桩、水泥搅拌桩、旋喷桩等）和刚性桩（如高标号CFG桩、载体桩等）；按作用在复合地基上的基础刚度可分为刚性基础下复合地基和柔性基础下复合地基。

（7）复合地基的设计中，复合地基承载力和复合模量是重要指标，它们主要通过对增强体（桩）材料及施工方法、长度、布置（间距、面积置换率）的设计来实现。

习　题

8-1　地基处理的目的是什么？简述地基处理的主要方法及其适用范围。

8-2　黏性土的压实原理是什么，如何得到最优含水量和最大干密度，如何评价地基土压实效果？

8-3　什么是复合地基和面积置换率，复合地基承载力如何确定，复合地基中褥垫层的作用是什么？

8-4　湿陷性黄土湿陷性如何评价？

参 考 文 献

［1］　中华人民共和国国家标准．建筑地基基础设计规范（GB50007—2002）［S］．北京：中国建筑工业出版社，2002.

［2］　中华人民共和国国家标准．建筑抗震设计规范（GB50011—2010）［S］．北京：中国建筑工业出版社，2010.

［3］　中华人民共和国国家标准．岩土工程勘察规范（GB50021—2001）［S］．北京：中国建筑工业出版社，2001.

［4］　中华人民共和国国家标准．湿陷性黄土地区建筑规范（GB50025—2004）［S］．北京：中国建筑工业出版社，2004.

［5］　中华人民共和国国家标准．建筑结构荷载规范（GB50009—2001）［S］．北京：中国建筑工业出版社，2001.

［6］　中华人民共和国国家标准．土工试验方法标准（GB/T50123—1999）［S］．北京：中国计划出版社，1999.

［7］　中华人民共和国行业标准．建筑桩基技术规范（JGJ94—2008）［S］．北京：中国建筑工业出版社，2008.

［8］　中华人民共和国行业标准．建筑地基处理技术规范（JGJ94—2008）［S］．北京：中国建筑工业出版社，2008.

［9］　陈仲颐，周景星，王洪瑾．土力学［M］．北京：清华大学出版社，1994.

［10］杨位洸主编．地基及基础（第3版）［M］．北京：中国建筑工业出版社，1998.

［11］叶书麟，叶观宝．地基处理（第2版）［M］．北京：中国建筑工业出版社，2004.

［12］谢定义，林本海，邵生俊．岩土工程学［M］．北京：高等教育出版社，2008.

［13］高大钊．土力学与岩土工程师［M］．北京：人民交通出版社，2008.

［14］高大钊．岩土工程勘察与设计［M］．北京：人民交通出版社，2011.

冶金工业出版社部分图书推荐

书　名	作　者	定价(元)
冶金建设工程	李慧民　主编	35.00
岩土工程测试技术（第2版）（本科教材）	沈　扬　主编	68.50
现代建筑设备工程（第2版）（本科教材）	郑庆红　等编	59.00
土木工程材料（第2版）（本科教材）	廖国胜　主编	43.00
混凝土及砌体结构（本科教材）	王社良　主编	41.00
工程结构抗震（本科教材）	王社良　主编	45.00
工程地质学（本科教材）	张　荫　主编	32.00
工程造价管理（本科教材）	虞晓芬　主编	39.00
建筑施工技术（第2版）（国规教材）	王士川　主编	42.00
建筑结构（本科教材）	高向玲　编著	39.00
建设工程监理概论（本科教材）	杨会东　主编	33.00
土力学地基基础（本科教材）	韩晓雷　主编	36.00
建筑安装工程造价（本科教材）	肖作义　主编	45.00
高层建筑结构设计（第2版）（本科教材）	谭文辉　主编	39.00
土木工程施工组织（本科教材）	蒋红妍　主编	26.00
施工企业会计（第2版）（国规教材）	朱宾梅　主编	46.00
工程经济学（本科教材）	徐　蓉　主编	30.00
工程荷载与可靠度设计原理（本科教材）	郝圣旺　主编	28.00
流体力学及输配管网（本科教材）	马庆元　主编	49.00
土木工程概论（第2版）（本科教材）	胡长明　主编	32.00
建筑装饰工程概预算（本科教材）	卢成江　主编	32.00
建筑施工实训指南（本科教材）	韩玉文　主编	28.00
支挡结构设计（本科教材）	汪班桥　主编	30.00
建筑概论（本科教材）	张　亮　主编	35.00
Soil Mechanics（土力学）（本科教材）	缪林昌　主编	25.00
SAP2000结构工程案例分析	陈昌宏　主编	25.00
理论力学（本科教材）	刘俊卿　主编	35.00
岩石力学（高职高专教材）	杨建中　主编	26.00
建筑设备（高职高专教材）	郑敏丽　主编	25.00
岩土材料的环境效应	陈四利　等编著	26.00
建筑施工企业安全评价操作实务	张　超　主编	56.00
现行冶金工程施工标准汇编（上册）		248.00
现行冶金工程施工标准汇编（下册）		248.00